Vahlens Kurzlehrbücher

Behr/Pötter
Einführung in die Statistik mit R

D1663403

Einführung
in die Statistik mit R

Von

Prof. Dr. Andreas Behr

und

PD Dr. Ulrich Pötter

2.,vollständig überarbeitete und erweiterte Auflage

Verlag Franz Vahlen München

ISBN 978 3 8006 3599 3

© 2011 Verlag Franz Vahlen GmbH
Wilhelmstraße 9, 80801 München

Satz: PDF-Datei der Autoren

Druck und Bindung: Druckhaus Nomos
In den Lissen 12, 76547 Sinzheim

Gedruckt auf säurefreiem, alterungsbeständigem Papier
(hergestellt aus chlorfrei gebleichtem Zellstoff)

Vorwort zur 2. Auflage

Die Neuauflage der Einführung in die Statistik mit R hat gegenüber der ersten Auflage ganz wesentliche Änderungen erfahren. Die zweite Auflage ist nun ein gemeinsames Projekt mit Ulrich Pötter. Neben der Wahl eines neuen Layouts wurde das Buch inhaltlich grundlegend überarbeitet. Völlig neu aufgenommen wurden nun die Kapitel zur Stichprobentheorie, ein Kapitel zu stochastischen Prozessen und ein Kapitel mit praktischen Tipps. Alle anderen Kapitel wurden überarbeitet und zumeist wesentlich erweitert. Insgesamt ist hat sich der Umfang des Buches damit verdoppelt.

Auch die zweite Auflage hat das Ziel, eine Einführung in die für Wirtschafts- und Sozialwissenschaftler besonders bedeutsamen Anwendungen mit R zu liefern. Konnte die erste Auflage noch gut in einer zweistündigen Veranstaltung in einem Semester – oder auch einem dreitägigen Kompaktkurs – besprochen werden, so ist nun für eine vergleichbare Einführungsveranstaltung wegen des deutlich gestiegenen Umfangs aus der zweiten Auflage eine Auswahl zu treffen. Unserer Meinung nach bieten sich hierfür die ersten sechs Kapitel, sowie das neunte Kapitel zu linearen Modellen an. Die übrigen Kapitel können einer weiterführenden Veranstaltung als Grundlage dienen.

Für die Durchsicht des Manuskripts bedanken wir uns bei Katja Theune, Marina Simkin und Claus-Christian Breuer.

Münster, im Oktober 2010

Inhaltsverzeichnis

1
EINFÜHRUNG

Vor jeder praktischen Arbeit mit Daten und vor jeder Statistik sollte man sich einen ersten Überblick über die wichtigsten Sprachelemente von R verschaffen. Hierzu und zur Beschreibung einer angemessenen Arbeitsumgebung dient dieses Kapitel.

1.1 Eine Vorbemerkung zu R

R ist als Programmiersprache zur Analyse von Daten und deren graphischer Darstellung entworfen worden. Damit unterscheidet sich das Programm von den meisten klassischen Statistik-Programmen. Viele dieser klassischen Programme bestehen aus einer Sammlung fix vorgegebener statistischer Prozeduren, deren Verhalten durch einige wenige Parameter kontrolliert werden kann. In dieser Welt kann der Nutzer nur zwischen den verschiedenen vorgegebenen Optionen des Programms wählen, er kann aber nicht eigene Varianten ausprobieren, und es ist auch unmöglich, intern programmierte Versionen statistischer Verfahren zu überprüfen. Zudem sind die Programmiermöglichkeiten oft nachträglich entwickelt worden, so dass es keine einheitliche, auf statistische Auswertungen zielende Programmierumgebung gibt. Insbesondere fehlen häufig einfache Konstruktionen, die zwar in allgemeinen Programmiersprachen bereitgestellt werden, in den Statistik-Programmen aber fehlen. Das behindert in vielen Fällen gerade die Datenaufbereitung, die in jeder statistischen Analyse den Großteil der Arbeit beansprucht.

Da R eine Open Source Software ist, ist der Quellcode für alle Nutzer frei zugänglich und damit zumindest im Prinzip überprüfbar. [1] Und da R zunächst als Programmiersprache entwickelt wurde, gibt es viele Sprachelemente, die den Umgang mit Daten, die Datenaufbereitung und die Berechnung von Statistiken erleichtern.

R zeichnet sich einerseits dadurch aus, dass es ein breites Spektrum statistischer Methoden bereitstellt, die in Form von Prozeduren vorliegen. Mit fast 2000 Zusatzpaketen werden nicht nur alle denkbaren klassischen und modernen statistischen Verfahren abgedeckt, auch verschiedenste Varianten des Datenzugangs (über das Netz, über Datenbanken, den Import anderer Datenformate etc.), der Zugriff auf externe (mathematische und andere) Programme, die (automatische) Dokumentation der Ergebnisse, die Erzeugung publikationsfähiger Graphiken in höchster Qualität und die Möglichkeiten zur Erzeugung von Animationen sind implementiert.

Andererseits ist R als Programmierumgebung bestens geeignet, flexible Statistiklösungen selbst zu programmieren. Das erleichtert die Aufbereitung von Daten, denn die Sprachelemente von R sind speziell für diese Anwendung entwickelt worden. Zudem können alle bereitgestellten Prozeduren in eigenen Programmen aufgerufen und sogar modifiziert werden, ohne dass zunächst spezielle Programmierumgebungen aufgerufen werden müssen.

Im Rahmen dieser Einführung in R wird die Anwendung wichtiger vordefinierter R-Prozeduren erläutert. In den Prozeduren sind statistische Verfahren implementiert, die durch Anweisungen beim Aufruf der Prozeduren zu spezifizieren sind. Die Prozeduren enthalten in der Regel eine Vielzahl von Optionen, deren Syntax nicht immer selbsterklärend ist. Nützlich sind hier jedoch die von R bereitgestellten Hilfen. Neben der Anwendung von Prozeduren steht im Rahmen dieser Einführung jedoch das Programmieren in R im Vordergrund, da in R in effizienter Weise statistische Verfahren vom Anwender selbst programmiert werden können. Wie bei praktisch allen Programmierumgebungen ist zunächst ein gewisser Einarbeitungsaufwand in diese spezifische Sprache zu leisten. Nach Überwindung dieser Schwierigkeiten stellt R jedoch ein sehr flexibles Instrument dar. In die Programmierung in R wird anhand verschiedener Beispiele eingeführt.

In der praktischen Arbeit ergeben sich oft Aufgaben, die nicht oder nur mit größerem Aufwand mit der Basisinstallation von R zu bewerkstelligen sind. Wir haben daher an vielen Stellen auf wichtige Zusatzpakete hingewiesen, die solche Aufgaben automatisieren oder zumindest erleichtern. Wir haben uns dabei an eigenen Erfahrungen im Umgang mit sozialwissenschaftlichen Datensätzen und an entsprechenden Beratungsanfragen orientiert. Natürlich

---

[1]Die jeweils aktuelle Version von R (der Quellcode ebenso wie einfach installierbare Pakete für Windows, Mac, Linux,...) kann von http://www.R-project.org kostenlos heruntergeladen werden. Die hier zugrundeliegende Version von R ist 2.11.1.

bleiben Lücken, sowohl Fragen, die nicht beantwortet werden als auch nützliche Pakete, die wir übersehen haben. Aber ein Buch dieser Art muss mit diesen Unzulänglichkeiten leben.

1.2 Arbeitsumgebung

Die Nutzung von R wird deutlich komfortabler, wenn ein separater Editor zur Erstellung des Programmcodes verwandt wird. Auf diese Weise können bequem Programmdateien erstellt werden, die den reinen Code enthalten und nicht mit Protokollinformationen und Output vermischt sind. Der Code kann mit Kollegen ausgetauscht werden und dient der Dokumentation von Arbeitsschritten und Ergebnissen.

Einige Editoren erlauben es auch, im Editor erstellten Code ganz oder teilweise an das R-Programm zu übergeben und die Ergebnisse in einem weiteren Editorenfenster anzuzeigen. Außerdem kennen diese Editoren die Syntax von R und zeigen an, ob Klammern richtig gesetzt wurden bzw. geben umgebungsabhängige Hilfen. Für MS-Windows Systeme gibt es z.B. Tinn−R (`http://www.sciviews.org/Tinn-R/`). Weitere Editoren, auch für andere Betriebssysteme, sind auf der Seite `http://www.sciviews.org/_rgui/` angegeben.

In der MS-Windows Version kann man nach dem Start von R einige Einstellungen wie Schriftarten, -größen, die Zahl der Zeilen an Aus- und Eingaben, die gespeichert werden, sowie die Art der Behandlung mehrerer Fenster (SDI: Mehrere unabhängige Fenster, MDI: Alle Fenster innerhalb eines globalen R Fensters) ändern. Die Optionen finden sich unter Bearbeiten -> Gui Einstellungen. Hat man sich passende Optionen gewählt, sollte man sie speichern.

Wichtig ist noch, sich ein Arbeitsverzeichnis zu erstellen und nur darin Programme, Daten und Ergebnisse zu einem Projekt zu speichern. In der MS-Windows Version kann man unter dem Menü Datei -> Verzeichnis wechseln das Verzeichnis wählen, in dem R Daten sucht und Ergebnisse und Graphiken speichert. Erstellen Sie für jedes Projekt ein neues Verzeichnis, in dem Sie Ihre Daten und Programme abspeichern. Vergessen Sie dann nicht, zu Beginn einer R Sitzung das jeweilige Arbeitsverzeichnis anzugeben.

1.3 Die Bedienung von R

Nach dem Aufruf von R meldet es sich (nach einigen Zeilen mit der Versionsangabe, Copyright etc.) mit dem Eingabeprompt

```
>
```

Hinter dem Eingabeprompt kann man nun Eingaben machen und mit der RETURN Taste abschicken. Insbesondere kann man nun R wie einen Taschenrechner benutzen:

```
> 5+2
```

[1] 7

Da im Rahmen einer R-Sitzung leicht ein umfangreicher Programmcode
zustande kommt, ist es sehr hilfreich, die wichtigsten Schritte eines Programms
mit einem Kommentar kurz zu erläutern. In einer Zeile werden alle Zeichen
nach dem speziellen Zeichen # von R ignoriert.

> 5+2 #Dies ist ein Kommentar: 5+2=7
[1] 7

Fortsetzungszeilen werden durch

+

angezeigt. R nimmt an, dass eine Fortsetzungszeile folgt, wenn ein Befehl noch
nicht vollständig abgeschlossen ist, etwa

> 5*
+ 3
[1] 15

Man kann also lange Befehlszeilen an den Stellen umbrechen, an denen noch
ein Argument nach einem Operator folgen muss. Gleiches gilt, wenn noch
nicht alle Klammerausdrücke wieder geschlossen wurden:

> (((1+2)*3)
+ *2)
[1] 18

Leerzeichen zwischen Objektnamen, Operatoren und Zahlen werden überlesen.
Man kann also etwa durch Einrücken Programme übersichtlicher und lesbarer
gestalten. Sollen mehrere Befehle auf einer Zeile angegeben werden, sind sie
durch ; zu trennen:

> 5+2 ; 7+3; 2*5
[1] 7
[1] 10
[1] 10

  Funktionen in R werden durch deren Namen aufgerufen, die Argumente
werden in runden Klammern angegeben. Betrachten wir den Befehl c(), der
die in der Klammer genannten Objekte verbindet.

> c(1,2)
[1] 1 2

  Wollen wir den erzeugten Vektor später weiterverwenden, müssen wir ihn
benennen, etwa mit dem Namen a:

> a <- c(1,2)

Dem Objekt mit dem Namen a ist durch den Zuweisungsoperator <- der
Wert des Ausdrucks c(1,2) zugewiesen worden. Das Objekt mit dem Namen a
enthält jetzt den Vektor mit den Einträgen 1, 2. Um den Inhalt eines Objektes
auszugeben, muss nur sein Name angegeben werden (Abschluss mit der Return-
Taste):

```
> a
[1]  1 2
```

Namen von Objekten können beliebige Kombinationen von Buchstaben, Zahlen, sowie des Zeichens "." sein, dürfen aber nicht mit einer Zahl beginnen. [2] *Achtung:* R unterscheidet Groß- und Kleinschreibung! Das Objekt mit dem Namen a kann nicht durch A angesprochen werden.

```
> A
Fehler: Objekt "A" nicht gefunden
```

Auf das Objekt mit dem Namen a können wir nun zugreifen; z.B. können wir das Objekt der Funktion mean() übergeben, die das arithmetische Mittel der Elemente in a berechnet: [3]

```
> mean(a)
[1]  1.5
```

Der Inhalt des Gui-Fensters kann gespeichert werden, und ebenso kann die Abfolge aller Befehle (die history, also der Inhalt der Befehlszeilen ohne Rs Antworten) gespeichert werden. In der Praxis sollte man aber lediglich den Programmcode (z.B. in tinn—r oder WinEdt), nicht jedoch das Protokoll und den Output aus dem R-Gui speichern.

Die R-Sitzung wird durch q() beendet.

```
> q()
```

R fragt dann nach, ob man den workspace speichern möchte. Man sollte immer NEIN antworten. Denn ein gespeicherter workspace enthält alle während einer Sitzung erstellten Symbole und Objekte. Sie werden beim nächsten Start von R automatisch wieder geladen. R ist dann wieder im gleichen Zustand wie am Ende der letzten Sitzung. Das kann zu völlig unerwarteten Ergebnissen in der neuen Sitzung führen. Alte Zwischenergebnisse sollten immer durch den gespeicherten Code wiederhergestellt werden. Sollte doch einmal der workspace einer Sitzung gespeichert worden sein, dann kann man die entsprechende Datei .Rdata einfach löschen. [4]

---

[2] Auch das Zeichen "_" kann verwandt werden. Da es in alten Versionen auch als Zuweisungszeichen benutzt wurde, vermeiden viele Autoren die Verwendung des Zeichens in Namen von Objekten und bevorzugen ".". Auch Umlaute können benutzt werden. Ihre Verwendung sollte aber vermieden werden, weil sonst der Code auf verschiedenen Rechnern anders (oder gar nicht) abläuft. Denn die Interpretation von Umlauten und anderen Sonderzeichen (ebenso wie die Sortierung von Symbolen etc.) hängt von den lokalen Einstellungen des jeweiligen Rechners ab.

[3] Wir schreiben das Dezimaltrennzeichen in diesem Buch mit ".". Dies entspricht der R Konvention (und eine Konvention wie diese erleichtert den Datenaustausch). Um Missverständnisse zu vermeiden, verwenden wir daher keine Tausendertrennzeichen.

[4] Man kann sowohl die Speicherung als auch die Wiederherstellung des Workspaces durch Startoptionen von R verhindern. Die Startoption --no-save verhindert die Speicherung des Workspaces, die Option --no-restore verhindert das Laden gespeicherter Workspaces.

1.4 R-Objekte

R ist objektorientiert. „Objekt" ist dabei eine ganz allgemeine Bezeichnung, hinter der sich verschiedenste Dinge verbergen können, etwa ein Vektor oder eine Matrix, aber auch eine Tabelle oder das Ergebnis einer Regression.

Alle Objekte haben einen Namen und können mit diesem Namen angesprochen werden. Man erhält eine Liste der Namen aller definierten Objekte mit der Funktion ls(). Objekte können aus dem Speicher durch die Funktion rm() gelöscht werden:

```
> a <- c(0,2)
> ls()
[1]  "a"
> rm(a)
> ls()
character(0)
```

Objekte können verschiedenen Klassen angehören. Die Klasse eines Objektes entscheidet darüber, wie es am Bildschirm dargestellt wird (oder wie mit ihm Graphiken gestaltet werden, Statistiken berechnet werden, etc.). Die am häufigsten verwandten Klassen sind diejenigen, die mehrere Objekte in einer bestimmten Anordnung zusammenfassen. Dazu gehören insbesondere:

list　　　vector　　　matrix　　　array　　　data.frame

Listen sind Sammlungen von beliebigen Objekten, die in einer festen Reihenfolge angeordnet sind. Da sie beliebige Elemente enthalten können, werden sie häufig als Objekte erzeugt, die die Ergebnisse statistischer Berechnungen enthalten. Denn die Ergebnisse eines statistischen Modells werden oft sowohl durch Vektoren als auch durch Matrizen und Texte (z.B. bei Warnmeldungen) oder weitere Objekte zusammengefasst, die im Anschluss an Berechnungen einheitlich zur Verfügung stehen sollten.

Eine spezielle Liste ist die leere Liste (eine Liste, die keine Elemente enthält). Sie hat den Namen NULL.[5] Vektoren sind spezielle Listen, in denen alle Elemente keine weitere Struktur haben (sie sind im R-Jargon atomic, also nicht selber Listen, oder Vektoren, etc.) und alle vom gleichen Typ sind. Im Gegensatz zu Vektoren gibt es in Matrizen und Arrays eine zusätzliche Anordnung der Elemente in der Form von Rechtecken (Matrizen) oder beliebigen Quadern (Arrays), wobei aber deren Elemente weiterhin atomic sein müssen. Die Länge von Listen und Vektoren kann durch die Funktion length() abgefragt werden. Matrizen, Felder und data.frame Objekte haben ein Dimensionsattribut, das mit der Funktion dim() abgefragt (und verändert) werden kann.

1.4.1 Typen

Die Elemente von Vektoren, Matrizen, Arrays können zu einem (und nur einem) der folgenden Typen gehören:

---

[5]Etwas genauer: Das Objekt mit dem Namen NULL ist eine leere Paarliste (pairlist).

character   logical   numeric   complex   integer   factor
character sind beliebige Folgen alphanumerischer Zeichen. Ihre Darstellung wird durch Einschließung in Anführungszeichen von Befehlen unterschieden, etwa "Alter", numeric ist der Oberbegriff für die Darstellung ganzer oder rationaler oder reeller oder komplexer Zahlen (in der Darstellung und Rechnergenauigkeit des Rechners), integer bezeichnet ganzzahlige Werte [6], logical bezeichnet Wahrheitswerte (TRUE, FALSE), complex bezeichnet komplexe Zahlen (mit einem reellen und imaginären Teil jeweils zu 8 Bytes) und factor kennzeichnet Faktoren (Gruppierungsvariable).

Mit der Funktion class() kann man die Objektklasse abfragen:

```
> x <- c("A","B","C")
> class(x)
[1] "character"
> y <- c(22,35,41)
> class(y)
[1] "numeric"
> z <- c(0,1,0)
> class(z)
[1] "numeric"
```

Genauere Information über den Speichermodus erhält man mit der Funktion typeof(), die den Speichermodus eines Vektors (oder einer Matrix oder eines Arrays) anzeigt.

```
> typeof(z)
[1] "double"
```

Die Elemente des Vektors z werden also in „double precision" (in 8 Bytes) gespeichert. [7] Die Funktion is() liefert alle Klassen zurück, zu der ein Objekt gehört. Sie ist daher oft einfacher zu verwenden und zugleich informativer als class():

```
> is(z)
[1] "numeric"  "vector"
```

Eine komprimierte Information über beliebige Objekte und über die Typen der möglicherweise enthaltenen Daten gibt die Funktion str().

```
> str(z)
```

---

[6] Dies benutzt nur 4 Bytes an Speicherplatz, wenn man explizit integer als Typ verlangt. Man kann also fast die Hälfte des Speicherplatzes sparen, wenn nur integer Typen benutzt werden. Wie das gemacht werden kann, wird etwas später dargestellt. Allerdings verwandeln fast alle Prozeduren die Daten dieses Typs in reelle Darstellungen mit 8 Bytes. Einsparungen in der Speicherbelegung mit integer sind also nur bedingt möglich.

[7] Die meisten Statistikprogramme (auch R) benutzen zur Berechnung numerischer Ausdrücke „double precision reals". Dabei werden Zahlen durch 64 Bits dargestellt: 1 Bit für das Vorzeichen, 52 Bits für die Mantisse und und 11 Bits für den Exponenten, also als $\pm 1.fff \ldots f \times 2^n$, wobei $fff \ldots f$ für die Mantisse steht und n für den Exponenten. Dadurch können Zahlen im Bereich zwischen $-2 * 10^{308}$ und $2 * 10^{308}$ dargestellt werden. Berechnungen in diesem „Zahlensystem" führen immer zu Rundungs- und Abschneidefehlern. Die maximale Genauigkeit dieser Arithmetik entspricht etwa 15 Dezimalstellen.

```
num [1:3]  0 1 0
```
Sie gibt zugleich die ersten Elemente des Objektes und deren Längen an.

1.4.2 Typen- und Klassenänderung

Wir können aber auch die Klasse eines Objektes selbst festlegen oder verändern.[8]

```
> z <- as.logical(z)
> class(z)
[1]  "logical"
> z
[1]  FALSE TRUE FALSE
> zz <- as.integer(z)
> class(zz)
[1]  "integer"
> typeof(zz)
[1]  "integer"
> zz
[1]  0 1 0
```

Die Umwandlung in den Typ character kann benutzt werden, um recht einfach z.B. Beschriftungen für Graphiken zu erzeugen:

```
> as.character(zz)
[1]  "0"  "1"  "0"
```

Wenn eine Umwandlung nicht möglich ist, etwa wenn ein character Vektor in einen Vektor vom Typ numeric verwandelt werden soll, dann gibt es eine Warnung. Der Befehl wird dennoch ausgeführt, die entsprechenden Werte werden aber durch den Code für fehlende Werte (NA, not available) ersetzt:

```
> as.numeric(x)
[1]  NA NA NA
Warnmeldung:
NAs durch Umwandlung erzeugt
```

Solche Warnungen sollten sehr ernst genommen werden. In den meisten Fällen weisen auch Warnungen (und nicht nur Fehlermeldungen, die mit der Meldung ERROR angezeigt werden) auf Fehler hin, zumindest sollte jeder unerwarteten Warnung in einem Programm nachgegangen werden.

Ebenso wie die Typen lassen sich auch die Klassen angeordneter Objekte ändern. as.list(), as.vector(), as.factor(), as.matrix(), as.array() und as.data.frame() versuchen, ihre Argumente in ein Objekt der entsprechenden Klasse zu verwandeln. Ob ein Objekt zu einer der Klassen gehört, kann durch is.list(), is.vector() etc. abgefragt werden.

---

[8]Die Veränderung der Klasse eines Objektes wird in den Handbüchern und der Online-Hilfe „coercion" genannt.

1.4.3 Datenfelder: data.frame

Ein data.frame ist die Datenstruktur, die der Darstellung und Verarbeitung statistischer Daten dient. Es ist eine Liste von Vektoren gleicher Länge (die Liste der Vektoren (Beobachtungen) der verschiedenen Variablen) und gleichzeitig eine Matrix, deren Zeilen den Beobachtungen und deren Spalten den Variablen entsprechen. Zudem enthält ein data.frame immer Variablennamen und Namen (Identifikationsvariable) der Fälle.

Als Beispiel soll ein data.frame konstruiert werden, der Beobachtungen verschiedener Variablen bei verschiedenen Personen enthält:

- 3 Personen, die mit den symbolischen Namen A, B, C identifiziert werden sollen.
- 2 Variablen mit den Angaben über Alter und Geschlecht der drei Personen sowie eine Identifikationsvariable.

Wir konstruieren zunächst drei Vektoren mit den Namen x, y, z, die diese Information enthalten sollen:

```
> x <- c("A","B","C")    # Identifikationsvektor
> y <- c(22,35,41)       # Alter
> z <- c(0,1,0)          # Geschlecht: 0: männlich
> z <- as.logical(z)     # Als logische Variable speichern
```

Die drei Vektoren x, y, z sollen nun zu einem data.frame zusammengefügt werden, der den Namen dat1 erhält:

```
> dat1 <- data.frame(x,y,z)
```

Wir überprüfen die Klasse mit:

```
> class(dat1)
[1]  "data.frame"
```

dat1 ist nun ein Objekt, auf das wir mit dessen Namen dat1 zugreifen können. Die bloße Angabe des Objektnamens führt zum Ausdruck des Objektes, hier des ganzen Dataframes: [9]

```
> dat1
  x  y  z
1 A 22 FALSE
2 B 35 TRUE
3 C 41 FALSE
> is.data.frame(dat1)
[1]  TRUE
> is.list(dat1)
[1]  TRUE
> dim(dat1)
[1]  3 3
```

---

[9]Von hier an benutzen wir das Wort „Dataframe", wenn wir auf ein Objekt vom Typ data.frame verweisen.

Vergabe von Variablennamen

Ein Datensatz enthält i.d.R. mehr als nur eine Variable und mehr als nur einige wenige Fälle. Um sich leichter zu orientieren, können Spalten (oder Zeilen) mit einem Namen versehen werden. Diese Namen werden zusammen mit dem Objekt bzw. Datensatz gespeichert. Mit dem Befehl names() können diese Namen abgefragt oder definiert werden. Die Namen der Variablen in unserem Beispiel sind nicht beschreibend. Wir fragen zunächst die aktuellen Namen ab:

```
> names(dat1)
[1]  "x" "y" "z"
```

und ändern diese dann um:

```
> names(dat1) <- c("Name","Alter","Geschlecht")
```

Erneutes Abfragen zeigt dann die neuen Namen an:

```
> names(dat1)
[1]  "Name" "Alter"   "Geschlecht"
```

Unterobjekte und die Verwendung von Indizes

Die Variablen des Dataframes dat1 können wiederum als Unterobjekte angesprochen werden. Das $-Zeichen muss zwischen dem Namen des Objektes und dem des Unterobjektes eingefügt werden, z.B.:

```
> dat1$Alter
[1]  22 35 41
```

Das Unterobjekt ist nun ein namen- und dimensionsloser numerischer Vektor, wie mit den folgenden Befehlen überprüft werden kann:

```
> names(dat1$Alter)
NULL
> dim(dat1$Alter)
NULL
> class(dat1$Alter)
[1]  "numeric"
```

Auf Unterobjekte von dat1 kann auch auf andere Weise zugegriffen werden. Das erste Unterobjekt Name wird durch

```
> dat1[1]
```

angesprochen und behält seine Klasse data.frame. In dieser Schreibweise wird ausgenutzt, dass dat1 auch eine Liste ist: Man bezieht sich auf das erste Element der Liste der Variablen. Will man nicht das Listenelement sondern dessen Inhalt ansprechen, dann müssen doppelte eckige Klammern benutzt werden:

```
> dat1[2]
  Alter
1 22
2 35
```

```
3 41
> is.data.frame(dat1[2])
[1]  TRUE
> dat1[[2]]
[1]  22 35 41
```

Die Auswahl durch dat1[[2]] ist also identisch zu der Auswahl durch den Namen dat1$Alter. Und wie beim Zugriff über den Namen kann mit den doppelten Klammern immer nur auf ein Element der Liste zugegriffen werden.

Meist wird man aber ein Dataframe wie eine Matrix behandeln. Die Auswahl mittels eckiger Klammern bezieht sich dann auf die zwei Dimensionen der Datenmatrix, die Fälle und die Variablen. Man braucht also zwei Indizes. Bei einer Matrix bezieht sich der erste Index auf die Zeile, der zweite auf die Spalte. Wird ein Index ausgelassen, nicht aber das trennende Komma, so wird auf alle Zeilen bzw. Spalten zugegriffen. Der Vorteil ist, dass man durch diese Art der Indizierung auch auf mehrere Elemente zugreifen kann und zudem nicht nur einzelne Spalten (Variable), sondern auch einzelne Zeilen (Beobachtungen) auswählen kann.

```
> dat1[1,2]
[1]  22
```

greift auf das zweite Element in der ersten Zeile zu.

```
> dat1[2,]
   Name Alter   Geschlecht
2   B    35       TRUE
```

greift auf die Zeile 2 zu (alle Spalten).

```
> dat1[,3]
[1]  FALSE TRUE FALSE
```

greift auf die Spalte 3 zu (alle Zeilen). Wird mittels eckiger Klammern und Indizes auf einzelne Einträge (Skalare) oder Vektoren eines Dataframes zugegriffen, ist das resultierende Objekt wieder ein namen- und dimensionsloser numerischer Vektor:

```
> names(dat1[2,2])
NULL
> dim(dat1[2,2])
NULL
> class(dat1[2,2])
[1]  "numeric"
```

Analog kann gleichzeitig auf mehrere Zeilen bzw. Spalten zugegriffen werden:

```
> names(dat1[c(2,3),3])
NULL
> dim(dat1[c(2,3),3])
NULL
> class(dat1[c(2,3),3])
[1]  "logical"
```

Zu beachten ist aber, dass Teile des Dataframes, die keine Skalare oder Vektoren sind (Matrizen), Namen und Klasse behalten und eine Dimension aufweisen:

```
> names(dat1[c(2,3),c(1,2)])
[1]  "Name" "Alter"
> dim(dat1[c(2,3),c(1,2)])
[1]  2 2
> class(dat1[c(2,3),c(1,2)])
[1]  "data.frame"
```

Mittels Verweis durch Indizes können auch einzelne Einträge von Objekten verändert werden:

```
> dat1[3,2]   <- 25
> dat1
  Name Alter  Geschlecht
1 A     22     FALSE
2 B     35     TRUE
3 C     25     FALSE
```

Schließlich werden bei der Angabe negativer Indizes die entsprechenden Zeilen bzw. Spalten ausgeschlossen:

```
> dat1[-3,]
  Name Alter  Geschlecht
1 A     22     FALSE
2 B     35     TRUE
```

Datenfelder und Faktoren

Bei der Erstellung des Dataframes dat1 ist der Typ der Variablen Name verändert worden:

```
> is.character(dat1$Name)
[1]   FALSE
> class(dat1$Name)
[1]  "factor"
> str(dat1)
'data.frame':     3 obs. of  3 variables:
 $ x: Factor  w/ 3 levels   "A","B","C":  1 2 3
 $ y: num 22 35 25
 $ z: num 0 1 0
```

Das ist die Voreinstellung des Befehls data.frame(). Will man diese Umwandlung von character Vektoren in Faktoren verhindern, muss man den Befehl abändern:

```
> dat2 <- data.frame(x,y,z,stringsAsFactors=FALSE)
> class(dat2$x)
[1]  "character"
```

Der Typ kann natürlich auch nachträglich verändert werden:

```
> dat1$Name <- as.character(dat1$Name)
> class(dat1$Name)
[1] "character"
```

Suchpfade

Eine dritte Möglichkeit, auf Variable eines Dataframes zuzugreifen, liegt in der Erstellung eines Pfads zum Dataframe mittels attach(). Der Pfad ermöglicht ein direktes Zugreifen auf Variable des Dataframes durch Angabe ihrer Namen:

```
> attach(dat1)
> Alter
[1] 22 35 25
```

Mit search() kann man sich eine Liste der angelegten Pfade anzeigen lassen. Das erste Element der Suchpfades ist immer ".GlobalEnv", die globale Umgebung, die alle in einer Sitzung definierten Variablen enthält. An der zweiten Stelle findet sich nun dat1. Wird wie oben auf die Variable Alter verwiesen, sucht R zunächst in der globalen Umgebung. Da dort Alter nicht definiert ist, wird als nächstes in dem Objekt dat1 nach einer Variablen mit dem Namen Alter gesucht. Die Reihenfolge ist wichtig, insbesondere wenn mehrere Objekte mit gleichem Namen existieren.

```
> Alter  <- c(1,2,3)
> Alter
[1]  1 2 3
> dat1$Alter
[1] 22 35 25
> rm(Alter)
> Alter
[1] 22 35 25
```

Hier ist zuerst eine neue Variable mit dem Namen Alter und den Werten 1,2,3 erzeugt worden. Sie befindet sich in der globalen Umgebung .GlobalEnv und wird daher nun auch zuerst gefunden. Sie maskiert die Variable gleichen Namens im Dataframe dat1. Erst wenn diese Variable mit rm(Alter) gelöscht wird, verweist der Name Alter wieder auf die Variable im Dataframe dat1. Außerdem muss beachtet werden, dass durch attach() genaugenommen nicht der Dataframe dat1 sondern eine Kopie zur Verfügung gestellt wird. Ändert man also etwa Einträge, dann werden sie nur in dieser Kopie geändert:

```
> Alter[2]  <- 0
> Alter
[1] 22 0 25
> dat1$Alter
[1] 22 35 25
> rm(Alter)
```

Mit detach() kann der Suchpfad wieder entfernt werden:

```
> detach(dat1)
> Alter
Fehler: Objekt "Alter" nicht gefunden
```

1.5 Zusätzliche Pakete

Pakete sind Erweiterungen von R, die standardisierte Zusammenfassungen von Funktionen, Datensätzen usw. darstellen. Mit der Installation von R werden automatisch wichtige Pakete installiert. Zusätzlich werden ca. 2000 weitere Pakete bereitgestellt, die die Funktionalitäten von R erweitern. Mittlerweile gibt es zu allen Bereichen der Statistik entsprechende Pakete. Zudem werden in Paketen Möglichkeiten bereitgestellt, auf Datenbanken zuzugreifen, geographische Informationssysteme zu nutzen, Bilder und Töne zu bearbeiten und Computer-Algebra Systeme zu benutzen. Weiterhin gibt es Pakete für effiziente lineare Algebra mit spärlich besetzten Matrizen, für die Benutzung beliebig genauer ganzer und rationaler Zahlen, die Berechnung von Polytopen und Designs, die Benutzung internationaler Literaturdatenbanken wie medline oder Datenbanken finanzieller Zeitreihen, das effiziente Rechnen mit Computergrids und auf Rechnern mit mehreren Kernen, die automatisierte Dokumentation von Ergebnissen und die Produktion hochwertiger Graphiken sowie von Animationen.

Installieren lassen sich Pakete über das Menü des R-Guis oder durch den Befehl install.packages(). [10] Da häufig Ergänzungen und Verbesserungen an den Paketen vorgenommen werden, sollte man sich regelmäßig die neuesten Versionen besorgen. Das geht entweder über das Menü des R-Guis (auf MS-Windows Maschinen) oder durch den Befehl update.packages(). Nach der Installation kann mit dem Befehl library() durch Angabe des Paketnamens das gewünschte Paket geladen werden.

1.6 Hilfe, Manuals und Mailinglisten

Weiß man den Namen eines Befehls und möchte Details über die Argumente des Befehls erhalten, dann kann man in einer Sitzung den help() Befehl verwenden:

```
> help(tapply)
```

Eine Abkürzung ist der Befehl ?. Man kann also auch einfach schreiben:

```
?tapply
```

Alternativ kann man die verlinkten HTML Hilfeseiten aufrufen und kann dann leicht zwischen verschiedenen aber verwandten Befehlen hin- und

---

[10] Auf Windows-Betriebssystemen kann es manchmal sinnvoll sein, statt der eingebauten Internetfunktionalität die des Internet Explorers zu benutzen. Dazu dient der Befehl setInternet2(T), den man *vor* jedem Aufruf einer Internetfunktion benutzen muss.

herspringen bzw. die eingebaute Suchfunktion benutzen. In Microsoft-Betriebs-systemen findet man den entsprechenden Menü-Eintrag unter help. Man kann dieses Hilfesystem aber auch aus R heraus starten. Dann muss man den Befehl help.start() verwenden, der einen Browser startet und die Anfangsseite der Hilfe öffnet. Die detaillierte Beschreibung der Befehle findet sich dann unter dem Punkt *packages*. Die meisten in dieser Einführung beschriebenen Befehle befinden sich im Paket base, einschlägige statistische Prozeduren im Paket stats und die Graphikfunktionen in graphics. Die Funktionen, die Graphiken in spezielle Formate exportieren (wmf, png, pdf etc.), sind im Paket grDevices dokumentiert.

Mit dem Befehl help.search("abc") werden die Dokumentationen der in-stallierten Pakete nach Begriffen durchsucht, die zu dem Begriff abc passen. In der Voreinstellung werden alle möglichen Felder der Dokumentation aller installierten Pakete durchsucht.

In den meisten Fällen dürfte es allerdings viel effizienter sein, nach den entsprechenden Begriffen im Hilfearchiv von R zu suchen (`http://www.r-project.org/search.html`). Man erhält dann auch Hinweise auf die Benutzung verschiedener statistischer Modelle in unterschiedlichen Situationen und manchmal hilfreiche Kommentare für die Modellbildung. Mit dem Befehl RSiteSearch() kann man die Suche auch aus R heraus starten. Das Argument ist ein einzelner String, der die zu suchenden Begriffe enthält. Will man nach mehreren zusammenstehenden Begriffen suchen, kann man sie in Klammern {} einschließen. So sucht RSiteSearch("{logistic regression}") alle Stellen der Dokumentation und aller Archive der Hilfe-Liste, die die Wendung „logistic regression" enthalten.

Manuals, kürzere oder längere Einführungen in R, detaillierte Einführungen in Spezialthemen sowie ein Wiki finden sich in den Dokumentationsseiten von `http://www.r-project.org`.

Auf der Mailing-Liste r—help werden Fragen rund um die Benutzung von R diskutiert (`http://stat.ethz.ch/mailman/listinfo/r-help`). Die Liste kann auch durchsucht werden (`http://www.r-project.org/search.html`). I.d.R. werden Anfragen sehr schnell beantwortet. Nutzen Sie diese Möglichkeit, insbesondere dann, wenn Sie niemanden in Ihrer Umgebung fragen können und nichts in den Archiven finden.

Für installierte Pakete werden in vielen Fällen „Vignetten" zur Verfügung gestellt, kurze Überblicke über die wesentlichen Aspekte eines Pakets. Die Liste aller Vignetten einer Installation erhält man durch vignette(). Den Inhalt einer spezielle Vignette erhält man z.B. durch vignette("SparseM", package="SparseM"), falls das Paket SparseM (für spärlich besetzte Matri-zen) installiert ist. Mit dem Befehl browseVignettes() kann man sich eine Liste aller installierten Vignetten in einem Browser anzeigen lassen.

Einen Überblick über die inzwischen mehr als 2000 Zusatzpakete kann man sich kaum noch verschaffen. Zu einzelnen Themen aber gibt es kurze

„Task Views", die die wichtigsten Pakete zu einem Thema kurz vorstellen (`http://finzi.psych.upenn.edu/views/`). Man kann die Pakete, die in den „Task Views" vorgestellt werden, automatisch lokal installieren: [11]

```
> install.packages("ctv")
> library(ctv)
> install.views("Econometrics")
```

Es gibt „Task Views" u.a. zu den Themen Econometrics, Social Sciences, Finance, Graphics.

Die crantastic Seite (`http://crantastic.org`) versucht, einen Überblick über wichtige Pakete durch ein System von nutzererzeugten „Tags" zu erstellen. Im R Journal (`http://journal.r-project.org/`) werden regelmäßig neuere Pakete durch ihre Autoren vorgestellt. Eine andere wichtige Quelle ist das Journal of Statistical Software (`http://www.jstatsoft.org/`).

Für die graphischen Möglichkeiten bietet die Seite R Graph Gallery (`http://addictedtor.free.fr/graphiques/`) den besten Einstieg. Das R Graphical Manual (`http://bm2.genes.nig.ac.jp/RGM2/`) enthält alle Graphiken, die von R Paketen in ihren Beispielen erzeugt werden.

---

[11] Allerdings umfassen alle Pakete einer „Task View" eine sehr große Datenmenge. Man sollte diese Methode also nur verwenden, wenn man einen schnellen Internetzugang hat.

2

RECHENOPERATIONEN UND PROGRAMMABLAUF IN R

Dieses Kapitel gibt einen Überblick über die wichtigsten numerischen Funktionen. R benutzt vektorisierte Funktionen, die auf allen Elementen eines Vektors operieren. Diese Konstruktion erlaubt eine sehr durchsichtige und kompakte Schreibweise für alle wichtigen Operationen, die sich auf Datensätze beziehen. Außerdem werden die wichtigsten Elemente für die Ablaufsteuerung vorgestellt. Ein wesentlicher Aspekt ist die Möglichkeit, die herkömmlichen Schleifen über alle Beobachtungen durch Konzepte zu ersetzen, die Anweisungen für durch passende Bedingungen definierte Teilmengen der Daten durchführen. Diese Konzepte (und deren Realisation in R) können viele Berechnungen erheblich beschleunigen. Die systematische Verwendung dieser Programmelemente erhöht zudem die Lesbarkeit der Programme.

2.1 Operatoren und mathematische Funktionen

2.1.1 Logische Operatoren

Logische Ausdrücke sind Ausdrücke, die logische Variable durch ! (logische Negation), & (logisches Und) und | (logisches Oder) kombinieren. Logische Variable entstehen u.a. durch Vergleiche:

```
> 5 < 7
[1]  TRUE
> 5 == 7
[1]  FALSE
```

Vergleichsoperatoren sind neben == (logische Gleichheit, zwei Gleichheitszeichen nacheinander) und < (kleiner als) die Vergleichsoperatoren >, <=, >= und != (logische Ungleichheit).

Logische Variable können auch den Wert NA haben. Der Wert NA ergibt sich, wenn der Wahrheitswert nicht eindeutig entschieden werden kann. Insbesondere ist NA & TRUE NA, dagegen ist NA | TRUE TRUE, weil der Ausdruck unabhängig vom Wahrheitswert der fehlenden Angabe wahr ist.

Logische Ausdrücke können insbesondere als Indizes und zur Auswahl von Fällen benutzt werden. Betrachten wir noch einmal den Datensatz dat1 des letzten Kapitels:

```
> Name <- c("A","B","C")
> Alter  <- c(22,35,41)
> Geschlecht  <- as.logical(c(0,1,0))
> dat1 <- data.frame(x,Alter,Geschlecht)
> attach(dat1)
> Alter[Alter>30]
[1]  35 41
> Alter[Geschlecht==TRUE]
[1]  35
```

Die logischen Werte TRUE und FALSE können durch T und F abgekürzt werden. *Achtung:* Diese Abkürzungen können durch entsprechende Definitionen von F oder T überschrieben werden! Etwa:

```
> Alter[Geschlecht==T]
[1]  35
> T <- c(3,6,4)
> T
[1]  3 6 4
> Alter[Geschlecht==T]
[1]  numeric(0)
```

Entweder man vermeidet es, T und F als Variablennamen zu verwenden oder man schreibt die Wahrheitswerte immer als TRUE bzw. FALSE.

Werden logische Variable etwa mit as.numeric() zu numerischen Variablen verwandelt, dann wird aus TRUE 1 und aus FALSE 0.

2.1.2 Arithmetische Operatoren und mathematische Funktionen

R stellt die üblichen binären arithmetischen Operatoren $+$, $-$, $*$, $/$ sowie $\hat{}$ (Exponentiation), %% (Modulo) und %/% (ganzzahliges Teilen) zur Verfügung. Die Ergebnisse der entsprechenden Operatoren können wieder reelle oder ganze Zahlen oder NA für fehlende Angaben sein. Auch die Werte Inf (positiv unendlich) und $-$Inf (negativ unendlich) sind zulässig. Kann kein gültiger Wert berechnet werden, dann wird NaN (Not a Number) zurückgegeben.

```
> 2*2
[1]   4
> 2*NA
[1]   NA
> 2/0
[1]   Inf
> −2/0
[1]   −Inf
> 0/0
[1]   NaN
```

Neben den einfachen binären Operatoren stellt R eine Reihe von Funktionen bereit. Im Folgenden sind einige wichtige mathematische Funktionen aufgeführt; Funktionen, die hauptsächlich in der Statistik verwandt werden, finden sich in den folgenden Kapiteln.

abs(),sign()	Betragsfunktion und Vorzeichen
round(),ceiling(),floor(),trunc()	Rundung und Abschneiden
sqrt()	Quadratwurzel
exp()	Exponentialfunktion
log10()	Logarithmus zur Basis 10
log()	Natürlicher Logarithmus
sin(),cos(),tan()	Sinus, Cosinus, Tangens[1]
asin(),acos(),atan()	Arcussinus etc.
sinh(),cosh(),tanh()	Hyperbolischer Sinus etc.
asinh(),acosh(),atanh()	Hyperbolischer Arcussinus etc.
gamma()	Gamma-Funktion
lgamma()	Logarithmus der Gamma-Funktion
digamma()	Ableitung der Log-Gamma-Funktion
trigamma()	2. Ableitung
beta(a,b)	Beta-Funktion $\Gamma(a)\Gamma(b)/\Gamma(a+b)$
lbeta()	Logarithmus der Beta-Funktion

---

[1]Die Argumente der Winkelfunktionen werden in Radians, nicht in Winkelgraden angegeben.

Zusätzlich kann die Fakultät *n*! durch factorial(n) (bzw. deren Logarithmus durch lfactorial(n)) berechnet werden. Die Binomialkoeffizienten $\binom{n}{k} :=$ *n*!/(*k*!(*n* − *k*)!) können durch choose(n,k) berechnet werden. [2]

Einige der Funktionen, insbesondere die Wurzelfunktion sowie die Exponentialfunktion und der Logarithmus, erlauben komplexe Argumente:

```
> sqrt(−2)
[1]  NaN
Warnmeldung:
In sqrt(−2)  :  NaNs wurden erzeugt
> sqrt(−2 + 0i)
[1]  0+1.414214i
> log(−1.5)
[1]  NaN
Warnmeldung:
In log(−1.5)  :  NaNs wurden erzeugt
> log(−1.5+0i)
[1]  0.405465+3.141593i
```

2.1.3 Mengenoperationen

Die Elemente eines Vektors können wie Mengen behandelt werden, zumindest, wenn sie keine mehrfachen Werte enthalten. Die Funktion unique() entfernt aus einem Vektor alle mehrfachen Werte. Angewandt auf einen Dataframe werden mehrfach vorkommende Zeilen des Dataframes entfernt. duplicated() gibt einen logischen Vektor der gleichen Länge wie das Argument zurück, der den Wert TRUE an den Stellen hat, an denen sich ein Wert wiederholt.

```
> a <− c(1,2,3,2,4,2,1)
> unique(a)
[1]  1 2 3 4
> duplicated(a)
[1]  FALSE FALSE FALSE  TRUE FALSE  TRUE  TRUE
```

Ob zwei Vektoren als Mengen gleich sind, kann mit der Funktion setequal() getestet werden, ob ein Vektor bestimmte Elemente enthält, wird durch is.element() getestet. union() und intersect() geben die Vereinigungsmenge bzw. den Durchschnitt zweier Vektoren wieder (mehrfach auftretende Werte werden ausgeschlossen). setdiff(x,y) berechnet die mengentheoretische Differenz *x* \ *y*.

```
> a <− c(1,2,3,2,4,2,1)
> b <− c(1,3,1)
> union(a,b)
```

---

[2]Ein Ausdruck der Form „*a* := *b*" besagt, dass der Ausdruck auf der linken Seite durch den Ausdruck auf der rechten Seite definiert wird. Ähnlich benutzen wir „=:".

```
[1]  1  2  3  4
> intersect(a,b)
[1]  1  3
> setdiff(a,b)
[1]  2  4
> is.element(b,a)
[1]  TRUE TRUE TRUE
```

is.element( ) kann durch %in% abgekürzt werden:

```
> b %in% a
[1]  TRUE TRUE TRUE
```

2.1.4 Vektorisierte Funktionen

Nicht nur die Mengenfunktionen, sondern alle bisher vorgestellten Funktionen und Operatoren können auf Vektoren angewandt werden. Sie berechnen dann die entsprechende Funktion für jedes Element des Vektors. Die binären Operatoren $+, -, *, /, \%\%, \%/\%$ können auf zwei Vektoren angewandt werden. Haben beide die gleiche Länge, werden die jeweiligen Elemente an den gleichen Positionen verknüpft. Haben die Vektoren unterschiedliche Längen, dann wird der kürzere solange wiederholt, bis die Länge des längeren erreicht ist. Das erlaubt sehr komprimierte Berechnungen, kann aber auch leicht zu Fehlern führen. Deshalb wird eine Warnung ausgegeben, wenn die Länge des längeren Vektors nicht ein Vielfaches der Länge des kürzeren Vektors ist. [3]

```
> a <- c(1,0.222,-3,23)
> a^2
[1]    1.000000    0.049284    9.000000  529.000000
> sin(a)
[1]    0.8414710    0.2201810  -0.1411200  -0.8462204
> a+1
[1]    2.000    1.222  -2.000 24.000
> b <- c(1,2)
> a+b
[1]    2.000    2.222  -2.000 25.000
> a+c(1,2,3)
[1]    2.000    2.222   0.000 24.000
Warnmeldung:
In a+c(1,2,3):    Länge des längerenObjektes ist kein Vielfaches der Länge
des kürzeren Objektes
```

---

[3]Das Auffüllen des kürzeren Vektors nach dieser Regel wird „recycling rule" genannt.

2.1.5 Spezielle Vektorfunktionen

Die Funktion sum() berechnet die Summe, die Funktion prod() das Produkt der Elemente des Arguments. Die Befehle min() bzw. max liefern die Minima und Maxima ihrer Argumente. Entsprechend können die Funktionen which.min() bzw. which.max() dazu benutzt werden, die Position eines Minimums oder Maximums in einem Vektor zu bestimmen.

Der Befehl cumsum() erzeugt einen Vektor gleicher Länge wie der übergebene Vektor, der an jedem Eintrag die kumulierte Summe bis zu dem entsprechenden Vektoreintrag enthält. Als erster Eintrag erscheint also $x[1]$, als zweiter Eintrag $x[1]+x[2]$ usw.:

```
> x <- c(3,1,2,5,4)
> cumsum(x)
[1]  3 4 6 11 15
```

Der Befehl cumprod() funktioniert ganz analog, nur dass anstelle der Summe jeweils das Produkt gebildet wird. Als erster Eintrag erscheint daher $x[1]$, als zweiter Eintrag $x[1]*x[2]$ usw.:

```
> cumprod(x)
[1]  3 3 6 30 120
```

2.1.6 Matrixoperationen

Matrizen können durch den matrix() Befehl erzeugt werden.
```
> A <- matrix(c(1,2,3,
+                0,1,2,
+                1,0,4,
+                0,0,1),nrow=4,ncol=3,byrow=TRUE)
> A
     [,1]  [,2]  [,3]
[1,]    1     2     3
[2,]    0     1     2
[3,]    1     0     4
[4,]    0     0     1
> dim(A)
[1]  4 3
> nrow(A)
[1]  4
> ncol(A)
[1]  3
```

Es muss also neben den Elementen der Matrix noch deren Dimension (durch nrow= bzw. ncol=) angegeben werden. byrow=FALSE ist die Voreinstellung, dann werden die Elemente der Matrix spaltenweise aufgefüllt. dim() gibt die Dimension der Matrix an und nrow() bzw. ncol() sind hilfreiche Abkürzungen für dim(A)[1] bzw. dim(A)[2].

Matrixoperationen sind ein wesentlicher Bestandteil aller statistischen Prozeduren. Wir stellen daher eine vollständigere Liste der in R implementierten Operationen wie Matrixmultiplikationen, Inverse etc. in einem eigenen Abschnitt zusammen (Abschnitt 9.3.1).

2.1.7 Rechengenauigkeit und Rundungsfehler

Wie alle Programme rechnet R mit endlichen Darstellungen von Zahlen. Diese Darstellungen sind in den meisten Fällen nur Näherungen der entsprechenden reellen Zahlen. Da die Darstellung in binärer Form erfolgt, haben nicht einmal die endlichen Dezimalzahlen immer eine exakte Darstellung. Das muss beachtet werden, wenn man etwa nach der Gleichheit von Ergebnissen sucht:

```
> 1−0.8
[1]  0.2
>  1−0.8==0.2
[1]  FALSE
>  a <− sqrt(2)
>  a*a
[1]  2
>  a*a==2
[1]  FALSE
```

Eine sichere Möglichkeit, ungefähre Gleichheit zu testen, bietet die Funktion all.equal().

```
> all.equal(a*a,2)
[1]  TRUE
> all.equal(1−0.8,0.2)
[1]  TRUE
```

Allerdings gibt es keine Möglichkeit, Rundungsfehler ganz zu umgehen. Ist man sich dessen nicht bewusst, dann könnte man etwa mit R ein Gegenbeispiel zum berühmten „letzten" Satz von Fermat konstruieren

```
> all.equal(1782^12+1841^12,1922^12)
[1]  TRUE
```

Zum Glück hatte Fermat keinen Taschenrechner. Aber auch ohne exakte Arithmetik: Der erste Summand muss gerade sein, der zweite ungerade, die Summe also ungerade. 1922^{12} aber ist gerade.

Die Anwendung von weiteren Funktionen auf Zwischenergebnisse wird Rundungsfehler meist vergrößern. Insbesondere wird die maximale Genauigkeit von ca. 15 Stellen selten erreicht und die Rechenergebnisse sind nach einigen Zwischenschritten i.d.R. nur noch 5-7 Dezimalstellen genau. Zudem kann es bei mehreren Operationen auch zu katastrophalen Fehlern kommen, so dass die Ergebnisse nicht einmal mehr in der Nähe der mathematisch korrekten Lösung liegen.[4]

---

[4] In den Übungen findet sich ein Beispiel.

2.1.8 Operationen mit Texten

R verfügt über eine ganze Reihe von Befehlen zur Behandlung von character Vektoren. Hier sei nur auf den paste() Befehl verwiesen, mit dem neue Bezeichnungen erzeugt werden können. Das ist besonders hilfreich bei der automatisierten Konstruktion von Variablennamen und bei der Beschriftung von Graphiken.

```
> paste("V",1:5,sep="")
[1] "V1" "V2" "V3" "V4" "V5"
```

Das Argument zur Option sep= ist das Trennzeichen, das zwischen die zu verbindenden Teile eingefügt wird. Die Voreinstellung ist ein Leerzeichen sep=" ". paste() operiert elementweise auf Vektoren und benutzt wie im Beispiel Recycling-Regeln, wenn einer der Vektoren zu kurz ist. Soll auch der Vektor zu einem Gesamtstring verwandelt werden, dann kann man die Option collapse= verwenden. Dann werden die Elemente des erzeugten Vektors aneinandergehängt, wobei die Elemente durch das in der collapse= Option angegebene Zeichen getrennt werden.

```
> paste("V",1:5,sep="",collapse="+")
[1] "V1+V2+V3+V4+V5"
```

Mit dieser Option lassen sich auch relativ leicht Formeln manipulieren.

2.1.9 Sequenzen und Wiederholungen

Sequenzen

Eine häufig gebrauchte Sequenz ist eine Folge natürlicher Zahlen von a bis b, etwa wenn entsprechende Zeilen oder Spalten aus einer Matrix oder einem Dataframe ausgewählt werden sollen. Diese kann man mit dem Operator a:b erstellen. Die Folge kann dabei ansteigend oder auch abfallend sein.

```
> 1:5
[1] 1 2 3 4 5
> 17:13
[1] 17 16 15 14 13
```

Der Operator : bindet stärker als die arithmetischen Operatoren $+,-,*,/$:

```
> 1:5 + 3
[1] 4 5 6 7 8
> 1:5*2
[1]  2  4  6  8 10
```

Aber:

```
> (1:3)^2
[1] 1 4 9
> 1:3^2
[1] 1 2 3 4 5 6 7 8 9
```

Die Funktion seq(from=a,to=b,by=c) bietet eine flexiblere Möglichkeit, Sequenzen zu erstellen. [5] Hier kann man den Anfangswert a, den Endwert b und die Schrittlänge c bestimmen:

```
> a <- seq(from=0,to=1,by=0.1)
> a
 [1]  0.0  0.1  0.2  0.3  0.4  0.5  0.6  0.7  0.8  0.9  1.0
```

Achtung: Selbst bei dieser einfachen Sequenz kann es zu unerwarteten Problemen aufgrund der endlichen Rechnergenauigkeit kommen:

```
> 0.1 %in% a
[1]  TRUE
> 0.3 %in% a
[1]  FALSE
```

Wiederholungen

Wenn Objekte (Skalare, Vektoren) mehrmals wiederholt werden sollen, steht hierfür in R die Funktion rep(a,b) (wie „replicate") zur Verfügung. Das erste Argument a gibt an, welches Objekt wiederholt werden soll, das zweite Argument b, wie oft a wiederholt werden soll. Ein Vektor mit 10 Einsen lässt sich z.B. so erzeugen:

```
> rep(1,10)
 [1]  1 1 1 1 1 1 1 1 1 1
```

Analog können auch Vektoren wiederholt werden:

```
> rep(1:4,2)
 [1]  1 2 3 4 1 2 3 4
```

Die einzelnen Einträge des zu wiederholenden Objektes können unterschiedlich oft wiederholt werden:

```
> rep(1:4,4:1)
 [1]  1 1 1 1 2 2 2 3 3 4
```

Die Funktion rep() kann auch zur Wiederholung von anderen Objekten, etwa von Textobjekten, verwandt werden: [6]

```
> rep(c("Schneewittchen","Zwerg"),c(1,7))
 [1]  "Schneewittchen"  "Zwerg" "Zwerg" "Zwerg" "Zwerg"
 [6]  "Zwerg" "Zwerg" "Zwerg"
```

---

[5]Der verkürzte Befehl seq(0,1,0.1) führt durch die Berücksichtigung der Reihenfolge der Angaben im Funktionsaufruf zum gleichen Resultat.
[6]Die Zahlen in eckigen Klammern zu Beginn der Ausgabezeilen geben an, um das wievielte Element des Vektors es sich bei dem rechts anschließenden Wert handelt.

2.2 Programmablauf

2.2.1 Funktionen

In R ist es möglich, eigene Funktionen zu definieren. Eine Funktionsdefinition besteht aus drei Teilen: Dem Namen der Funktion, der Angabe ihrer Argumente und im Rumpf der Funktionsdefinition eine Abfolge von Befehlen und Definitionen. Mit nur einem Argument kann man z.B. schreiben:

```
> plus1  <− function(x){x+1}
> z <− 3:5
> plus1(z)
[1]  4 5 6
```

Beim Aufruf der Funktion plus1(z) wird der Funktion plus1 der Wert des Objektes z übergeben. Der Wert des übergebenen Objektes wird also nicht geändert, selbst wenn im Rumpf der Funktion eine entsprechende Zuordnung stattfindet:

```
> plus2  <− function(x){x<−x+2;x}
> x <− 1:2
> plus2(x)
[1]  3 4
> x
[1]  1 2
```

Objekte, die innerhalb des Rumpfs der Funktion definiert werden, existieren nur in der durch die Funktion definierten Umgebung. Wenn im Rumpf der Funktion auf einen Objektnamen verwiesen wird, dann wird das zugehörige Objekt zunächst in der Funktionsumgebung gesucht. Wird es dort nicht gefunden, dann wird in der Umgebung gesucht, in der die Funktion aufgerufen wurde.

```
> plusa  <− function(x){x<−x+a;x}
> a <− 1:5
> x <− 0:4
> plusa(x)
[1]  1 3 5 7 9
```

Es ist natürlich besser, die Werte, die zur Berechnung im Rumpf der Funktion benutzt werden, auch explizit als Argumente der Funktion anzuführen:

```
> plusa  <− function(x,a){x<−x+a;x}
> plusa(x,a)
[1]  1 3 5 7 9
```

Die Definition einer Funktion kann man sich anzeigen lassen, indem man ihren Namen (ohne runde Klammern) angibt. Das gilt auch für viele der von R zur Verfügung gestellten Funktionen. [7]

```
> plusa
function(x,a){x<−x+a;x}
```

---

[7] Die Angabe L nach einer Zahl erzeugt eine Zahl vom Typ integer.

```
> nrow
function(x)   dim(x)[1L]
<environment:  namespace:base>
```

Zu beachten ist, dass ein Symbol sowohl für eine Funktionsdefinition als auch für Werte stehen kann. Das gilt auch für die von R bereitgestellten Funktionen: [8]

```
> sin  <- c(5,8)
> sin
[1]  5 8
> sin(pi/8)
[1]  0.3826834
```

Aber selbst die Redefinition der von R bereitgestellten Funktionen ist möglich.

```
> sin  <- function(x){x+1}
> sin(2)
[1]  3
```

Um mögliche Verwirrungen zu begrenzen, sind namespaces eingeführt worden. Damit ist ein Zugriff auf die Funktion auch noch nach einer Redefinition möglich. Z.B. ist die Funktion sin (ebenso wie etwa nrow) im namespace des Pakets base definiert. Man kann explizit auf *diese* Funktion zugreifen, indem der entsprechende namespace verwandt wird:

```
> base::sin(2)
[1]  0.9092974
```

Anfänger werden regelmäßig die sehr kurzen Funktionsnamen c() (Konkatenieren) und t() (Transponierte) als Variablennamen (und manchmal gar als Namen von Funktionen) verwenden. Das ist zwar kein Fehler, kann aber zu ganz überraschenden Folgefehlern und unerwarteten Ergebnissen führen, deren Ursachen nur schwer zu finden sind.

2.2.2 Schleifen

In Programmen können mit einer for-Schleife auf einfache Art Kontrollvariable erzeugt und Befehle wiederholt ausgeführt werden. In einer for-Schleife durchläuft ein zu erzeugender Index einen definierten Wertebereich. Für jeden angenommenen Wert wird ein in der for-Schleife angegebener Befehl ausgeführt. Eine for-Schleife besteht aus drei Teilen: Vorangestellt der Befehl for, dann in runden Klammern der Name der Indexvariablen und die Wertemenge, die diese durchlaufen soll. Zuletzt kommt (in geschweiften Klammern) als Rumpf,

---

[8]In R sind symbol und name, also Namen eines Objektes und Symbole für dieses Objekt Synonyme. Man kann einen Charakterwert (einen String) wie „plusa" durch as.name('plusa') in das entsprechende Symbol verwandeln. Das ist nützlich, wenn innerhalb eines Programmes selbst Prorgrammelemente und Funktionen bzw. deren Namen verändert werden sollen. In diesem Zusammenhang sind auch die Befehle assign() und get() hilfreich. Sie weisen Symbolen, die als Charakterstrings gegeben sind, Werte zu bzw. geben die Werte zurück, auf die das Symbol (gegeben als Charakterstring) verweist.

ein Befehl oder ein Block von Befehlen, die bei jedem Schleifendurchlauf abgearbeitet werden.

Als Beispiel wählen wir eine Schleife, die durch den Wert x kontrolliert wird, der die Werte 3 bis 5 annimmt und für jeden Wert von x einen Befehl ausführt. In diesem Fall soll ein Text mit dem aktuellen Wert von x verknüpft und ausgegeben werden:

```
> for (x in 3:5) {print(paste("Der Wert von x ist:",x))}
```

Die Schleife erzeugt folgenden Output:

```
[1] "Der Wert von x ist:   3"
[1] "Der Wert von x ist:   4"
[1] "Der Wert von x ist:   5"
```

Die Konstruktion kann auch mit einer while Schleife erreicht werden. Dann muss man sich allerdings selbst eine Kontrollvariable konstruieren:

```
> x<−2;n<−5;
> while(x<n){x<−x+1
+        print(paste("Der Wert von x ist:",x))}
```

2.2.3 Vermeidung von Schleifen

Viele Benutzer, die schon Vorkenntnisse aus anderen Programmiersprachen haben, sind an die häufige Verwendung von Schleifen gewöhnt. In allgemeinen Programmiersprachen gehören Schleifen zu den klassischen Methoden der Programmablaufkontrolle. Aber in einer Sprache, die speziell für die Bedürfnisse der Datenanalyse entwickelt wurde, werden effizientere Methoden bereitgestellt, um etwa Berechnungen für alle Variablen eines Dataframes oder für alle durch weitere Variablen charakterisierte Teilgruppen auszuführen. Das kann zwar auch durch die bisher dargestellten Schleifenkonstrukte geschehen. Aber es ist i.d.R. sehr viel effizienter, schneller und übersichtlicher, eine Lösung ohne Schleifen zu suchen. R stellt insbesondere die Befehle apply(), lapply(), sapply(), tapply() und mapply() zur Verfügung.

Die Befehle apply(), lapply(), mapply() und sapply() sind Variationen für Möglichkeiten, eine Statistik (oder eine ganze Reihe von Statistiken, oder ganz allgemein eine Reihe von Befehlen) für alle Variablen in einem angeordneten Objekt auszurechnen. tapply() und by() sind effiziente Konstruktionen, um Statistiken für Teilgruppen eines Datensatzes zu berechnen.

apply

Mit dem Befehl apply(X,MARGIN,FUN) kann eine Funktion FUN auf die Zeilen (MARGIN=1!) oder Spalten (MARGIN=2) einer Matrix X angewendet werden. Die Ergebnisse der Funktion für die einzelnen Zeilen oder Spalten werden zusammengefügt und das resultierende Objekt wird zurückgegeben. Um die Funktionsweise des Befehls zu veranschaulichen, konstruieren wir eine Matrix:

```
> x <- matrix(1:9,ncol=3,byrow=F);x
     [,1]  [,2]  [,3]
[1,]   1     4     7
[2,]   2     5     8
[3,]   3     6     9
```

Die Ermittlung der Spaltensummen können wir nun vornehmen, indem wir die konstruierte Matrix x dem Funktionsparameter X übergeben und festlegen, dass die Summenfunktion (Fun=sum) auf die Spalten (MARGIN=2) angewendet wird:

```
> apply(X=x,MARGIN=2,FUN=sum)
[1]  6 15 24
```

Anstelle der Benennung der übergebenen Objekte und Optionen kann im Funktionsaufruf auch nur auf die Einhaltung der Reihenfolge der Argumente und Optionen geachtet werden:

```
> apply(x,2,sum)
```

lapply

Der Befehl lapply(X,FUN) funktioniert analog dem Befehl apply(), nur wird hier die Funktion nicht auf Zeilen oder Spalten einer Matrix, sondern auf Elemente einer Liste angewendet. Wir erzeugen zunächst eine Liste (Sammlung von Objekten) mit drei Elementen (Objekten) a,b und d:

```
> x <- list(a=1:7,b=exp(-2:2),d=c(TRUE,FALSE,FALSE,TRUE));x
$a
[1]  1 2 3 4 5 6 7
$b
[1]  0.1353353  0.3678794  1.0000000  2.7182818  7.3890561
$d
[1]  TRUE FALSE FALSE TRUE
```

Die Vergabe von Namen für die Elemente der Liste im list() Befehl erfolgt also durch Voranstellen des Namens (ohne Anführungsstriche), gefolgt von = und einer Angabe des Elements. Da das Ergebnis des list() Befehls eine Liste ist, können ganz unterschiedliche Objekte (hier: Objekte unterschiedlichen Typs) mit unterschiedlichen Längen (hier: c(7,5,4)) zusammengestellt werden. Auf jedes Element der Liste soll nun die Funktion sum() angewendet werden.

```
> lapply(x,sum)
$a
[1]  28
$b
[1]  11.61055
$d
[1]  2
```

Das Ergebnis der Funktion lapply() ist eine Liste mit der gleichen Anzahl an Elementen wie in der auszuwertenden Liste. Zu bemerken ist auch, dass das

Element d der Liste ein Vektor logischer Werte ist. Bei der Berechnung der Summe werden also zunächst alle logischen Werte in den Typ numeric verwandelt (TRUE wird zu 1, FALSE zu 0), erst dann wird die Summe berechnet.

sapply

Die Funktion sapply(X,FUN) ist eine anwenderfreundliche Verallgemeinerung der Funktion lapply(), die nicht nur Listen, sondern auch Vektoren oder Matrizen verarbeiten kann. Die Anwendung auf die oben erzeugte Liste führt zu folgendem Ergebnis:

```
> sapply(x,sum)
       a        b        d
28.00000 11.61055  2.00000
```

Während lapply() eine Liste zurückgibt, erhalten wir mit sapply() eine Ergebnismatrix.

mapply und Map

Map() ist eine Erweiterung von lapply, bei der die jeweiligen Elemente mehrerer Listen (oder Vektoren) durch die Funktion FUN ausgewertet werden. Die Funktion FUN muss natürlich entsprechend viele Argumente akzeptieren. mapply(FUN,...) entspricht Map(), vereinfacht aber ebenso wie sapply() das Ergebnis.

tapply und by

Die Funktion tapply(X,INDEX,FUN) dient zur gruppenweisen Auswertung eines Vektors. Die Aufgabe ist nicht mehr, für alle Variablen einer Liste (eines Dataframes etc.) Statistiken zu berechnen, sondern für eine Variable Statistiken für alle durch den INDEX unterschiedenen Teilgruppen zu berechnen. Der Funktion muss der auszuwertende Vektor X, die Gruppierungsvariable INDEX gleicher Länge und die für jede Gruppe anzuwendende Funktion FUN übergeben werden. INDEX wird in den Typ factor verwandelt, wenn es noch kein Faktor ist. INDEX kann auch eine Liste von Indizes sein. Dann werden Untergruppen durch gleiche Merkmalswerte der Liste der Indizes gebildet.

tapply() akzeptiert als erstes Argument nur einen Vektor. Oft stellt sich aber das Problem, etwa in einem Dataframe mit mehreren Variablen gleichzeitig zu arbeiten. Das kann erreicht werden, indem als erstes Argument ein Laufindex für die Zeilen des Dataframes benutzt wird. Hat man etwa zwei Einkommensarten und möchte das durchschnittliche Gesamteinkommen getrennt nach Geschlechtern berechnen, dann kann man schreiben:

```
> Einkommen1 <- c(2000,1400,1000)
> Einkommen2 <- c(200,500,300)
> Geschlecht  <- c(0,1,0)
```

```
> dat1 <- data.frame(Geschlecht,Einkommen1,Einkommen2)
> tapply(1:nrow(dat1),dat1$Geschlecht,
+        function(i){
+           mean(dat1$Einkommen1[i]+dat1$Einkommen2[i])})
   0    1
1750 1900
```

Die Funktion by(data,INDEX,FUN) kürzt diese Vorgehensweise ab:

```
> by(dat1,Geschlecht,function(d){
                       mean(d$Einkommen1+d$Einkommen2)})
Geschlecht:   0
[1]  1750
----------------------
Geschlecht:   1
[1]  1900
```

Zu beachten ist der Unterschied in der Übergabe an die Funktion FUN: In der Version, die direkt tapply() benutzt, werden die Zeilenindizes übergeben, die zu einer Gruppe gehören. Im Aufruf von by() wird die gesamte Teilmatrix (oder der Teil-Dataframe), der der Teilgruppe entspricht, als Argument an FUN übergeben. In letzterem Fall können die Namen des Dataframes benutzt werden.

split und unsplit

Die Funktion split(X,INDEX) erlaubt es, die Aufteilung eines Vektors (oder eines Dataframes), die durch tapply() bzw. by() implizit vorgenommen wird, auch explizit durchzuführen. Dabei ist X ein Vektor oder ein Dataframe und INDEX ein Faktor (oder eine Liste von Faktoren), nach dessen Werten X aufgeteilt wird. Das Ergebnis ist eine Liste, deren Elemente die entsprechenden Teilvektoren (oder Teilmatrizen oder Teildataframes) sind. unsplit(wert,INDEX) macht split(X,INDEX) rückgängig. Genauer: wenn wert = split(X,INDEX) ist, dann ist unsplit(wert,INDEX)=X. Mit den beiden Befehlen zusammen mit lapply() oder sapply() lässt sich für alle Datenstrukturen die Funktionsweise von by() nachmachen, ohne dass zunächst das Argument (implizit oder explizit) in einen Dataframe verwandelt wird.

```
> a <- split(dat1,dat1$Geschlecht);a
$'0'
  Geschlecht   Einkommen1 Einkommen2
1          0         2000        200
3          0         1000        300
$'1'
  Geschlecht   Einkommen1 Einkommen2
2          1         1400        500
> lapply(a,function(d){
```

```
+           mean(d$Einkommen1+d$Einkommen2) })
$'0'
[1]   1750
$'1'
[1]   1900
```

unsplit() kann nun genutzt werden, das Ergebnis wieder den einzelnen Beobachtungen zuzuordnen:

```
> unsplit(lapply(a,function(d){
+        mean(d$Einkommen1+d$Einkommen2)
+        } ),dat1$Geschlecht)
[1]   1750 1900 1750
```

2.2.4 Bedingte Anweisungen

Wenn die Ausführung von Befehlen von Bedingungen abhängen soll, kann
man konditionale Anweisungen benutzen. Wie Schleifen werden konditionale
Anweisungen durch drei Teile angegeben: Vorangestellt der Befehl if, dann in
runden Klammern ein logischer Ausdruck, der festlegt, ob der nachfolgende
Befehl ausgeführt werden soll oder nicht, und im Anschluss (in geschweiften
Klammern) ein Befehl oder ein Block von Befehlen, die beim Zutreffen der
Bedingung abgearbeitet werden. Eine Alternative, die ausgeführt wird, wenn
die Bedingung falsch ist, kann nach dem Wort else angeführt werden.

```
> x <- 0:2
> if(min(x) > 0)log(x) else log(x + min(x)+0.001)
[1]  -6.9077552790  0.0009995003   0.6936470556
```

Die if() Konstruktion benutzt als Bedingung nur einen skalaren Wahrheitswert.
Wird ein Vektor von Wahrheitswerten in der Bedingung berechnet oder
angegeben, dann wird nur das erste Element des Vektors benutzt (und es wird
eine Warnung ausgegeben).

Das Konstrukt if(){ }else{ } findet sich in fast allen höheren Programmiersprachen und dient, ebenso wie das Schleifen-Konstrukt, der Kontrolle des
Programmablaufs. Im Zusammenhang mit statistischen Daten tritt aber viel
häufiger die Notwendigkeit auf, Werte einzelner Variablen umzukodieren oder
in Abhängigkeit von den Werten anderer Variablen neue Variable zu berechnen.
Dafür stellt R den Befehl ifelse() bereit.Die Funktion hat drei Argumente, als
erstes einen Vektor von Wahrheitswerten (oder einen Ausdruck, dessen Auswertung einen entsprechenden Vektor liefert). Dann folgt ein Vektor, dessen *n*-tes
Element zurückgegeben wird, wenn das *n*-te Element des Bedingungsvektors
wahr ist, an dritter Stelle dann ein Vektor, dessen *n*-tes Element zurückgegeben
wird, wenn das *n*-te Element des Bedingungsvektors falsch ist.

```
> ifelse(x>0,log(x),NA)
[1]    NA 0.0000000 0.6931472
```

In der ifelse( ) Funktion werden immer sowohl das zweite wie das dritte Argument ausgewertet. Das obere Beispiel würde deshalb eine Warnung produzieren, wenn negative Werte in x auftreten.

```
> x <− −1:1
> ifelse(x>0,log(x),NA)
[1]  NA NA  0
Warnmeldung:
In log(x)  :  NaNs wurden erzeugt
```

In diesem Fall ist es besser, die Rechenanweisung nach der ifelse( ) Funktion auszuführen.

```
> log(ifelse(x>0,x,NA))
[1]  NA NA  0
```

Oft kann die ifelse( ) Funktion auch durch entsprechende Konstruktionen mit logischen Indizes ersetzt werden.

```
> y <− rep(NA,length(x))    #Vektor der  Ergebnisse
> y[x>0] <− log(x[x>0])
> y
[1]  NA NA  0
```

Eine besonders einfache und effiziente Variante, die oft zur Umkodierung von Variablenwerten benutzt werden kann, wird in den Übungen vorgestellt.

2.3 Übungsaufgaben

1) Erzeugen Sie eine Sequenz von 1 bis 9 und weisen Sie die Sequenz der Variablen a zu.
2) Erzeugen Sie den Vektor b=(1,1,1,2,2,2,3,3,3).
3) Erzeugen Sie den Vektor d=(1,2,3,1,2,3,1,2,3).
4) Erzeugen Sie den Vektor e=(1,2,2,3,3,3,4,4,4).
5) Erzeugen Sie aus den vier Vektoren a,b,d,e eine Matrix.
6) Erzeugen Sie aus den vier Vektoren a,b,d,e einen Dataframe.
7) Ändern Sie die Namen der vier Variablen des Dataframes in alpha, beta, gamma, delta.
8) Erzeugen Sie einen Vektor, der angibt, ob beta==2 ist.
9) Berechnen Sie: $2 + 3 * (4 + 5 * (6 + 7 * (8 + 9)))$, 2^{11}, $\log_e(2)$, $\sqrt{333}$.
10) Berechnen Sie $\sum_{i=1}^{20} 0.1 i^3$ und $\prod_{i=1}^{20} i^{0.1}$
11) Schreiben Sie eine Funktion, die zu den Argumenten x und y den Wert der folgenden Funktion berechnet:

$$\frac{1335}{4} y^6 + x^2 \left(11 x^2 y^2 - y^6 - 121 y^4 - 2\right) + \frac{11}{2} y^8$$

Berechnen Sie den Funktionswert für $x = 77617$ und $y = 33096$. *Hinweis:* Die Lösung ist -1! Um wieviel Prozent weicht die Antwort von R ab?

Können Sie die korrekte Antwort mit einem Programm, das mit exakten großen ganzen Zahlen rechnen kann, verifizieren? In Frage kommt mathematische Software wie Maxima, Sage, YACAS, Mathematica etc. Wer ein wenig mit den Möglichkeiten von R spielen möchte, kann aber auch das R Paket gmp (GNU multiple precision library) ausprobieren.

12) Schreiben Sie eine Funktion, die die Fakultät $n! := n * (n-1) * (n-2) * \ldots * 2 * 1$ ohne Rückgriff auf die Gammafunktion berechnet.

13) Berechnen Sie getrennt für die durch die Variable beta definierten Gruppen im Dataframe aus Aufgabe 7) den Durchschnitt der Variablen gamma. Wiederholen Sie die Berechnung für Gruppen, die durch die beiden Variablen beta und delta gemeinsam definiert sind.

14) Der Vektor beta im Dataframe nimmt nur die Werte 1,2,3 an. Der folgenden Zeilen kodieren die Werte neu und ersetzen 1 durch 0, 2 durch 5 und 3 durch 97:

```
> code  <- c(0,5,97)
> beta2  <- code[dat$beta]
```

Schreiben Sie den entsprechenden Code unter Verwendung der ifelse() Funktion.

15) Untersuchen Sie drei Versionen, Mittelwerte für alle Variablen eines Dataframe zu berechnen. Erstellen Sie dazu zunächst einen entsprechenden Dataframe:

```
> d <- matrix(1:100000,nrow=10)
> dd <- data.frame(d)
```

Die Laufzeit eines Programms oder Befehls kann durch system.time() abgefragt werden. Die erste Version könnte sein:

```
> e <- numeric(0)   #initialisiert Ergebnisvektor
> system.time(for(i in 1:10000) e <- c(e,mean(d[,i])))
```

In dieser Schleife wird bei jeder Zuweisung der Vektor e kopiert. Die zweite Version bildet erst den Ergebnisvektor e und weist in der Schleife nur noch den Elementen von e die Ergebnisse zu:

```
> e <- numeric(10000)
> system.time(for(i in 1:10000) e[i] <- mean(d[,i]))
```

Die letzte Version nutzt lapply()

```
> system.time(e <- lapply(dd,mean))
```

Das Anhängen von Ergebnissen in Schleifen über e <- c(e,wert) ist auf jeden Fall zu vermeiden. Selbst wenn dieser Ratschlag berücksichtigt wird, ist die Verwendung von lapply() der Verwendung einer Schleife vorzuziehen, nicht nur, weil es u.U. deutlich schneller ist, sondern vor allem, weil der Code sehr viel übersichtlicher wird.

3

DATENSPEICHERUNG UND AUSTAUSCH VON DATEN

Statistik braucht Daten. Hier beschreiben wir, wie man Daten einliest, wie man Daten speichert und an andere Programme weitergibt. Die Datenaufbereitung ist der wohl zeitintensivste Teil jeder Datenanalyse. Die effiziente Speicherung aufbereiteter Daten und ein möglichst einfacher Austausch mit Datenproduzenten sowie Nutzern anderer Programme ist daher Voraussetzung jeder Arbeit mit statistischen Daten.

3.1 Dateien und Datenspeicherung

3.1.1 Datenerfassung

R selbst bietet nur rudimentäre Möglichkeiten flexibler Datenerfassung, schließlich ist es eine Programmierumgebung für die Auswertung von Daten. [1]

---

[1] Etliche Programme erlauben die effiziente manuelle Erfassung von Daten einschließlich der Möglichkeiten, gültige Bereiche von Variablenwerten zu erzwingen und den korrekten Ablauf nach Filterfragen zu überprüfen. Ein freies (kostenloses, mit Zugang zum Quellcode) Programm ist epidata (erhältlich von `www.epidata.dk`).

Für kleine Datenmengen oder Beispiele kann man die Datenerfassung aber direkt in R vornehmen. Im Folgenden wird als Beispiel die Erfassung der beiden Variablen x und y für zwei Personen Hans und Susi zu zwei verschiedenen Zeitpunkten gezeigt:

```
> name <- c(rep("Hans",2),rep("Susi",2))
> t <- rep(c(1,2),2)
> x <- c(2,3,4,5)
> y <- c(5,4,3,2)
> daten <- data.frame(name,t,x,y)
```

Es wird ein Objekt der Struktur data.frame mit dem Namen daten erzeugt, das die vier Variablen (Vektoren) name, t, x und y enthält. [2] Da die Variable name eine character Variable ist, wurden die Ausprägungen in Anführungszeichen eingegeben. Der data.frame() Befehl wandelt dann allerdings die character Variable name in einen Faktor um:

```
> class(daten$name)
[1] "factor"
```

Wollte man das verhindern, etwa um später direkt mit den Namen zu arbeiten, hätte

```
> daten <- data.frame(name,t,x,y,stringsAsFactors=F)
```

angegeben werden müssen.

Ein einmal definiertes Datenfile kann mit der Funktion edit etwas komfortabler bearbeitet werden. Das folgende Beispiel greift dabei auf den oben definierten Datensatz zurück:

```
> daten2 <- edit(daten)
```

Beim Aufruf öffnet sich ein Tabellenblatt, in dem die Daten des Datensatzes daten dargestellt werden. Man kann direkt Werte ändern oder neue Datensätze oder Variable erzeugen. Schließt man das Datenblatt, so wird der geänderte Datensatz als data.frame daten2 gespeichert.

3.1.2 Datenspeicherung

In R sind Daten zuerst einmal nur im Arbeitsspeicher verfügbar. Nach Beendigung der R-Sitzung sind alle Daten verloren, die nicht gespeichert wurden. Daher ist es wichtig, Daten in Dateien speichern zu können, wenn diese zukünftig wieder verwandt werden sollen. Eine Möglichkeit, Zwischenergebnisse, Dataframes und Matrizen zu speichern, benutzt den Befehl write.table(). Als Beispiel speichern wir unseren selbst erstellten Dataframe daten unter dem Dateinamen test.dat ab.

---

[2]Bei der Definition des Dataframes daten sollte beachtet werden, dass das Symbol t (der Name einer Spalte des Dataframes daten) in R auch auf eine vordefinierte Funktion mit diesem Namen, nämlich die Transposition einer Matrix verweist. Da in R (wie auch in LISP) Symbole gleichzeitig auf eine Funktion und auf den Wert einer Variablen verweisen können, kann es keine Verwechslung des Variablennamens mit der ebenso benannten Funktion geben.

```
> write.table(daten,file="test.dat")
```
write.table() schreibt eine ASCII-Datei mit vorgegebenem Trennzeichen zwischen den Spalten eines Dataframes (eine CSV-Datei, comma-separated variables).[3]

Einlesen können wir die Daten mit read.table():
```
> dat <- read.table("test.dat")
> dat
  name t x y
1 Hans 1 2 5
2 Hans 2 3 4
3 Susi  1 4 3
4 Susi  2 5 2
> is.data.frame(dat)
[1] TRUE
```
Die Daten sind also wieder als data.frame Objekt in R verfügbar und haben ihre Variablennamen behalten.

Eine zweite Möglichkeit, Zwischenergebnisse zu speichern, bietet der save() Befehl:
```
> save(daten,file="test.Rdata")
```
Er speichert ein (binäres) Abbild des Dataframes daten in der Datei test.Rdata. Das ist schneller als eine Speicherung in einer CSV-Datei, und es ist auch garantiert, dass die entsprechenden Dateien zwischen Rechnern portabel sind. Aber die Datei kann nur von R gelesen werden.
```
> load("test.Rdata")
```
stellt das gespeicherte Objekt (hier: den Dataframe daten) im Speicher wieder her (es bedarf also keiner Zuweisung wie beim Lesen aus einer CSV-Datei).[4]

3.1.3 Übergabe von Daten an andere Programme

Die Datei test.dat hat nach dem Schreiben mit write.table() ohne weitere Optionen den folgenden Inhalt:
```
"name" "t" "x" "y"
"1" "Hans" 1 2 5
"2" "Hans" 2 3 4
"3" "Susi"  1 4 3
"4" "Susi"  2 5 2
```
Die erste Zeile enthält die Namen der Variablen, alle weiteren Zeilen je eine Zeile des Dataframes daten. Zusätzlich ist als erste Spalte nach den Variablennamen

---

[3]Will man die Daten in einem anderen Verzeichnis als im gerade definierten Arbeitsverzeichnis ablegen, dann muss man beachten, dass die Trennung zwischen den Ebenen der Verzeichnisangabe nicht mit Backslash (\), sondern mit Slash (/) erfolgen muss.
[4]Mit dem save() Befehl können auch andere R Objekte wie Funktionen, Arrays und Ergebnisse statistischer Berechnungen gespeichert werden.

ein Zeilenname eingefügt, der hier einfach aus Strings mit den Zeilennummern besteht. In jeder Zeile sind Angaben durch Leerzeichen getrennt. In dieser Form sind die Daten zwischen verschiedenen Rechnertypen und Betriebssystemen austauschbar und können auch von anderen Programmen ohne spezielle Software gelesen (und geändert) werden.

Manchmal verlangen andere Programme eine etwas andere Anordnung, andere Trennzeichen, oder keine erste Zeile mit den Namen der Variablen. Dies kann durch Varianten des write.table() Befehls erreicht werden. So schreibt

```
> write.table(daten,file="test2.dat",
+               sep=";",row.names=F,col.names=F)
```

eine Datei ohne Variablennamen in der ersten Zeile (col.names=F) und ohne Zeilennamen (row.names=F), wobei die einzelnen Spalten durch „;" getrennt werden (sep=";"). Eine weitere, möglicherweise wichtige Angabe ist eine Option, die festlegt, wie fehlende Werte (NA in R) in der Datei repräsentiert werden sollen. Das geschieht mittels na=<Zeichen>. Die Voreinstellung ist na="NA". Außerdem kann festgelegt werden, wie in der Datei Zahlen dargestellt werden, indem das Zeichen für das Dezimaltrennzeichen angegeben wird (dec="." ist die Voreinstellung, in Deutschland würden aber viele Programme ein Dezimalkomma, also dec="," erwarten).

3.1.4 Dateien und Pfade

Dateien sind in allen Betriebssystemen in einem hierarchischen Pfadsystem angeordnet. Um Dateien zu lesen und zu schreiben, muss man R mitteilen, an welcher Stelle im Dateisystem das passieren soll. Gibt man keinen Pfad explizit an, dann benutzt R ein Standardverzeichnis. Das aktuell verwandte Verzeichnis kann man mit getwd() abfragen oder im Menü unter Datei -> Verzeichnis wechseln finden. Dort kann man es auch ändern. Alternativ kann man den Befehl setwd(<Pfadangabe>) benutzen. [5] Pfadangaben unter Windows müssen in R entweder in der Form "c:/mein Pfad/zu meinen/Dateien" oder in der Form "c:\\mein Pfad\\zu meinen\\Dateien" angegeben werden, der übliche einfache Backslash „\" funktioniert nicht, weil „\" in R ein Escape-Zeichen ist, das u.a. zur Darstellung spezieller Zeichen etwa in Graphiken benutzt wird.

Man kann auch aus R heraus mit Dateien und Pfaden arbeiten, sie erzeugen, kopieren oder löschen. Die Funktionen dir.create() und file.create() legen ein Verzeichnis bzw. eine Datei an, dir() zeigt die Dateien im gegenwärtigen Arbeitsverzeichnis an. Mit einem Pfad als erstem Argument werden die Dateien des angegebenen Pfades angezeigt. file.copy(<von>,<nach>) kopiert Dateien, file.rename(<von>,<nach>) benennt Dateien um, file.remove() löscht Dateien. unzip() entpackt mit „zip" archivierte Dateien. Die Variante UnZip() im Paket memisc enthält etwas andere (und manchmal hilfreiche) Optionen. Mit system() kann man beliebige Befehle des Betriebssystems ausführen.

---

[5]Das „wd" in den Befehlen steht für „working directory".

3.1.5 Dateien im Internet

Viele Daten sind im Internet erhältlich. Solche Daten kann man direkt aus R heraus herunterladen. Z.B. bietet das Statistische Bundesamt eine Public Use Version des Mikrozensus an. Um sie herunterzuladen, kann man schreiben: [6]

```
> urlname <- paste("http://www.forschungsdatenzentrum.de/",
+                   "bestand/mikrozensus/cf/2002/",
+                   "fdz_mikrozensus_cf_2002_spss.zip",
+                   sep="")
> download.file(urlname,"meinMZ02.zip")
versuche  URL 'http://www.forschungsdatenzentrum....'
Content type application/zip length 2663490 bytes (2.5 Mb)
URL geöffnet
downloaded 2.5 Mb
```

Die Datei ist nun unter dem Namen „meinMZ02.zip" im gegenwärtigen Arbeitsverzeichnis abgelegt. Man kann die Datei nun entpacken, etwa aus R heraus mit dem system() Befehl:

```
> system("unzip  meinMZ02.zip")
```

Damit es in unserem Beispiel funktioniert, muss ein Programm mit dem Namen unzip installiert sein. Oder man benutzt den R-eigenen unzip() Befehl:

```
> unzip("meinMZ02.zip")
```

Verschiedene finanzielle Zeitreihen lassen sich auch direkt im Internet abfragen. Entsprechende Funktionen werden sowohl vom Paket fImport als auch vom Paket TTR angeboten. [7] So erhält man z.B. die Kurse von IBM durch:

```
> library(TTR)
> ibm <- getYahooData("IBM",20090407,20090606)
```

3.2 Dateien anderer Statistikprogramme

3.2.1 SPSS, Stata und Co

Viele Datensätze liegen in Formaten vor, die von anderen Statistikprogrammen erstellt worden sind. Das Paket foreign erlaubt das Lesen (und teilweise das Schreiben) von Dateien, die von SPSS, SAS, STATA, Minitab, EpiInfo

---

[6]Wir haben den paste() Befehl nur verwandt, um die lange Adresse lesbar zu machen. Die Adresse kann natürlich auch (als String) direkt als erstes Argument des download.file() Befehls benutzt werden.
Das Statistische Bundesamt garantiert nicht die Stabilität der Internet-Adresse für die Public-Use-Version des Mikrozensus 2002. Die Adresse mag sich also geändert haben.
[7]Es gibt noch eine ganze Reihe von spezialisierten Paketen, die die Abfrage von netzbasierten Daten erlauben. Die Möglichkeiten umfassen Literaturdatenbanken ebenso wie GoogleMaps (Paket RgoogleMaps), oder Wettervorhersagen.

oder SYSTAT erstellt worden sind. Angenommen, wir möchten die Campus-Version des Mikrozensus 2002 einlesen. [8] Wir haben die SPSS-Version im letzten Kapitel heruntergeladen und entpackt. Man kann die Daten nun durch

```
> library(foreign)
> dat <- read.spss("mz02_cf.sav",to.data.frame=T,
+                   use.value.labels=F)
```

einlesen. Die erste Option verlangt, die Daten in einen Dataframe zu verwandeln (nicht in eine Liste (Typ list), die Voreinstellung), die zweite Option verhindert, dass Variable mit „value labels" in R-Faktoren verwandelt werden. Der Name der zweiten Option ist etwas irreführend, weil auch mit use.value.labels=F die Namen der Variablenwerte mitgespeichert werden. Man verliert also keine Information, wenn man auf die Umwandlung in Faktoren verzichtet. Andererseits kann man viel einfacher mit den numerischen Werten als mit Faktoren arbeiten. Die Namen der Variablenwerte werden als „Attribute" der Variablen abgespeichert. Z.B. enthält die Variable ef32 das Geschlecht der Befragten. Man erhält Auskunft über die Kodierung durch den Befehl attr():

```
> attach(dat)
> attr(ef32,"value.labels")
Weiblich Männlich
   2        1
```

3.2.2 Label für Variable und deren Werte

Viele der kommerziellen Statistikprogramme sehen die Möglichkeit vor, kurze Informationen über Variable und ihre Werte mit den Daten zu speichern. [9] In R ist nur eine Variable vom Typ factor mit den zugehörigen levels in beschränktem Maße in der Lage, solche Informationen wiederzugeben. Allerdings sind lange Wertelabel in Faktoren kontraproduktiv, weil man sie bei der Arbeit mit den Variablen jeweils exakt angeben müsste.

---

[8] Erhältlich unter `http://www.forschungsdatenzentrum.de/campus-file.asp`.

[9] Die Dokumentation zusammen mit den Daten in einer Datei oder einer kohärenten Dateistruktur zu halten ist sehr hilfreich. Das gilt insbesondere dann, wenn Daten in mehreren Versionen gehalten werden oder sich häufiger ändern. Label für Variable und ihre Werte sind dabei nur ein erster und unvollständiger Schritt, weil etwa Änderungen in Datensätzen so nicht dokumentiert werden können. Daher sind in den letzten Jahren für verschiedene Anwendungskontexte Ansätze zur Normierung von gleichzeitiger Dokumentation und Datenhaltung entwickelt worden. Dazu gehören insbesondere die Formate hdf5 (`http://hdf.ncsa.uiuc.edu`), ncdf (`http://www.unidata.ucar.edu/packages/netcdf`) und DDI (`http://www.ddialliance.org`). Insbesondere DDI gewinnt zunehmend an Bedeutung in den Sozialwissenschaften. R unterstützt diese Formate zum Teil. Zu nennen sind insbesondere die Pakete hdf5, spssDDI und ncdf. DDI benutzt eine Teilmenge von XML zur Strukturierung von Dokumentation und Daten. Das Paket XML erlaubt den direkten Zugriff auf entsprechende Dateien.
Allerdings ist die Dokumentation logisch von der statistischen Datenverarbeitung getrennt. Daher sollte eine Sprache wie R auch keine Vorgaben für die Datendokumentation erzwingen.

Liest man Daten aus SPSS- oder Stata-Dateien ein, dann werden die Angaben zu Wertelabeln und Variablenlabeln in Attributen des entsprechenden Dataframes abgelegt und man muss mit den etwas umständlichen Befehlen attributes() bzw. attr() arbeiten. Das Paket memisc erlaubt sowohl einen einfacheren als auch effektiveren Zugriff auf SPSS- oder Stata-Dateien. Es werden nur ausgewählte Variable und/oder Fälle tatsächlich in den Speicher geladen und man kann direkt auf die Variablen- oder Wertelabel zugreifen. Zudem stellt das Paket eine Variante von data.frame zur Verfügung, in dem diese Größen in R abgelegt und verwaltet werden können. Für die Mikrozensusdaten kann man etwa schreiben:

```
> library(memisc)
> dat <- spss.system.file("mz02_cf.sav")
> ### Liest alle Daten
> daten <- as.data.set(dat)
> ### Nur einen Teil
> daten2 <- subset(dat,select=c(geschl=ef32,famst=ef35))
```

Der Befehl spss.system.file()[10] liest nur die ersten Zeilen der jeweiligen Datei und extrahiert die wichtigsten Informationen wie Variablennamen und Fallzahlen. Da keine großen Dateien gelesen werden müssen, kann der Befehl sehr schnell ausgeführt werden und man erhält einen ersten Überblick über den Inhalt der Datei. Die Daten können dann entweder mit as.data.set() insgesamt gelesen werden oder mit subset() teilweise. Die letzte Möglichkeit ist gerade für große Datensätze sehr hilfreich. Zudem kann man auch gleichzeitig Fälle auswählen und Variable umbenennen. Das Ergebnis ist in beiden Fällen ein data.set, eine Erweiterung des data.frame Objektes, die einen einfacheren Umgang mit Labeln und anderen Eigenarten von SPSS- und Stata-Dateien ermöglicht. Gleichzeitig verhält es sich für die meisten R-Befehle wie ein normaler Dataframe. Ob ein Objekt ein data.set ist, wird mit is.data.set() getestet.

Der Befehl codebook() liefert eine erste Zusammenfassung der Daten, die etwas ausführlicher als summary() ist:

```
> codebook(daten2)
  geschl 'EF32 Geschlecht'
  Storage mode: integer
  Measurement: nominal
  Values and labels     N     Percent
  1   'Männlich'      12087    48.1   48.1
  2   'Weiblich'      13050    51.9   51.9
==================================
  famst 'EF35 Familienstand'
  Storage mode: integer
```

---

[10]Ebenso wie die analogen Befehle spss.portable.file, spss.fixed.file() und Stata.file().

```
Measurement: nominal
Values  and labels      N      Percent
1   'Ledig'          9648     38.4   38.4
2   'Verheiratet'   12149     48.3   48.3
3   'Verwitwet'      2029      8.1    8.1
4   'Geschieden'     1311      5.2    5.2
```

Zugriff auf die Label erhält man mit dem Befehl labels().

```
> labels(daten2$famst)
Values  and labels:
  1 'Ledig'
  2 'Verheiratet'
  3 'Verwitwet'
  4 'Geschieden'
```

Der Befehl query() sucht in allen Labeln und sonstigen im Datensatz enthaltenen Dokumentationen nach einem Wort oder Wortbestandteil. Man kann sich also relativ schnell auch in Datensätzen mit vielen Variablen orientieren.

```
> query(daten2,"Familie",fuzzy=F)
$famst
description:
    EF35 Familienstand
```

Mit dem Befehl annotation() kann man sich alle vorhandenen Dokumentationen zu Variablen und deren Werten in einem data.set ausgeben lassen. Will man die Werte- oder Variablenlabel ändern, kann man die Funktion relabel() verwenden. Sie erlaubt auch Änderungen von Teilen der entsprechenden Strings, ohne die vollständigen Label angeben zu müssen.

Bei der Arbeit mit Labeln muss noch beachtet werden, dass die Interpretation der zugehörigen Strings durch die Wahl eines Kodierungssystems für die jeweilige lokale Sprache (die für den lokalen Rechner definiert ist) und die Kodierung der Label durch den Datenproduzenten erschwert wird. Unterschiedliche Konventionen der verschiedenen Statistikprogramme und Konflikte mit lokalen Einstellungen führen oft zu unleserlichen Wiedergaben von Labeln. Zwar können die meisten Textverarbeitungsroutinen von R durch Angabe des verwandten Kodiersystems auch mit Umlauten, kyrillischen, chinesischen, mathematischen Schriftzeichen umgehen, aber welches Kodierungssystem in fremden Dateien verwandt wird, kann praktisch nicht auf Grund des Textes selbst entschieden werden. Beim Austausch von Daten, die Texte enthalten, also auch wenn Label verwandt werden, sollte man auf die Kodierung achten und auf jeden Fall das Kodierungssystem angeben. Der Befehl read.spss() enthält die Option reencode, eine logische Variable mit der Voreinstellung NA. Bei der Voreinstellung wird eine Umkodierung versucht, wenn das lokale System (der eigene Rechner) die UTF-8 Kodierung verwendet. In allen anderen Fällen kann man versuchen, die Option als T zu wählen. Wenn das auch nicht weiterhilft oder zu fehlerhaften Ergebnissen führt, dann kann man den Befehl iconv()

verwenden, um Label und Variablennamen explizit von einer Kodierung in eine andere zu verwandeln:

```
> x <- c("Ekstr\xf8m","J\xf6reskog","bi\xdfchen     Z\xfcrcher")
> y <- iconv(x,"latin1","utf-8")
> y
[1]  "Ekstrøm"  "Jöreskog"  "bißchen Zürcher"
```

Die Label der Mikrozensusdaten etwa sind gegenwärtig in Latin1 kodiert und können mit dem obigen iconv( ) Befehl in UTF−8 (oder ein anderes System, das benutzt werden soll) umgewandelt werden.

3.2.3 Zusätzlich definierte fehlende Werte

Eine weitere Eigenart sowohl von SPSS als auch von Stata ist die Möglichkeit, verschiedene Arten fehlender Werte zu unterscheiden und diese Information im Datensatz zu speichern. Für statistische Auswertungen ist es wohl meistens egal, welcher „Art" fehlende Daten sind oder was sonst noch durch diese Codes an Information bereitgestellt wird. Die Information über den zugrunde liegenden Wert ist jedenfalls für Statistiken nicht verfügbar. Deshalb reicht es auch, in R nur eine einzige Markierung für fehlende Werte, NA, zu haben.

Allerdings ignoriert der Befehl read.spss( ) des Pakets foreign die zusätzlich definierten fehlenden Werte entweder völlig und liefert einfach deren Code zurück. Das passiert, wenn die Option use.missings den Wert F hat. Ist dagegen use.missing=T als Option gewählt, werden alle nutzerdefinierten fehlenden Werte in NA verwandelt. Das ist auch die Voreinstellung, wenn man die Option to.data.frame als T gewählt hat.

Man muss dann also entweder die zusätzlichen Werte, die als fehlend markiert sind, nachträglich in den mit read.spss( ) erstellten Dataframes zu NA Werten machen oder die Nutzerdefinition einfach übernehmen. Zwar wird auch ein Attribut Missings erzeugt, aber mit diesem Attribut lässt sich nur sehr umständlich arbeiten.

Die Funktionen spss.system.file( ) und verwandte Befehle des Pakets memisc übernehmen die zusätzlich definierten Missings, setzen sie aber nicht unmittelbar in NA um. Statt dessen wird ein value.filter definiert, der missing.values, valid.values und valid.range definiert. Entsprechende Testmethoden sind is.missing( ) bzw. is.valid( ). Damit kann man einfach alle fehlenden Werte auf NA (oder einen anderen Wert) setzen. Z.B. gibt es im Mikrozensus 2002 die Frage nach dem Zuzugsjahr in die BRD. Das Codebuch gibt die Codes an als

In der Bundesrepublik geboren	1900
1949 und früher zugezogen	1949
1950 und später zugezogen	1950–2002
Ohne Angabe	9999
Deutscher	0

Wir lesen die Daten ein und sehen, wie sie in der SPSS-Datei abgelegt sind:

```
> library(memisc)
> dat <- spss.system.file("mz02_cf.sav")
> daten3 <- subset(dat,select=c(zuzug=ef53))
> codebook(daten3)
```

Lässt man die Angaben über die Jahre des Zuzugs weg und kürzt den Ausdruck ein wenig, ergibt sich

zuzug 'EF53 Zuzugsjahr'

Values and labels	N	Percent	
0 M 'Deutscher'	12943		51.5
1900 'in der BRD geboren'	9482	77.8	37.7
1949 '1949 oder frueher'	276	2.3	1.1
.....			
9999 'Ohne Angabe'	1023	8.4	4.1

In der SPSS-Datei ist also der Wert 0 („Deutscher") als fehlender Wert markiert (das „M" in der zweiten Spalte), nicht aber 9999 (keine Angabe). Das ist eine ziemlich eigentümliche Auffassung fehlender Werte. Der Wert 0 ist eine valide und keinesfalls fehlende Angabe. Dagegen fehlt die Angabe offenbar, wenn der Code 9999 angegeben ist. Der ist aber nicht als fehlender Wert kodiert. Es ist daher in allen Fällen geboten, in den Codebüchern die vollständige Definition der Variablen nachzuschlagen und sich nicht auf die Information aus den SPSS-Dateien zu verlassen. [11]

3.2.4 Datenaustausch mit Excel

Häufig sind Daten weder in den Formaten statistischer Pakete abgelegt, noch in Datenbanken oder als Textdateien verfügbar. Etliche Datenproduzenten benutzen das Tabellenkalkulationsprogramm Microsoft-Excel für den Datenaustausch, ebenso wie für die Produktion und Dokumentation der Daten. [12] Die einfachste Möglichkeit, mit Daten im Excel-Format zu arbeiten, besteht darin, die zu importierenden Excel-Dateien als CSV-Dateien abzuspeichern. [13] Die entsprechende CSV-Datei kann dann in R mittels read.table() eingelesen

---

[11] Das Paket memisc stellt den Befehl include.missings() bereit, der eine Kopie des Arguments erstellt, in der alle fehlenden Werte als valide erklärt sind.

[12] Alle Tabellenkalkulationsprogramme (nicht nur Microsofts Excel) sind entworfen worden, um möglichst einfach und durchsichtig Werte in Tabellen zu berechnen. Zur Datenhaltung, zur Datendokumentation oder zum Austausch statistischer Daten sind sie wenig geeignet. Weder erzwingen sie die Ablage von Daten in der Form von Dataframes oder ähnlicher Konzepte, die Statistikpakete wie SPSS oder R etc. erwarten. Noch sind Zusatzinformationen (Titel, Datenherkunft, Variablenbeschreibung, fehlende Werte etc.) an einem identifizierbaren Ort abgelegt.

[13] Das setzt voraus, dass das Programm Excel selbst zur Verfügung steht. Ist das nicht der Fall, oder werden andere Betriebssysteme als die von Microsoft benutzt, kann man oft auf OpenOffice (www.openoffice.org) zurückgreifen, das viele Varianten von Excel lesen (und anschließend in einem passenden CSV-Format speichern) kann.

werden, wenn auch mit einer Variation der Optionen. Für die häufigste Variante von CSV-Dateien gibt es eine Abkürzung:

> rdaten <− read.csv("exceldat.csv")

Der entsprechende Befehl, formuliert mit read.table(), würde lauten:

> rdaten <− read.table("exceldat.csv",
+   header=T,sep=",",dec=".")

wobei sep="," das Trennzeichen zwischen Feldern angibt und dec="." das Zeichen „." als Dezimaltrennungszeichen definiert. Wenn die Daten etwa mit Dezimalkomma geschrieben wurden und ein „;" als Trennungszeichen benutzt wurde, dann müsste

> rdaten <− read.table("exceldat.csv",
+   header=T,sep=";",dec=",")

geschrieben werden. Beim entsprechenden Befehl write.table() sollte zusätzlich die Option row.names=F angegeben werden, damit in Excel die Spaltenbezeichnungen nicht verschoben sind:

> write.table(rdaten,"exceldat.csv",row.names=F,sep=";",dec=",")

Einige Zusatzpakete stellen auch die Möglichkeit bereit, Daten direkt aus ∗.xls Dateien zu lesen (der Befehl read.xls() im Paket gdata) und zu schreiben (der Befehl write.xls() im Paket dataframes2xls). [14] Die Pakete RExcelInstaller und xlsReadWrite erlauben es ebenfalls, direkt ∗.xls Dateien zu lesen und zu schreiben, funktionieren aber nur bei installiertem Excel unter den Microsoft-Betriebssystemen. [15]

3.3 Übungsaufgaben

1) Erzeugen Sie einen Dataframe dat mit den folgenden Daten:

pid	name	dob	IQ
1	Susi	1946	79
2	Carmen	1954	131
3	Herbert	1937	122
4	Karl	1932	93

---

[14]Diese Pakete setzen aber voraus, dass weitere Programme (im Fall von gdata und dataframes2xls Perl bzw. Python) installiert sind.

[15]Wir raten dringend davon ab, eigene Daten im Excel-Format ∗.xls zu speichern oder weiterzugeben. Neben den Beschränkungen in der Zahl der Fälle und Variablen sowie der Beschränkung der Genauigkeit der Zahlenrepräsentation führt die recht willkürliche Microsoft-Politik in den Standard-Installationen von Excel zu ebenso undurchschaubaren Übersetzungen von Formaten, die zudem nicht ohne weiteres rückgängig gemacht werden können. Eine Excel ∗.xls Datei aus Deutschland ist in den USA nur mit zusätzlichem Aufwand (Anweisungen, Makros, Dokumentation) interpretierbar. An die zusätzlichen Probleme beim Austausch mit anderen Betriebssystemen kann nur erinnert werden; dazu kommen die Probleme der Dokumentation sowie mögliche Unstimmigkeiten, wenn mehrere Tabellen in einer Datei gespeichert werden.

Speichern Sie diesen Dataframe mit write.table( ), entfernen Sie mit dem Befehl rm(dat) (remove) den Datensatz aus dem Arbeitsspeicher und lesen Sie die Daten aus der Datei wieder in den Arbeitsspeicher.

2) Überlegen Sie sich, ob Sie bei der Speicherung von Daten möglicherweise Genauigkeit verlieren können. Machen Sie sich einen Dataframe mit einer Variablen X und den Werten (0.7333,3/7,pi,exp(1)). Speichern Sie die Daten in einer CSV-Datei. Löschen Sie den Dataframe im Arbeitsspeicher und laden Sie die Daten erneut. Vergleichen Sie die erneut geladenen Daten mit der Funktion identical( ) mit den Werten 0.7333,3/7 etc. Untersuchen Sie auch mit ihrem Editor die Darstellung der Werte in der CSV-Datei.

4

DATENAUSWAHL UND DATENTRANSFORMATION

Daten sind selten schon in einer Form, in der man sie für die weitere Analyse benötigt. Man muss Daten nach bestimmten Kriterien auswählen, sie transformieren und Variable rekodieren. Und oft müssen verschiedene Datensätze zusammengeführt werden. Solche Arbeiten erfordern den größten Arbeitsaufwand in jeder Datenanalyse. Effiziente Methoden und entsprechende Dokumentationsmöglichkeiten sind daher eine wesentliche Voraussetzung jeder Datenanalyse.

4.1 Datenauswahl und Zusammenführung

4.1.1 Auswahl von Fällen und Variablen

Variablenauswahl

Wir laden den Datensatz aus dem Anfang des letzten Kapitels erneut in den Arbeitsspeicher:

```
> daten <- read.table("test.dat")
> daten
  name t x y
1 Hans 1 2 5
```

2 Hans 2 3 4
3 Susi 1 4 3
4 Susi 2 5 2

Aus dem Dataframe daten soll ein neuer Dataframe mit dem Namen daten.zwei
erstellt werden, der nur die beiden Variablen name und x enthält:

```
> daten.zwei  <- data.frame(daten$name,daten$x)
```

Einfacher ist es oft, vorher die Variablen des Dataframes (in unserem Beispiel
daten) mit dem attach() Befehl dem Suchpfad von R hinzuzufügen:

```
> attach(daten)
> daten.zwei  <- data.frame(name,x);daten.zwei
   name x
1 Hans 2
2 Hans 3
3 Susi  4
4 Susi  5
```

Allerdings ändert der attach() Befehl die Reihenfolge, in der nach Symbolen
in einer R Sitzung gesucht wird: Der Dataframe daten wird an zweiter Stelle
(nach der globalen Umgebung) in den Suchpfad eingefügt. [1] Ein Verweis auf
die Variable mit dem Namen name verweist daher auf die entsprechenden
Werte, die in dem Dataframe daten abgelegt sind, nicht auf die Variable
gleichen Namens im Dataframe daten.zwei. Ein attach(daten.zwei) fügt die
Variablennamen dieses Datensatzes an zweiter Stelle des Suchpfads ein. Die
Variablen des Dataframes daten rücken an die dritte Stelle. In diesem Fall
erzeugt R eine Warnung

```
> attach(daten.zwei)
  The following object(s) are masked from daten:
  name x
```

Der nächste Verweis auf die Variable mit dem Namen name bezieht sich also
auf die Version im Dataframe daten.zwei, die Version gleichen Namens im
Dataframe daten ist nur durch expliziten Verweis (z.B. durch daten$name)
ansprechbar, diese Variable ist „masked".

Eine weitere Möglichkeit der Variablenauswahl besteht in der Verwendung
von Indizes. Man kann folgende Varianten verwenden:

```
> daten.zwei  <- daten[,c(1,3)]
> daten.zwei  <- daten[,c("name","x")]
> daten.zwei  <- daten[c("name","x")]
> daten.zwei  <- daten[c(1,3)]
```

Die ersten beiden Formen behandeln den Dataframe daten als Matrix, die
letzten beiden als Liste.

---

[1]Wir nehmen hier an, dass die Daten daten in einer neuen Sitzung geladen wurden, so dass die
Variablen mit den Namen name und x nicht mehr in der globalen Umgebung definiert sind.

Auswahl bestimmter Beobachtungen

Als Beispiel wollen wir einen Dataframe erzeugen, der nur die Beobachtungen der beiden Variablen name und x enthält, falls diese die Bedingung x>=4 erfüllen. Diese Selektion können wir durch die Angabe der entsprechenden Zeilen und Spalten erreichen:

```
> daten.highx   <− daten.zwei[x>=4,];daten.highx
  name x
3 Susi   4
4 Susi   5
```

Mit der Bedingung x>=4 wird festgelegt, welche Zeilen eingelesen werden sollen. Da dem „," kein Spaltenindex folgt, werden alle Spalten eingelesen.

subset

Sowohl die Auswahl von Variablen als auch die Auswahl von Fällen kann über die Indizierung des Dataframes vorgenommen werden. Der Befehl subset() ermöglicht eine Vereinfachung beider Aufgaben. subset() hat folgende Argumente: [2]

subset(<Datenfile>,subset=<Bedingung>,select=<Variable>)

Dieser Befehl gibt alle <Variable> und Zeilen von <Datenfile> zurück, die der <Bedingung> genügen. Die Bedingung sollte ein logischer Ausdruck sein, der sich auf Variable des Datenfiles bezieht. Lässt man die Bedingung frei (im zweiten Beispiel unten durch das leere zweite Argument ,, angegeben), so werden alle Datensätze übernommen. Lässt man die Variablenliste weg, so werden alle Variablen übernommen. Die Besonderheit des subset() Befehls ist, dass die Variablennamen des Dataframes benutzt werden können, ohne dass der Dataframe dem Suchpfad hinzugefügt wurde. Hier einige Beispiele mit unserem Datenfile:

- nur bestimmte Beobachtungen:

```
> subset(daten,x>=4)
  name t  x  y
3 Susi  1  4  3
4 Susi  2  5  2
```

- nur bestimmte Variable:

---

[2] Dieser Befehl subset() des Basispakets unterscheidet sich vom Befehl subset() des memisc Pakets in Abschnitt 3.2.2, das im letzten Kapitel besprochen wurde. Insbesondere ist das Ergebnis des subset() Befehls im memisc-Paket ein data.set und kein Dataframe. Trotzdem entsteht nach dem laden des Pakets memisc kein Konflikt zwischen den Funktionen. Denn das neue Verhalten von subset() hängt allein von der Klasse des Objektes ab, das als Argument übergeben wird. Für „Importer"-Objekte des memisc Pakets werden Objekte der Klasse data.set erzeugt. Übergibt man dagegen einen Dataframe, dann verhält sich subset() wie in diesem Abschnitt beschrieben. Dies ist ein Aspekt objektorientierten Programmierens in R.

```
> subset(daten,,c(name,x))#oder: subset(daten,select=c(name,x))
  name x
1 Hans 2
2 Hans 3
3 Susi  4
4 Susi  5
```

- nur bestimmte Beobachtungen bestimmter Variablen:

```
> subset(daten,x>=4,c(name,x))
  name x
3 Susi  4
4 Susi  5
```

4.1.2 Verbinden von Datensätzen

rbind und cbind

Datensätze, Matrizen und Vektoren kann man auf verschiedene Arten zusammenführen. Am einfachsten ist dies mit den Befehlen rbind() und cbind() möglich. Mit cbind(a,b) werden die Objekte a und b spaltenweise (c wie „column") kombiniert, mit rbind werden sie zeilenweise (r wie „row") kombiniert. Betrachten wir zwei Beispiele:

```
> x <- c(2,3,1)
> y <- c(2,1,1)
```

- vertikales Zusammenfügen:

```
> cbind(x,y)
     x y
[1,] 2 2
[2,] 3 1
[3,] 1 1
```

- horizontales Zusammenfügen:

```
> rbind(x,y)
  [,1]  [,2]  [,3]
x  2     3     1
y  2     1     1
```

Eine Besonderheit von R ist das „Recyclen" von zu kurzen Vektoren. Ist ein Vektor zu kurz, wird wieder mit dem ersten Element begonnen:

```
> x <- c(2,3,1,4)
> y <- c(1,2)
> rbind(x,y)
  [,1]  [,2]  [,3]  [,4]
x  2     3     1     4
y  1     2     1     2
```

Eine weitere Besonderheit tritt auf, wenn sowohl x als auch y Dataframes sind. Dann haben die Spalten (Variable) Namen und das Ergebnis von rbind() sortiert das zweite Argument spaltenweise so, dass Spalten gleichen Namens untereinander stehen. [3]

do.call

Die Befehle lapply(), tapply() und andere liefern Listen als Ergebnis zurück. Wenn die Ergebnisse (die Listenelemente) alle wieder Vektoren gleicher Länge sind, möchte man oft wieder eine Matrix oder ein Dataframe erzeugen. Der Befehl rbind() (bzw. cbind()) kann aber nur selten direkt angewandt werden, denn meist ist weder die Zahl der Listenelemente des Ergebnisses noch sind deren Namen von vornherein bekannt. Außerdem wäre es auch sehr umständlich, jeweils lange Listen angeben zu müssen. Dabei hilft der (auch in anderen Zusammenhängen hilfreiche) Befehl do.call(), der als Argumente einen Befehl und eine Liste vorsieht. Als Ergebnis wird zunächst die Liste als Folge von Argumenten des Befehls interpretiert und anschließend der so konstruierte Befehl ausgeführt. Nehmen wir die Daten des Dataframes daten:

```
> name <- c(rep("Hans",2),rep("Susi",2))
> t <- rep(c(1,2),2)
> x <- c(2,3,4,5)
> y <- c(5,4,3,2)
> daten <- data.frame(name,t,x,y)
> erste  <- tapply(1:nrow(daten),daten$name,
+                  function(i)   c(daten$x[i][1],daten$y[i][1]))
> erste
$Hans
[1]  2 5
$Susi
[1]  4 3
```

erste enthält also jeweils die erste Datenzeile für Susie und Hans. Es ist eine Liste mit zwei Einträgen. Aber wie macht man daraus wieder eine Matrix oder ein Dataframe? Hier hilft do.call()

```
> dat <- do.call(rbind,erste)
> is.matrix(dat)
[1]  TRUE
> dat
       [,1]  [,2]
Hans    2     5
Susi    4     3
```

---

[3]Während diese Eigenschaft sehr hilfreich bei der Arbeit mit Daten in Form von Dataframes ist, kann das unterschiedliche Verhalten bei Matrizen (ohne Spaltennamen) und Dataframes leicht zu unliebsamen Überraschungen führen.

do.call(rbind,erste) konstruiert den Befehl rbind(erste[[1]],erste[[2]]) und
rbind() fügt dann die beiden Zeilen aneinander. Das funktioniert für eine
beliebige Anzahl von Listenelementen und man braucht weder ihre Zahl noch
ihre Namen zu kennen. Natürlich kann man do.call() auch mit allen anderen
R Befehlen benutzen, die eine beliebige Anzahl von Argumenten mit ähnlicher
Bedeutung verwenden können. Da z.B. Dataframes auch Listen (von Variablen)
sind, kann man etwa mit

```
> do.call("+",daten[,2:3])
```

die zweite und dritte Spalte von Daten addieren. Ähnliches (mit interessanteren
Funktionen) kann nützlich sein, wenn man mit sehr vielen Variablen arbeitet,
so dass deren Aufzählung mühsam wird. [4]

4.1.3 Daten sortieren

Vektoren können mit dem Befehl sort() sortiert werden. In Klammern wird
das zu sortierende Objekt angegeben. Als Voreinstellung wird aufsteigend
sortiert.

```
> x <- c(5,3,0.5,4)
> sort(x)
[1]  0.5  3  4  5
```

Eine absteigende Sortierung wird durch Angabe der Option decreasing=TRUE
erreicht:

```
> sort(x,decreasing=TRUE)
[1]  5  4  3  0.5
```

Soll eine Datenmatrix nach einer oder mehreren Spalten sortiert werden,
dann muss die zunächst etwas umständlich wirkende, aber mächtige Funktion
order() verwandt werden. Das Argument von order() ist ein Vektor (oder
mehrere Vektoren, deren Namen durch , zu trennen sind). Wird nur ein Vektor
(eine Spalte eines Dataframes) angegeben, dann liefert die Funktion einen
Vektor von Indizes zurück, so dass das erste Element des Vektors angibt, an
welcher Stelle sich das kleinste Element von x befindet, das zweite Element
den Index des zweit-kleinsten Elements von x angibt usw. Betrachten wir als
Beispiel wieder den Vektor $x <- c(5,3,0.5,4)$. Das kleinste Element von x ist
das dritte Element von x (also $x[3]$), das zweit-kleinste Element ist das zweite
Element von x (also $x[2]$) usw. Die Indizes lauten also 3, 2 usw.

```
> order(x)
[1]  3  2  4  1
```

Wenn wir nun die Elemente von x nach dem Vektor order(x) anordnen, erhalten
wir den aufsteigend sortierten Vektor:

---

[4]Das obige Ergebnis lässt sich eleganter und expressiver durch rowSums(daten[,2:3]) erreichen.
Aber diese Funktionalität wird nur für wenige Funktionen bereitgestellt.

```
> x[order(x)]
[1]  0.5  3.0  4.0  5.0
```

Mit anderen Worten: order(x) ist die Permutation der Indizes von x, die x[order(x)] zu einem aufsteigend geordneten Vektor macht. Die absteigende Sortierung wird durch die Angabe von order($-$x) erreicht:

```
> mox <- order(-x)
> x[mox]
[1]  5.0  4.0  3.0  0.5
```

Der Befehl rank() ist die Umkehrung des order() Befehls: Zu jedem Element des Vektors x wird dessen Ordnungsposition angegeben:

```
> rank(x)
[1]  4  2  1  3
```

Das erste Element von x ist das größte (hat den Rang 4), das dritte Element hat den Rang 1, ist also das kleinste. Die Permutation rank() ist damit die „Umkehrung" der Permutation der Indizes, die durch order() erzeugt wird:

```
> o <- order(x)
> r <- rank(x)
> o[r]
[1]  1  2  3  4
> r[o]
[1]  1  2  3  4
```

Mit dem Befehl order() können auch Matrizen oder Dataframes sortiert werden. Betrachten wir als Beispiel unseren Dataframe daten und sortieren ihn nach den Werten der Variablen y:

```
> o <- order(daten$y)
> daten[o,]
  name t  x  y
4 Susi  2  5  2
3 Susi  1  4  3
2 Hans  2  3  4
1 Hans  1  2  5
```

Wird der Befehl order() mit mehr als einem Argument benutzt, dann werden weiter rechts stehende Argumente benutzt, um uneindeutige Anordnungen zu verfeinern. Gibt es mehrere Elemente gleicher Größe im ersten Argument, dann wird versucht, deren Reihenfolge durch das zweite Argument zu bestimmen. Gibt es immer noch Übereinstimmungen, wird das dritte Argument benutzt etc. Hat man etwa Geburtsdatumsangaben in den Variablen GJahr, GMonat und GTag abgelegt, dann erhält man z.B. [5]

---

[5]Datumsangaben wie in diesem Beispiel bearbeitet man natürlich besser mit entsprechenden Mitteln. Das Paket chron stellt viele Funktionen einschließlich entsprechender Ordnungs- und Sortierungsmöglichkeiten für Datumsangaben bereit.

```
> GJahr <- c(1950,1980,1950,1980,1968,1950,1968,1950,1980,1968)
> GMonat <- c(1,5,1,3,11,11,12,11,1,9)
> GTag <- c(6,12,5,25,3,17,23,11,12,14)
> order(GJahr)
[1]   1   3   6   8   5   7 10   2   4   9
> order(GJahr,GMonat)
[1]   1   3   6   8 10   5   7   9   4   2
> order(GJahr,GMonat,GTag)
[1]   3   1   8   6 10   5   7   9   4   2
```

Ob die ursprüngliche Reihenfolge der Daten beibehalten wird, wenn es
übereinstimmende Werte nach Betrachtung aller Argumente gibt, hängt vom
intern verwandten Sortieralgorithmus ab. Der Algorithmus kann nur durch
den expliziten Aufruf der spezielleren Funktion sort.list() kontrolliert werden.
Bei der Sortierung nach Variablen, in denen übereinstimmende Werte vor-
kommen können, sollte man daher nicht ohne weiteres davon ausgehen, dass
die ursprüngliche Reihenfolge der Daten bei Übereinstimmungen erhalten
bleibt. Möchte man diese Reihenfolge sicherstellen (und arbeitet mit einem
Dataframe), kann man als letzte Sortiervariable den Zeilennamen des Dataframes angeben. Da aber der Zeilenname eines Dataframes sich nach diversen
Operationen verändern kann, sollten vor dem order() Befehl den Zeilennamen
wieder ihre Ordnungsnummer zugewiesen werden: row.names(daten) <-
NULL.

Die Sortierungs- und Ordnungsfunktionen ordnen fehlende Werte als
letzte an. Man kann sie mit der Option na.last=F auch an die erste Stelle der
Ordnungsrelation setzen.

4.1.4 Daten zusammenführen

Dateien können auch mit Hilfe von Identifikations- oder Schlüsselvariablen
zusammengefügt werden. Dabei werden Datensätze mit den gleichen Werten der Identifikationsvariablen verbunden. Als Beispiel betrachten wir die
Verknüpfung von Kunden- und Umsatzdaten, die sich jeweils einem Kunden
zuordnen lassen, aber zunächst in zwei getrennten Dateien gespeichert sind.
Die Schlüsselvariable, über die eine adäquate Zusammenführung der Dateien
möglich ist, lautet in der Kundendatei knummer und in der Umsatzdatei k.
Über diese beiden Variablen werden die Kunden- und Umsatzdaten für die
entsprechenden Kunden zusammengeführt:

```
> #1. Kundendatei
> knummer <- c(1,2,3)
> kname <- c("Meier","Meier","Schmidt")
> kort  <- c("Frankfurt","Bad   Homburg","Frankfurt")
> kunden <- data.frame(knummer,kname,kort)
> #2. Umsatzdatei
```

```
> k <- c(1,1,2,3,2,1)
> u <- c(1000,1500,2000,3000,2700,1100)
> umsatz <- data.frame(k,u)
> #3. Rechnungsdatei
> rechnung <- merge(kunden,umsatz,by.x="knummer",
+                   by.y="k")
> rechnung
  knummer kname   kort           u
1 1       Meier   Frankfurt      1000
2 1       Meier   Frankfurt      1500
3 1       Meier   Frankfurt      1100
4 2       Meier   Bad Homburg    2000
5 2       Meier   Bad Homburg    2700
6 3       Schmidt Frankfurt      3000
```

Im Befehl merge( ) gibt by.x den Namen der Identifikationsvariable im ersten Dataframe an, by.y den Namen im zweiten Dataframe. Wenn es in einem der Datensätze Angaben mit einer Identifikationsvariable gibt, die nicht im anderen Datensatz vorkommt, dann wird sie aus dem gemeinsamen Dataframe ausgeschlossen. Das kann man mit der Option all=T (oder all.x=T nur für den ersten Dataframe bzw. all.y=T nur für den zweiten Dataframe) geändert werden. Dann werden für die fehlenden Angaben im jeweils anderen Dataframe NAs eingefügt.

Anzumerken ist noch, dass merge( ) in der Voreinstellung die Zeilen des neuen Dataframes nach den Spalten von by bzw. von by.x und by.y sortiert. Will man das vermeiden, dann kann man die Option sort=FALSE in merge( ) verwenden.

4.2 Transformationen und Rekodierungen

Daten liegen selten schon in der Form vor, in der man sie auswerten möchte. Man hätte gern Variable in anderen Maßeinheiten (Euro statt Dollar), den Logarithmus des Einkommens statt des Einkommens, oder die Werte einer diskreten Variablen in anderer Anordnung. Natürlich kann man einfach die Funktionen aus Kapitel 1 verwenden. Das ist aber häufig wenig durchsichtig und zudem fehleranfällig. Die vorsichtige Behandlung von Datenänderungen und deren Dokumentation ist aber für jede Arbeit mit Daten die Grundvoraussetzung.

Ein oft übergangenes Element der Arbeit mit R betrifft Dataframes und deren Variablen sowie deren Transformation und Rekodierung. Transformationen mit den Mitteln des Kapitels 1 erzeugen nur neue Vektoren im Hauptspeicher. Sie ändern nie direkt die Struktur oder den Inhalt eines Dataframes. Und im Gegensatz zu Statistik-Paketen wie SPSS wird die zugrunde liegende Datei niemals verändert.

Man wird daher zumindest bei kleinen Datensätzen entsprechend vorgehen und nach dem Einlesen von Daten aus Dateien Transformationen und Rekodierungen mit den Mitteln des Kapitels 1 durchführen, diese ausreichend kommentieren und die Datei mit dem R-Skript abspeichern. Dann sind alle Änderungen an den Daten in der Skriptdatei dokumentiert (und hoffentlich ausreichend kommentiert). Änderungen in den Ausgangsdaten müssen dann nicht getrennt dokumentiert werden. Und Änderungen in der Programmdatei lassen sich auch leicht nachvollziehen.

Allerdings kann dies Vorgehen dann nicht mehr befriedigen, wenn Datensätze sehr groß sind oder Datenänderungen sehr viel Rechenzeit erfordern. Außerdem kann man so nur mit zusätzlichem Aufwand die relativ bequemen Möglichkeiten von Dataframes benutzen.

4.2.1 Transformationen

Wir möchten zu den Umsätzen in unserem Dataframe rechnung die Umsatzsteuer und die Nettopreise berechnen. Nun ist die Variable u (Umsatz) sowohl in der globalen Umgebung als auch im Dataframe rechnung definiert, denn wir haben zunächst die Variable u definiert. Diese Variable befindet sich also in der globalen Umgebung. Daraus wurde dann der Dataframe rechnung konstruiert, in dem sich eine Version der Variablen u befindet. Beide Versionen unterscheiden sich aber, weil die Reihenfolge der zweiten nach der Kundennummer geordnet ist. Nur wenn man sich sicher sein kann, dass die Variable u in der globalen Umgebung identisch zu der entsprechenden Variablen im Dataframe ist (und die Variable in der globalen Umgebung nicht mehr geändert worden ist), dann reichen natürlich die Befehle

```
> Netto <- u/1.19
> USt <- u-Netto
```

zur Berechnung von Nettobetrag und Umsatzsteuer. Nur entspricht das Ergebnis nicht dem entsprechenden Ergebnis, wenn die Variable rechnung$u benutzt wird. Die Reihenfolge der Einträge unterscheidet sich. Man kann also die berechneten Größen nicht einfach mit cbind() an den Dataframe anhängen.

Sicherer ist es offenbar, nur mit den Werten in rechnung zu arbeiten. Die Variablen können dann auch gleich an den Dataframe angehängt werden:[6]

```
> rechnung$Netto  <- rechnung$u/1.19
> rechnung$USt <- rechnung$u-rechnung$Netto
> rechnung
```

	knummer	kname	kort	u	Netto	USt
1	1	Meier	Frankfurt	1000	840.3361	159.6639
2	1	Meier	Frankfurt	1500	1260.5042	239.4958
3	1	Meier	Frankfurt	1100	924.3697	175.6303
4	2	Meier	Bad Homburg	2000	1680.6723	319.3277

---

[6]R weiß offenbar nichts von kaufmännischem Runden.

```
5       2   Meier   Bad Homburg 2700 2268.9076   431.0924
6       3 Schmidt     Frankfurt  3000 2521.0084   478.9916
```

Dabei ist der Verweis auf Variable in der Form rechnung$variable umständlich. Aber ein attach(rechnung) würde hier nicht zum Ziel führen. Denn dann würde die Variable u aus dem Dataframe an die zweite Stelle des Suchpfades gesetzt. An erster Stelle stünde immer noch das u aus der globalen Umgebung. Man hätte möglicherweise also mit der falschen Variablen gerechnet.

Der Befehl transform() erleichtert die Arbeit, wenn Variable aus Dataframes transformiert werden sollen. Damit kann man auch schreiben:

```
> rechnung <- transform(rechnung,Netto2=u/1.19)
> rechnung <- transform(rechnung,USt2=u-Netto2)
```

Die Namen der Variablen können im transform() Befehl direkt angegeben werden, weil der Bezug durch den vorangestellten Namen eines Dataframes eindeutig ist. Das macht die Transformation unabhängig von vorherigen Definitionen und Operationen im R-Skript, die den jeweiligen Dataframe nicht betreffen. Der transform() Befehl erleichtert daher die Nachvollziehbarkeit und damit die Dokumentation der Datenaufbereitung.

Aus dieser Konstruktion des transform() Befehls folgt aber auch, dass die rekursive Definition von Transformationen nicht möglich ist: USt2 kann nicht im gleichen Befehl definiert werden, in dem Netto2 definiert wurde. Denn Netto2 existiert erst *nach* der Zuweisung des Ergebnisses der ersten Transformation auf den Dataframe rechnung.

Manchmal möchte man neue Variable aus den Werten einer Gruppe von Fällen berechnen. Man möchte etwa den Gesamtumsatz eines Kunden an die Rechnungsdatei anfügen. Natürlich kann man auf die Befehle tapply() oder by aus Kapitel 1 zurückgreifen. Aber dann ist es schwierig, die Ergebnisse wieder an den Dataframe anzufügen, denn der Vektor etwa mit dem Namen „Gesamt" würde nur einen Wert für jede Person enthalten, nicht aber für jeden Kauf. Der Befehl transformBy() aus dem Paket doBy erlaubt analog zu dem Befehl transform() die direkte Berechnung innerhalb des Dataframes und das Anfügen an den ursprünglichen Dataframe:

```
> library(doBy)
> rechnung <- transformBy(~knummer,rechnung,Gesamt=sum(u))
```

Das erste Argument von transformBy() ist eine „Formel", die aus einer Tilde ~ und anschließend dem Namen einer Index- oder Gruppierungsvariablen besteht. Definieren mehrere Variablen gemeinsam die Gruppen, dann stehen sie durch + getrennt rechts von ~. Anschließend folgt der Name eines Dataframes und als letztes eine Folge von Transformationsregeln der Form NeuerVariablenName=Funktion(). Die Transformationsfunktion wird dann getrennt auf die Zeilen des Dataframes angewandt, die durch den gleichen Wert der Indexvariable gekennzeichnet sind.

Hinweis: Jeder Dataframe enthält Zeilennamen, die eindeutig sein müssen. Sie werden i.d.R. automatisch erzeugt. Befehle wie merge(), rbind(), transform() oder transformBy() ändern u.U. die Zeilennamen durch anhängen neuer Zahlen, wenn die Eindeutigkeit nicht gewährleistet ist. Man kann sich die Zeilennamen mit

```
> row.names(rechnung)
[1] "1.1"  "1.2"  "1.3"  "2.4"  "2.5"  "3"
```

ausgeben lassen. Nach einigen Transformationen können diese Namen relativ lang werden. Da sie Character-Strings sind, verbrauchen sie u.U. erheblichen Speicherplatz und man sollte sie dann wieder in ihre ursprüngliche Form (Integer von 1 bis nrow(<data.frame>)) bringen:

```
> row.names(rechnung)  <- NULL
```

4.2.2 Rekodierung

In den Sozialwissenschaften besteht der Wertebereich einer Variablen oft nur aus wenigen Werten. Zu denken ist etwa an den Schulabschluss einer Person, ihre berufliche Stellung, ihren Familienstand, ihren Beruf etc. Sind die Daten als numerische Werte abgelegt, dann kann man natürlich die Transformationsmethoden des letzten Abschnitts verwenden. So ist z.B. „Geschlecht" im Mikrozensusdatensatz mit 1 (männlich) und 2 (weiblich) kodiert. Da es oft einfacher ist, eine 0,1-kodierte Variable zu verwenden, kann man schreiben:

```
> library(foreign)
> dat <- read.spss("mz02_cf.sav",to.data=T,use.value.labels=F)
> geschl  <- dat$ef32-1
```

Man kann auch die transform() (oder transformBy()) Funktionen benutzen und damit die Ergebnisse direkt an den Dataframe anhängen.

Das Vorgehen stößt an seine Grenzen, wenn es keine einfache Funktion gibt, die den gegebenen Wertebereich in den gewünschten transformiert. Man kann zwar den Indextrick aus der Übung 14 des Kapitels 2 übernehmen, wenn die ursprüngliche Kodierung nur Werte zwischen 1 und n enthält. Alternativ kann man eine lange (und verschachtelte, damit schlecht lesbare) Folge von ifelse() Befehlen verwenden. Das ist aber nicht nur unleserlich (und damit fehleranfällig), man erzeugt zudem das Problem möglicherweise fehlerhafter Verweise auf verschiedene Versionen von Variablen gleichen Namens.[7]

In der Standardversion von R gibt es keine einfachen Funktionen, diese Probleme zu lösen. Da aber die effizienteste Art der Verwaltung und Speicherung von Variablen mit nur wenigen möglichen Werten in ihrer Speicherung als „Faktoren" implementiert ist, gibt es verschiedene Methoden und Zusatzpakete, die die üblichen „recode" Funktionen realisieren.

---

[7]Diese Methoden sind allerdings sehr effizient. Sie sind auch sicher, wenn man sie im Rahmen eines einzelnen Skripts mit Anweisungen ausführt und davon ausgehen kann, dass zu Beginn der Ausführung des Skripts keine weiteren Variablen definiert sind. Dazu kann man zu Beginn des Skripts alle anderen Variablen und Objekte durch rm(list=ls()) löschen. Übrigens ist dies auch ein weiterer guter Grund, niemals den „Workspace" einer R Sitzung zu speichern. Denn dann würden die in der letzten R-Sitzung definierten Objekte wieder geladen und könnten zu unerwartetem Verhalten in der neuen R-Sitzung führen.

4.2.3 Rekodierung von Faktoren

Faktoren sind in R ein eigener Datentyp, der die effiziente Speicherung von Variablen mit wenigen Ausprägungen ermöglicht. Nur ist der Umgang mit diesem Datentyp recht verschieden von dem mit numerischen Variablen. Ein Faktor hat „Levels", die verschiedenen möglichen Ausprägungen, sowie zugehörige „Labels". Sowohl die Levels als auch die Labels sind „Character Strings", können also nicht direkt in numerischen Berechnungen verwandt werden. Diese Konstruktion erzeugt Schwierigkeiten, wenn man die numerischen Fähigkeiten von R ausnützen möchte. Denn Faktoren mit passend generierten Labels erzeugen zwar in statistischen Prozeduren besser lesbare Ergebnisse (die Labels werden zur Bezeichnung benutzt), können aber nur begrenzt wie numerische Variable benutzt werden. Zudem muss beim Verweis auf Werte der Faktoren das entsprechende Label angegeben werden, und das heißt, das schon kleine Tippfehler zu Fehlern führen.

Nehmen wir unser Rechnungsbeispiel und suchen die Umsätze von Frau Meier:

```
> is.factor(rechnung$kname)
[1]  TRUE
> rechnung$u[rechnung$kname=="Meier"]
[1]  1000 1500 1100 2000 2700
```

ist korrekt, aber die beiden Befehle

```
> rechnung$u[rechnung$kname=="meier"]
> rechnung$u[rechnung$kname=="Meier "]
```

liefern jeweils nur die leere Menge numeric(0).

Manchmal kann man sich behelfen, indem man Levels, die ursprünglich numerische Werte waren, in numerische Vektoren zurückverwandelt. Dann kann man versuchen, statt mit den Namen mit den zugrundeliegenden Codes zu rechnen. Dazu muss man die Levels des Faktors mit levels() suchen, diese in numerische Werte verwandeln, und das dann auf alle Elemente des Faktors anwenden.

```
> test  <- rep(1:3,2)
> test
> [1] 1 2 3 1 2 3
> test2  <- factor(test)
> test2
[1]  1 2 3 1 2 3
Levels:  1 2 3
> levels(test2)
[1]  "1" "2" "3"
> is.character(levels(test2))
[1]  TRUE
> as.numeric(levels(test2))
[1]  1 2 3
```

```
> all.equal(test,as.numeric(levels(test2))[test2])
[1]  TRUE
```

Das geht aber nur, wenn man mit numerischen Werten und Vektoren begonnen hat. Z.B. haben wir bisher die SPSS-Datei des Mikrozensus mit der Option use.value.labels=F eingelesen, die dafür sorgt, alle numerischen Daten auch als numerische Vektoren in R darzustellen. Die Voreinstellung im Befehl read.spss() des Pakets foreign ist aber, die sogenannten „Value Labels" der SPSS-Datei zu benutzen und alle Variablen mit „Value Labels" in R-Faktoren zu verwandeln, bei denen für die Levels die „Value Labels" von SPSS benutzt werden. Das sind aber i.d.R. keine (umgewandelten) Zahlen:

```
> library(foreign)
> dat <- read.spss("mz02_cf.sav",to.data=T)
> is.factor(dat$ef35)      #Familienstand
> [1]  TRUE
> summary(dat$ef35)
      Ledig   Verheiratet     Verwitwet    Geschieden
       9648         12149          2029          1311
> levels(dat$ef35)
[1]  "Ledig"         "Verheiratet"      "Verwitwet"       "Geschieden"
```

Soweit sieht alles aus, wie es sein sollte. Aber

```
> as.numeric(levels(dat$ef35))
```

funktioniert nun nicht mehr, weil die Levels von vornherein „Character Strings" sind. Und Rekodierungen müssten die jeweils exakten Namen der Labels verwenden. Wenn man nur die Information behalten möchte, ob jemand verheiratet ist, dann kann man etwa schreiben:

```
> verh <- dat$ef35
> levels(verh)    <- c("Nicht Verheiratet","Verheiratet",
+ "Nicht Verheiratet","Nicht Verheiratet")
> summary(verh)
Nicht  Verheiratet              Verheiratet
            12988                    12149
```

recode

Verschiedene Pakete stellen Möglichkeiten für die einfachere Umkodierung von Variablen und insbesondere von Faktoren bereit. Wir besprechen hier nur die Version des Pakets memisc.[8] Damit läßt sich das obige Beispiel durchsichtiger schreiben:

```
> library(memisc)
> verh2 <- recode(dat$ef35,"Nicht Verheiratet"  <-
+ c("Ledig","Verwitwet","Geschieden"),otherwise="copy")
```

---

[8]Weitere Pakete, die ähnliche Fähigkeiten bereitstellen, sind u.a. car, epicalc und doBy.

```
> all.equal(verh,verh2)
[1] TRUE
```

Mit der Option otherwise="copy" werden die nicht genannten Label übernommen. Die Voreinstellung ist, nicht genannte Label durch den Wert NA zu ersetzen. Man kann aber auch einen beliebigen anderen Wert einsetzen. Es können an Stelle des zweiten Arguments auch mehrere Ausdrücke mit $<-$ auftreten. Wenn wenigstens einer der neuen Werte (der Ausdruck links vom $<-$ Zeichen) vom Typ Character ist, dann wird ein Faktor erzeugt.

4.3 Übungsaufgaben

1) Erzeugen Sie den folgenden Dataframe mit dem Namen dat

pid	name	dob	IQ
1	Susi	1946	79
2	Carmen	1954	131
3	Herbert	1937	122
4	Karl	1932	93

2) Erzeugen Sie aus diesem Dataframe einen neuen Dataframe dat2, der nur die Variablen name und dob enthält, indem Sie den subset Befehl (alternativ: den Selektionsbefehl []) verwenden.

3) Erzeugen Sie aus diesem Dataframe einen neuen Dataframe dat3, der nur die Beobachtungen von Susi und Karl enthält, indem Sie den subset Befehl (alternativ: den Selektionsbefehl []) verwenden.

4) Sortieren Sie den Dataframe dat absteigend nach dob und kopieren Sie das Ergebnis auf den Dataframe dat4.

5) Lesen Sie die Daten des Mikrozensus 2002 ein und berechnen Sie das Durchschnittsalter der Befragten (Variable ef30, beachten Sie die Kodierung!).

6) Rekodieren Sie die Variable ef35 (Familienstand) des Mikrozensus 2002, so dass nur noch festgehalten wird, ob jemand ledig ist oder jemals verheiratet war.

7) Betrachten Sie die Variable ef372 (Nettoeinkommen jeder Person im Haushalt). Die Antworten sind in Intervallen angegeben und numerisch kodiert. Rekodieren Sie die Angaben, indem Sie jeweils die mittleren Werte der Intervallober- und -untergrenze einsetzen. Welcher Wert eignet sich für das höchste Einkommensintervall?

8) Berechnen Sie die Summe der Nettoeinkommen je Haushalt nach der obigen Umkodierung. Kann das Ergebnis mit der Variablen ef539 (Haushaltsnettoeinkommen) verglichen werden? Wenn ja, welche Abweichungen würden Sie erwarten? (Sie können dabei Gemeinschaftsunterkünfte unberücksichtigt lassen.)

5

DATENBESCHREIBUNG: EINE VARIABLE

Jede statistische Analyse beginnt damit, sich einen ersten Überblick über die Daten zu verschaffen. Das grundlegende Konzept ist das der statistischen Verteilung. Darstellungsformen von Verteilungen werden daher zu Beginn dieses Abschnitts behandelt. Dann werden Maßzahlen sowie Dichten besprochen.

5.1 Verteilungs- und Quantilsfunktion

5.1.1 Urliste

Statistische Aussagen beginnen mit einer Auflistung der Befragten oder einer entsprechenden Liste von Firmen, Organisationen, Ereignissen usw., über die man Aussagen treffen möchte. Diese Liste wird man durch die (möglicherweise symbolischen, anonymisierten) Namen $\{u_1, u_2, \ldots, u_n\}$ darstellen. Dabei ist n die Anzahl der interessierenden Befragten (Firmen, Organisationen, Ereignisse etc.). Für jeden der Befragten (Firmen, Organisationen etc.) wird ein Wert in einem zuvor konstruierten *Merkmalsraum* $\mathcal{X}$ ermittelt, also eine (numerische Repräsentation) der interessierenden Eigenschaften der Gesamtheit $\mathcal{U} =$

$\{u_1, u_2, \ldots, u_n\}$. Die ermittelten Ergebnisse lassen sich dann als eine Funktion auffassen, die jedem Befragten $u \in \mathcal{U}$ einen Wert im Merkmalsraum $\mathcal{X}$ zuordnet:

$$X : \mathcal{U} \to \mathcal{X}$$

Diese Abbildung nennt man eine *Urliste*. Oft notiert man die Urliste abkürzend $X = (x_1, x_2, \ldots, x_n)$ anstelle von $(X(u_1), X(u_2), \ldots, X(u_n))$. Wir werden dieser Tradition folgen, auch wenn damit der explizite Bezug auf die zugrundeliegende Gesamtheit verloren geht. Denn auch in R wird man selten den Bezug explizit berücksichtigen, es ist viel effizienter, analog zur abkürzenden Schreibweise $(x_1, \ldots, x_n)$ die Indexmöglichkeiten von R zu benutzen. Ist x ein R-Vektor, dann kann man durch x[1] etc. auf dessen Elemente verweisen, in der gleichen Weise, wie x_1 auf das erste Element von X und damit auf den Wert der Variablen für die Person mit dem symbolischen Namen u_1 verweist.

Wir betrachten im Folgenden ein Beispiel, um die Umsetzung in R zu verdeutlichen: Wir erzeugen einen Vektor x, der die Urliste der zu beschreibenden Daten darstellt:

```
> x <- c(3,1,7,3,4,5,4,3)
```

Jedes Element des Vektors x gibt an, welchen Wert eine statistische Variable X für das erste, zweite,... Element der Liste der Befragten $(u_1, u_2, \ldots, u_8)$ annimmt. Nun interessiert man sich in der Statistik nicht für die Eigenschaften einzelner Befragter (oder Firmen etc.), sondern nur für die *Verteilung* dieser Eigenschaften in der Gesamtheit $\mathcal{U}$. Man drückt diese Beschränkung aus, indem anstelle der ursprünglichen Zuordnung X (bzw. anstelle des Vektors x) nur noch die Anzahl von Personen mit den entsprechenden Merkmalen betrachtet wird. Anstelle der ursprünglichen statistischen Variablen X bzw. des Vektors x betrachtet man nur die *Ordnungsstatistik* die einfach die ursprüngliche Reihenfolge der Urliste ignoriert.[1] Die Ordnungsstatistik notiert man als $(x_{(1)}, \ldots, x_{(n)})$, wobei $x_{(i)} \le x_{(i+1)}$ gelten soll und jeder Wert des Vektors $(x_1, \ldots, x_n)$ genau ein mal im Vektor $(x_{(1)}, \ldots, x_{(n)})$ auftaucht. Die Ordnungsstatistik $(x_{(1)}, \ldots, x_{(n)})$ ist die nach der Größe der Merkmalswerte umgeordnete Urliste.

Man kann das in R nachmachen, indem man die Daten etwa mit der Funktion sort() sortiert.

```
> y <- sort(x);y
[1] 1 3 3 3 4 4 5 7
```

Der geordnete Vektor y kann als Darstellung der Ordnungsstatistik dienen, weil der Bezug auf die ursprüngliche Liste der Befragten nicht mehr möglich ist, aber die Anzahl bestimmter Merkmalsausprägungen in y genau der in dem ursprünglichen Vektor x entspricht.

---

[1]Es gibt natürlich Ausnahmen, in denen die Reihenfolge der Beobachtungen ausschlaggebend ist, etwa bei der Darstellung zeitlicher Veränderungen oder bei räumlichen Aspekten, in denen die relative Position von Objekten auch nicht vernachlässigt werden kann.

Außerdem ist es sicher nützlich, den ursprünglichen Bezug beizubehalten, um mögliche Unstimmigkeiten in Datensätzen zu überprüfen.

5.1.2 Häufigkeitsverteilung

Die Funktion table( ) berechnet die Häufigkeiten der vorkommenden Merkmalsausprägungen:

```
> table(x)
x
1 3 4 5 7
1 3 2 1 1
```

Wir sehen, dass z.B. die Merkmalsausprägung 4 zweimal vorkommt. Gleiches gilt natürlich für die Ordnungsstatistik.

```
> table(y)
x
1 3 4 5 7
1 3 2 1 1
```

Das Ergebnis des table( ) Befehls ist ein spezielles Objekt der Klasse table, das zugleich vom Typ array ist und das zumindest die Attribute names und dim enthält. Das names Attribut gibt die vorhandenen Ausprägungen an, das dim Attribut die Anzahl der Ausprägungen. [2]

```
> tab <- table(x)
> names(tab)
[1] "1" "3" "4" "5" "7"
> dim(tab)
[1] 5
> class(tab)
[1] "table"
> is.array(tab)
[1] TRUE
> is.table(tab)
[1] TRUE
```

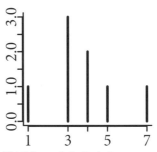

Abbildung 5.1: Stabdiagramm.

Die relativen Häufigkeiten ergeben sich durch

```
> tab/sum(tab)
x
     1     3     4     5     7
0.125 0.375 0.250 0.125 0.125
> is.table(tab/sum(tab))
[1] TRUE
```

Das Ergebnis gehört wieder zur Klasse table (es ist zugleich ein array) und kann entsprechend weiterverarbeitet werden. Wenn eine Variable nur einige wenige Merkmalsausprägungen hat, dann kann man die Häufigkeiten ebenso wie die relativen Häufigkeiten am einfachsten durch ein Stabdiagramm darstellen.

---

[2]Letzteres wird wichtig, wenn man den table( ) Befehl für die Berechnung gemeinsamer Häufigkeiten mehrerer Variablen benutzt.

```
> plot(tab,type="h")
```
Ohne weitere Optionen ergibt sich nebenstehendes Bild, das in einem eigenen Fenster angezeigt wird. [3]

5.1.3 Verteilungsfunktion

Die Verteilungsfunktion gibt an, welcher Anteil der Beobachtungen kleiner oder gleich einem vorgegebenen Wert x ist. Die Berechnung setzt natürlich voraus, das die Werte des Merkmalsraums $\mathcal{X}$ der Größe nach angeordnet werden können. Wenn das der Fall ist, dann kann die Verteilungsfunktion formal als

$$F(x) := \frac{1}{n} \left| \{ u \in \mathcal{U} \mid X(u) \leq x \} \right| = \frac{1}{n} \sum_{u \in \mathcal{U} \mid X(u) \leq x} 1$$

geschrieben werden, wobei das Symbol $|A|$ für jede Menge A die Anzahl ihrer Elemente angibt. Die letzte Version dieser Definition lässt sich aber direkt in R umsetzen (Die Funktion cumsum() berechnet die kumulierten Summen eines numerischen Vektors). Da das Ergebnis von table() bereits nach den Werten des Merkmalsraums geordnet ist, ergibt sich die Verteilungsfunktion als:

```
> cumsum(tab)/sum(tab)
    1     3     4     5     7
0.125 0.500 0.750 0.875 1.000
```
Also: 1/8 der Einträge in dem Vektor x (oder y) sind kleiner oder gleich 1, genau 1/2 aller Elemente (also genau 4) sind kleiner oder gleich dem Wert 3 etc. Der Befehl ecdf() (empirical cumulative distribution function) berechnet ebenfalls die Verteilungsfunktion. Das Ergebnis ist aber ein Objekt, das viel flexibler verwandt werden kann, als die gerade dargestellte Variante über cumsum(table()). Der Befehl ecdf() stellt die entsprechenden Werte der Verteilungsfunktion dar, ist aber gleichzeitig eine Funktion, die den Wert der Verteilungsfunktion an bestimmen Stellen berechnet, und es gibt einen einfachen Befehl für die graphische Darstellung dieses Objektes.

```
> tt <- ecdf(x)
> tt(1:8)
[1] 0.125 0.125 0.500 0.750 0.875 0.875 1.000 1.000
```
Der Befehl tt(1:8) gibt die Werte der empirischen Verteilungsfunktion für die Werte $1, 2, \ldots, 8$ zurück. Ein Bild der Verteilungsfunktion ergibt sich bei Verwendung des ecdf() Befehls durch

```
> plot(tt)
```
Das Ergebnis zeigt Abbildung 5.2.

---

[3]Unter Windows-Betriebssystemen hat das Fenster ein eigenes Menü, das die Auswahl von Optionen für die Speicherung und den Druck des Inhalts aufführt.

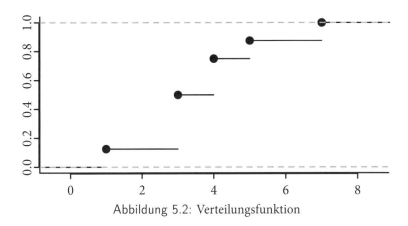

Abbildung 5.2: Verteilungsfunktion

5.1.4 Quantilsfunktion

Während wir bei der Verteilungsfunktion von einem bestimmten x Wert ausgehen und fragen, welcher Anteil der Daten diese oder eine kleinere Ausprägung aufweist, wird bei der Quantilsfunktion die Blickrichtung umgedreht. Wir fragen nun, welcher x Wert einem vorgegebenen Anteil der Daten entspricht. Genauer: Was ist der kleinste Wert x ($x \in \mathcal{X}$), so dass mindestens ein vorgegebener Anteil p der Daten kleiner als x ist. Dieser Idee folgend erhalten wir die Definition:

$$F^{-1}(p) := \inf \{x \in \mathcal{X} \mid F(x) \geq p\}$$

Da die Verteilungsfunktion eine Treppenfunktion ist, führt diese Rechenvorschrift dazu, dass nur vorkommende x-Werte als Quantilswerte gewählt werden. Das ist die übliche (und einfachste) Variante der Definition von Quantilen in der Statistik. Aber es ist nicht notwendigerweise die beste Charakterisierung von Verteilungen. Als Alternativen sind diverse Varianten von Quantilen vorgeschlagen worden, die mehr oder weniger wünschenswerte Eigenschaften haben. [4]. Rs Funktion quantile( ) stellt neun Versionen zur Verfügung. quantile(…,type=1) benutzt die obige Definition, die Voreinstellung (type=7) dagegen interpoliert linear zwischen den Punkten $(i-1)/(n-1), x_{(i)}$, wobei $x_{(i)}$ für die geordneten Werte von x steht. Für $p = 0, 1/8, 2/8, \ldots, 1$ ergeben sich die folgenden Werte, die Abbildung 5.3 zeigt beide Varianten.

```
> quantile(x,type=1,p=seq(0,1,length=9))
   0% 12.5%   25% 37.5%   50% 62.5%   75% 87.5%  100%
    1     1     3     3     3     4     4     5     7
> quantile(x,p=seq(0,1,length=9))
   0% 12.5%   25% 37.5%   50% 62.5%   75% 87.5%  100%
 1.00  2.75  3.00  3.00  3.50  4.00  4.25  5.25  7.00
```

---

[4]R.J. Hyndman, Y. Fan 1996: Sample quantiles in statistical packages. American Statistician, 50, 361–365

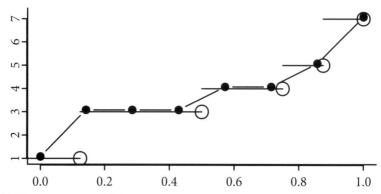

Abbildung 5.3: Quantilsfunktionen: Die Treppenfunktion entspricht der klassischen Definition, wobei die mit einem ○ gekennzeichneten Endpunkte jeweils nicht mehr zu dem Intervall gehören. Die mit ● gekennzeichnete Funktion entspricht der Voreinstellung in R. Die Funktion ist ein wenig höher eingetragen, um die Verläufe besser unterscheiden zu können.

5.1.5 Boxplots

Boxplots erlauben es, mehrere Informationen über die Lage einer Verteilung, ihre Quantile, ihre Streuung, ihre Symmetrie (oder Schiefe) und ihrer Extremwerte in einem Bild zusammenzufassen. Der Befehl

> boxplot(x)

liefert Abbildung 5.4. Hier deutet der dicke waagerechte Strich den *Median* der Verteilung (das 50% Quantil) an, die untere und obere Grenze des Kastens das 25%- bzw. 75%-Quantil (das erste und dritte *Quartil*).[5]

Die beiden vertikalen Linien sind maximal so lang wie das 1.5-fache des Abstands zwischen dem 75%-Quantil und dem 25%-Quantil, dem *Inter-quartilabstand* (IQR). Liegen alle Beobachtungen innerhalb des 1.5-fachen des Interquartilabstandes, dann reicht die Linie bis zur maximalen bzw. minimalen Beobachtung. Das gilt in unserem Beispiel für den unteren Teil der Verteilung. Ist das nicht der Fall, dann reicht die vertikale Linie bis zu der extremsten Beobachtung, die weniger als das 1.5-fache des Interquartilabstandes von dem 25% bzw.

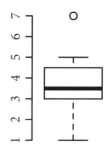

Abbildung 5.4: Boxplot.

dem 75%-Quantil entfernt ist. Alle Beobachtungen jenseits dieses Bereiches, also Beobachtungen, die mehr als das 1.5-fache des Interquartilabstands von den

---

[5]Auch hier könnten verschiedene Definitionen für die Quantile gewählt werden. Die im Boxplot-Befehl von R benutzte Version impliziert, dass beide Quartile mit einer Beobachtung übereinstimmen, wenn *n* mit Rest 1 oder 2 durch 4 teilbar ist. Sonst ist es der Mittelwert zweier benachbarter Beobachtungen.

mittleren 50% der Daten entfernt sind, werden als einzelne Punkte angedeutet. Das geschieht bei der Beobachtung mit dem Wert 7.

5.2 Mittelwerte, Varianzen und Momente

Nicht nur die Verteilungsfunktion und ihre Umkehrabbildung, die Quantilsfunktion, sowie ausgewählte Quantile geben Aufschluss über die Lage und Form einer Verteilung. Eine wichtige Alternative sind die *Momente* einer Verteilung. Dabei versteht man unter den *rohen Momenten* der Ordnung k die Statistik

$$\mathrm{M}(X^k) := \frac{1}{n} \sum_{i=1}^{n} x_i^k = \frac{1}{n} \sum_{u \in \mathcal{U}} X(u)^k$$

Der Mittelwert der Beobachtungen $\bar{x} := \mathrm{M}(X) = 1/n \sum_i x_i$ ist das erste Moment einer Verteilung. Da auch alle höheren Momente Mittelwerte sind, nämlich Mittelwerte von Potenzen der Beobachtungen, können sie mit dem schon eingeführten Befehl mean() berechnet werden:

```
> mean(x)
[1]  3.75
> mean(x^2)
[1]  16.75
```

Entsprechend schreiben wir auch allgemein $\mathrm{M}(f(X)) := 1/n \sum f(x_i)$ für den Mittelwert beliebiger Funktionen einer Variablen X. Man rechnet leicht nach, dass $\mathrm{M}()$ linear ist: $\mathrm{M}(a + bX + cY) = a + b\mathrm{M}(X) + c\mathrm{M}(Y)$.

5.2.1 Varianz und Standardabweichung

Der Mittelwert (das rohe erste Moment) beschreibt die Lage einer Verteilung. Das zweite Moment beschreibt die Streuung der Verteilung. Allerdings benutzt man zumeist nicht das rohe zweite Moment, sondern den Mittelwert der quadratische Abweichungen der Beobachtungen vom Mittelwert, das *zentrierte zweite Moment*:

$$\mathrm{var}(X) := \frac{1}{n} \sum_{i=1}^{n} (x_i - \bar{x})^2 = \mathrm{M}\left((X - \mathrm{M}(X))^2\right)$$

$\mathrm{var}(X)$ heißt *Varianz* der Verteilung, die Wurzel aus der Varianz, $\mathrm{sd}(X) := \sqrt{\mathrm{var}(X)}$, wird *Standardabweichung* genannt.

Die meisten Statistikprogramme (und so auch R) berechnen aus Gründen, auf die wir noch zu sprechen kommen, die Varianz und Standardabweichung allerdings nicht nach der obigen Formel sondern ersetzen den Nenner n durch $n - 1$. Damit wird

$$\mathrm{var}(X) := \frac{1}{n-1} \sum_{i=1}^{n} (x_i - \bar{x})^2 = \frac{n}{n-1} \mathrm{M}\left((X - \mathrm{M}(X))^2\right)$$

Die R Befehle var() und sd() berechnen die Varianz bzw. die Standardabweichung nach dieser Gleichung. Mit dem Vektor x $<-$ c(3,1,7,3,4,5,4,3) ergibt sich:

```
> var(x)
[1]  3.071429
> sd(x)
[1]  1.752549
> sqrt(var(x))
[1]  1.752549
```

In der Tat ist sd() nur eine Abkürzung für sqrt(var(x)), jedenfalls wenn das Argument x ein Vektor ist. Für die Varianzformel mit n im Nenner ergibt sich aber

```
> mean((x−mean(x))^2)
[1]  2.6875
```

also für unsere kleine Fallzahl ein deutlich kleinerer Wert.

5.3 Histogramme und Dichten

Die Momente und insbesondere der Mittelwert und die Standardabweichung ergeben einen ersten Überblick über die Lage der Daten und Boxplots geben eine einfache graphische Zusammenfassung. Hat eine Variable allerdings viele Ausprägungen, dann wird es schwer, sich ein genaues Bild über alle Aspekte der Verteilung der Variablen zu verschaffen. Die Verteilungsfunktion stellt die Einzelheiten zu grob dar, ein Stabdiagramm ist dagegen oft zu detailliert, um informativ zu sein. Betrachtet man etwa die Verteilung der Geburtsjahre im Mikrozensus 2002 und malt ein Stabdiagramm, dann ergibt sich das übliche Bild einer (halbierten) Bevölkerungspyramide.

```
> library(foreign)
> dat <− read.spss("mz02_cf.sav",
+                   to.data.frame=T,use.value.labels=F)
> barplot(table(dat$ef33),border=NA,horiz=T)
```

Nun umfasst die Campus-Version des Mikrozensus mehr als 25.000 Beobachtungen und die Verteilung auf die einzelnen Geburtsjahre lässt sich noch gut erkennen. Was aber passiert, wenn man es mit deutlich weniger Beobachtungen zu tun hat? Wie ist etwa die Verteilung der Geburtsjahre in Bremen?[6]

```
> dat2 <− subset(dat,ef1==4)  #Bremen
> barplot(rev(table(factor(dat2$ef33,levels=1906:2002))),
          border=NA,horiz=T)
```

Es gibt nur 194 Beobachtungen aus Bremen. Entsprechend sind nicht einmal alle Geburtsjahre unter den Beobachtungen vertreten. Wir müssen daher bereits

---

[6]Der Befehl rev() kehrt die Reihenfolge eines Vektors um.

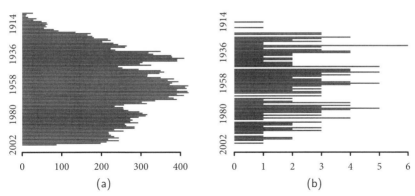

Abbildung 5.5: Stabdiagramme: Geburtsjahre im Mikrozensus 2002 a) alle Beobachtungen, b) Bremen

die Variable explizit durch einen Faktor mit den vorgegebenen Geburtsjahren als Level erzeugen, um auch die nicht vorhandenen Geburtsjahrgänge mit einer Häufigkeit von 0 zu repräsentieren. Trotzdem ergibt sich keine Alterspyramide, wie man sie auch für Bremen erwarten könnte.

5.3.1 Histogramme

Als Alternative bietet es sich an, die Häufigkeiten aus benachbarten Zellen eines Stabdiagramms zu kombinieren. Die Anzahl der zu kombinierenden Zellen könnte man auch von der Zahl der Beobachtungen abhängig machen, um damit den Informationsgehalt der Beobachtungen zu berücksichtigen. Das wohl älteste Verfahren besteht darin, den Wertebereich in Abhängigkeit von der Zahl der Beobachtungen in gleich lange Intervalle zu zerlegen, die Häufigkeitsverteilung der Werte in den Intervallen zu berechnen und diese durch entsprechende Balken oder Rechtecke darzustellen. Die resultierende Graphik wird *Histogramm* genannt. Für die Daten des Mikrozensus sind Histogramme in Abbildung 5.6 wiedergegeben. [7] Wie man sieht, benutzt man für die Daten, die sich nur auf Bremen beziehen, weitere Intervalle und erhält so weniger Rechtecke.

Aber wie wählt man die Anzahl der Intervalle, in die der Wertebereich der Variablen zerlegt werden soll? Es sind viele Vorschläge entwickelt worden, die unterschiedliche Aspekte des „Informationsgehalts" der Daten ausdrücken sollen. Ein Vorschlag, der der Voreinstellung des hist( ) Befehls entspricht und nach Herbert Sturges benannt ist, beachtet nur die Fallzahlen und verwendet als Anzahl der Intervalle den Logarithmus zur Basis 2 der Anzahl der Beobachtungen plus 1 und rundet das Ergebnis auf die nächste ganze Zahl auf.

---

[7]Im Vergleich zu den Stabdiagrammen sind die Graphiken um 90° gedreht.

Alternative Varianten benutzen zusätzlich auch die Länge des Wertebereichs der Variablen und Maßzahlen der Streuung. [8]

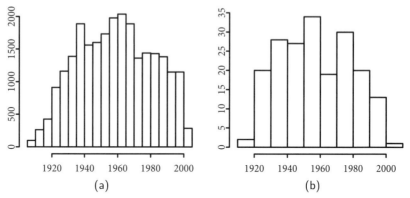

Abbildung 5.6: Histogramme: Geburtsjahre im Mikrozensus 2002 a) alle Beobachtungen, b) Bremen

Die Histogramme erhält man durch die Befehle:

```
> a <- hist(dat$ef33,main="")
> b <- hist(dat2$ef33,main="")
```

Wir haben die Form von Zuweisungen auf Variable a und b gewählt, weil die Befehle nicht nur die Graphiken erzeugen, sondern auch die berechneten Statistiken in Form einer Liste zurückgeben. Die Listen a und b enthalten u.a. die verwandten Intervallgrenzen in b$breaks und die Anzahl von Beobachtungen in den Intervallen in b$counts.

Es bleibt noch zu überlegen, wie die Höhen der Rechtecke zu wählen sind. Bisher haben wir für die y-Achse der Histogramme einfach die absoluten Häufigkeiten der Werte in den ausgewählten Intervallen gewählt. Oft möchte man aber die relativen Häufigkeiten darstellen. Da die Summe der relativen Häufigkeiten über alle Intervalle 1 beträgt, ist es auch naheliegend zu verlangen, dass die Summe über die Flächen der Rechtecke 1 beträgt. Dieser Schritt allein ändert bei gleich lang gewählten Intervallen allerdings nur die Beschriftung der y-Achse. Die entsprechende Darstellung kann einfach durch hist(dat2$ef33,freq=F) bzw. hist(dat2$ef33,probability=T) gewählt werden.

---

[8]So ist die Variante, die der Befehl truehist() des Pakets MASS in der Voreinstellung benutzt, nach David W. Scott benannt und verwendet den aufgerundeten Wert von Länge des Wertebereichs multipliziert mit der dritten Wurzel der Fallzahl und dividiert durch die 3.5-fache Standardabweichung. Unterschiede zwischen diesen automatisierten Wahlen der Anzahl der Intervalle sind bei mittleren Fallzahlen nur gering. Bei sehr großen Fallzahlen aber überglättet die Sturges-Regel. Sie ist auch bei sehr unsymmetrischen Verteilungen nicht besonders gut geeignet.

5.3.2 Dichteschätzer

Die Form von Histogrammen hängt stark von den gewählten Intervall-grenzen und den Intervallbreiten ab. Ihre graphische Wiedergabe kann nicht unmittelbar als Darstellung der zugrundeliegenden Verteilung angesehen werden. Denn die Vergröberung der Information durch die willkürliche Wahl von größeren Intervallen erlaubt eben nicht eine einfache Darstellung der Daten etwa in dem Sinne, in dem die empirische Verteilungsfunktion die Ordnungsstatistik exakt reproduzieren kann. Insbesondere die Folgen anderer Wahlen von Intervallgrenzen für die Graphiken sind aus einem gegebenen Histogramm nur schwer zu erkennen. Für die vollständigen Daten des Mikro-zensus haben wir einfach als äußere Intervallgrenzen den Bildbereich der Daten benutzt, also $[\min(X(\mathcal{U})), \max(X(\mathcal{U}))]$ für diesen Datensatz. Aber schon beim Vergleich mit der Teilmenge der Bremer Verteilung von Geburtsjahren haben wir uns nicht an die Grenzen des Bremer Datenteils gehalten: Die Gesamtdaten des Campusfiles kodieren Geburtsjahre vor 1906 als 1906. Und damit haben wir 1906 als linken Rand der Intervalle gewählt. In der Bremer Teilauswahl ist aber der älteste Befragte 1914 geboren. Wir hätten dies als untere Intervallgrenze für die Bremer Teilstichprobe wählen können, aber natürlich auch jeden kleineren Wert, etwa auch Werte vor 1906).

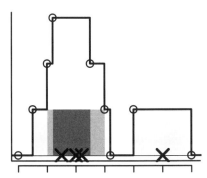

Abbildung 5.7: Kernschätzer.

Man kann das Problem der Wahl der Intervallgrenzen umgehen, in-dem man mehrere Startwerte aus-wählt und die Höhen der resultieren-den Histogramme mittelt. Man kann sich aber auch ganz davon lösen, die Anzahl von Beobachtungen in fix vor-gegebenen Intervallen zu betrachten. Dazu nimmt man die beobachteten Werte selbst und weist jedem Wert gleich große Rechtecke zu. Addiert man an jeder Stelle der x-Achse die Höhen der Rechtecke, erhält man ei-ne entsprechende Treppenfunktion. Die Situation ist in Abbildung 5.7 angedeu-tet. Die fünf Punkte sind 0.15, 0.2, 0.22 und 0.5, die Breite der Rechtecke jeweils 0.2.

Bei dieser Methode gibt es keine Abhängigkeit von den Intervallgrenzen mehr. Sie werden vollständig von den Daten und den gewählten Breiten der Rechtecke bestimmt. Es ist nun naheliegend, noch einen Schritt weiter zu gehen und an Stelle der Rechtecke beliebige symmetrische unimodale Funktionen zu nehmen. Diese Funktionen nennt man Kerne. Legt man an jeden Datenpunkt eine Kopie der Kernfunktion und berechnet an allen Stellen der x-Achse die Summe der dortigen Kernfunktionen, erhält man einen *Kerndichteschätzer*. Sind $(x_1, x_2, ..., x_n)$ die Daten, dann lässt sich der Kerndichteschätzer an der

Stelle t als

$$\hat{f}(t) := \frac{1}{n} \sum_{i=1}^{n} k(t - x_i),$$

schreiben, wobei $k(.)$ die Kernfunktion ist. Je glatter nun diese Kernfunktionen sind, desto glatter sind die daraus konstruierten Kurven.

Die wohl am häufigsten benutzten Kernfunktionen sind

$$\text{Gauss} \qquad \frac{1}{\sqrt{2\pi}} e^{-t^2/2}$$

$$\text{Epanechnikov} \quad \frac{3}{4} \left(1 - t^2\right) \quad \text{für } |t| < 1, 0 \text{ sonst}$$

Der Gauss-Kern ist auf allen reellen Zahlen definiert. Will man also einen Kerndichteschätzer berechnen, dann muss man an jeder Stelle, an der man den Dichteschätzer berechnen will, über alle Datenpunkte addieren. Dagegen hat der Epanechnikov-Kern einen kompakten Träger, so dass weit entfernte Datenpunkte bei der Summenbildung unberücksichtigt bleiben können.

Nun muss man sich noch überlegen, wie man die „Breite" solcher Kernfunktionen festlegen kann. Dazu normiert man zunächst wie schon bei den Histogrammen die Kernfunktionen, so dass die Fläche unter ihren Graphen gerade 1 ist. Dann ist auch die Fläche unter dem Kerndichteschätzer 1, denn

$$\int \hat{f}(t)\, dt = \int \frac{1}{n} \sum_{i=1}^{n} k(t - x_i)\, dt = \frac{1}{n} \sum_{i=1}^{n} \int k(t - x_i)\, dt = 1.$$

Nun braucht man noch eine weitere Normierung, weil man ja immer noch die Kerne etwas zusammenquetschen und dafür die „Breite" größer wählen kann, ohne die Normierung auf die Fläche 1 zu verletzen. Denn für alle $h > 0$ ist

$$\int \frac{1}{h} k(t/h)\, dt = \int k(t)\, dt.$$

Dazu setzt man noch $\int t^2 k(t)\, dt = 1$. Erfüllt $k(.)$ diese Bedingung, dann kann man die „Breite" einer Kernfunktion durch den Parameter h in der Form $k_h(t) = \frac{1}{h} k(t/h)$ ausdrücken. Diese „Breite" wird oft Bandbreite genannt. Nun kann man fragen, wie man am besten die Bandbreite von Kernen wählt. Dazu gibt es umfangreiche Ergebnisse in der Literatur und R bietet mehrere Möglichkeiten, auf die wir hier nicht eingehen können. [9]

Betrachten wir noch einmal die Geburtsjahrgänge aus den Mikrozensusdaten. Wir erhalten einen Kerndichteschätzer der Altersverteilungen für die BRD und Bremen durch

```
> plot(density(dat2$ef33,from=1906,to=2002),main="",ylab="",lty=2)
> lines(density(dat$ef33,from=1906,to=2002),lty=1)
```

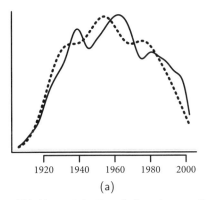

(a)   (b)

Abbildung 5.8: Kerndichteschätzer: Geburtsjahre im Mikrozensus 2002, durchgezogene Linie: BRD, gepunktet: Bremen, a) automatisch gewählte Bandbreite, b) Ein Drittel dieser Bandbreite.

Der Befehl density() berechnet die Dichteschätzer und wählt dazu automatisch eine Bandbreite.[10] Die Ergebnisse sind in Abbildung 5.8 wiedergegeben. Zum Vergleich ist rechts auch noch ein Kerndichteschätzer mit einem Drittel dieser Bandbreite dargestellt. Diese Version ist natürlich viel unregelmäßiger.

5.4 Übungsaufgaben

1) Geben Sie bitte die folgenden Befehle ein:

```
set.seed(123)
x <- round(rlnorm(1000)*1000)
```

Die Befehle erzeugen einen Vektor mit 1000 Elementen, der gerundete log-normal verteilte Zufallszahlen enthält. Er wird in den folgenden Aufgaben verwandt.

a) Berechnen Sie die Verteilungsfunktion des Vektors x und plotten Sie sie.

b) Welche Maßzahlen werden durch den Befehl summary(x) berechnet?

c) Berechnen Sie die Dezile (die 10%, 20%, . . . , 90% Quantile).

d) Plotten Sie einen Boxplot und drucken Sie ihn aus.

e) Das *geometrische Mittel* wird verwandt, wenn es sich um multiplikative Verknüpfungen, z.B. relatives Wachstum handelt: $\bar{x}_G := \prod_{i=1}^{n} x_i^{1/n}$. Es ist also das Produkt der n−ten Wurzeln der Elemente von x. Berechnen Sie das geometrische Mittel von x.

---

[9]Einen knappen Überblick gibt Jeffrey S. Simonoff: Smoothing Methods in Statistics, Springer 1996.

[10]Ohne weitere Argumente verwendet density() einen Gausschen Kern und berechnet die Bandbreite (die Standardabweichung des Kerns) durch $0.9 * \min(s(X), IQR(X)/1.34)/n^{1/5}$.

f) Vergleichen Sie $\log(\bar{x}_G)$ mit dem Mittelwert der Variablen $\log(x)$.

g) Plotten Sie einen Boxplot von $\log(x)$ und vergleichen Sie das Ergebnis mit dem vorherigen Boxplot. Ist die Verteilung „symmetrischer"? Wie könnte man ein Maß für „symmetrisch" definieren?

h) Plotten Sie einen Kerndichteschätzer von x und einen Kerndichteschätzer von $\log(x)$.

i) Schreiben Sie eine Funktion, die alle rohen Momente der Ordnung $1, \ldots, 20$ aus dem Vektor x berechnet. Nutzen Sie dazu die Funktion lapply().

j) Könnten Sie die ersten 1000 Momente berechnen? Was ist die größte Zahl, die Sie auf ihrem Rechner mit R darstellen können? Benutzen Sie dazu den Befehl .Machine, der die numerischen Grenzen Ihres Rechners (für R) darstellt.

k) Berechnen Sie die Standardabweichung sd() von x. Berechnen Sie anschließend die relativen Häufigkeiten $P(|X - M(X)| > a * \text{sd}(X))$ für $a = 1, 1.5, 2, 2.5$.

l) Vergleichen Sie das Ergebnis der letzten Aufgabe mit dem Ergebnis, das sich aus *Tschebyscheffs Ungleichung* ergibt:

$$P(|X - M(X)| > a * \text{sd}) \leq 1/a^2$$

6

DATENBESCHREIBUNG: MEHRERE VARIABLEN

Häufig interessiert in erster Linie der Zusammenhang zwischen mehreren Variablen. Ansätze der Darstellung des Zusammenhangs zwischen statistischen Variablen beginnen ebenfalls mit dem Konzept der Verteilungsfunktion. Analog werden Dichten und entsprechende Maßzahlen benutzt. Allerdings erhält man so nur für zwei oder drei Variable einen Überblick. Für die Beschreibung des Zusammenhangs zwischen mehr Variablen wird das zentrale Konzept bedingter Verteilungen benutzt. Wir stellen die wichtigsten beschreibenden Verfahren und deren Umsetzung in R vor.

6.1 Mehrdimensionale relative Häufigkeiten

Bisher haben wir uns nur mit einer einzelnen Variablen beschäftigt. I.d.R. interessieren aber gerade Zusammenhänge zwischen mehreren Variablen und dafür stellen wir nun einige erste Methoden zusammen.

Wenn die Variablen nur relativ wenige Ausprägungen haben, dann kann eine erste Darstellung der Verteilungen durch die Häufigkeiten oder relativen Häufigkeiten erfolgen. Sind z.B. (X, Y, Z) Variable, d.h. Abbildungen

$$(X, Y, Z) \colon \mathcal{U} \to \mathcal{X} \times \mathcal{Y} \times \mathcal{Z}$$

dann ist für jede Merkmalskombination (x, y, z) ihre relative Häufigkeit durch

$$\mathrm{P}(X = x, Y = y, Z = z) \coloneqq \frac{1}{n} \Big| \{ u \in \mathcal{U} \mid (X, Y, Z)(u) = (x, y, z) \} \Big|$$

gegeben. Kennt man die relativen Häufigkeiten, dann kennt man die „Ordnungsstatistik", denn die relativen Häufigkeiten ändern sich nicht, wenn man die Elemente der Urliste umordnet. Allerdings kann diese „Ordnungsstatistik" nicht mehr einfach mit den der Größe nach geordneten Werten der Urliste identifiziert werden. Denn selbst wenn alle betrachteten Variablen geordnet sind, gibt es keine eindeutige Ordnung des Merkmalsraums $\mathcal{X} \times \mathcal{Y} \times \mathcal{Z}$. Aber nicht nur der Verlust einer eindeutigen Ordnung macht das Arbeiten mit mehrdimensionalen Verteilungen schwierig. Hinzu kommt, dass die Anzahl der Elemente gemeinsamer Merkmalsräume sehr schnell wächst. Ein erster Ansatz der Beschreibung der gemeinsamen Verteilung mehrerer Variablen beschränkt sich daher auf den Fall von wenigen Variablen mit möglichst kleinen Merkmalsräumen.

6.2 Tabellen

Hat man es mit nur wenigen Variablen zu tun, und ist die Anzahl ihrer Ausprägungen recht klein, dann ist die Darstellung der relativen Häufigkeiten oft schon ausreichend. Und selbst wenn die Darstellung der relativen Häufigkeiten unübersichtlich wird, dann bleiben die relativen Häufigkeiten die Grundlage vieler komplexerer Verfahren. Wir beginnen daher mit einer Untersuchung der Möglichkeiten, die R zum Umgang mit relativen Häufigkeiten mehrerer Variablen bietet. Dazu verschaffen wir uns zunächst drei Variablen:

```
> X <- rep(1:4,times=3)
> Y <- rep(c(0,1),6)
> Z <- rep(c(-1,2,3),3:5)
```

6.2.1 table und ftable

Die absoluten Häufigkeiten erhält man wie im eindimensionalen Fall mit dem table() Befehl. So ergeben sich die gemeinsamen absoluten Häufigkeiten für die Variablen X,Z

```
> table(X,Z)
    Z
X   -1 2 3
```

```
1   1 1 1
2   1 1 1
3   1 1 1
4   0 1 2
```

Die gemeinsamen Häufigkeiten aller Variablen erhält man durch

```
> tab <- table(X,Y,Z)
```

Mit den Ergebnissen des table() Befehls kann man nun weiter rechnen.[1]
Insbesondere ist tab ein Feld der Dimension $4 \times 2 \times 3$ und gehört zur Klasse
table

```
> class(tab)
[1]  "table"
> is.array(tab)
[1]  TRUE
> dim(tab)
[1]  4 2 3
```

Die (gekürzte) Druckdarstellung der Tabelle ist

```
> tab
, ,  Z=-1
    Y
X   0 1
  1 1 0
  2 0 1

....
, ,  Z=2
    Y
X   0 1
  1 1 0
  2 0 1

....
```

Man erhält also drei zweidimensionale Häufigkeitsverteilungen, jeweils eine
für die drei Werte $-1, 2, 3$ der Variablen Z. Mit vier Variablen erhielte man
zweidimensionale Verteilungen für alle Werte der beiden letzten Variablen etc.
Eine etwas andere zweidimensionale Darstellungsform dieser Tabelle liefert
der Befehl ftable() (flat contingency table):

```
> ftab  <- ftable(tab)
> ftab
     Z -1 2 3
X Y
1 0    1 1 1
```

---

[1]Alle hier behandelten Tabellenbefehle dienen nicht dazu, druckreife Datenzusammenfassungen
zu produzieren. Sie sind vielmehr Hilfsmittel zur Berechnung und sind so gestaltet, dass sie als
Ausgangspunkt für weitere Berechnungen dienen können. Druckreife Tabellen können mit den
Befehlen der Pakete xtable bzw. R2HTML erzeugt werden.

```
1     0 0 0
20    0 0 0
 1    1 1 1
....
```

Hier werden in jeder Zeile für Merkmalskombinationen der ersten beiden
Variablen X,Y die Häufigkeiten der Ausprägungen der Variablen Z angegeben.
Das Ergebnis von ftable() ist immer eine Matrix und kann auch wie eine Matrix
bearbeitet werden. Aus einer „flachen" Tabelle erhält man eine Tabelle (ein
mehrdimensionales Feld) durch as.table(ftab) zurück. Natürlich kann man
auch auswählen, welche der Variablen die Zeilen einer „flachen" Tabelle bilden
sollen:

```
> ftable(tab,row.vars=c("Z","Y"))
      X 1 2 3 4
Z  Y
−1 0    1 0 1 0
   1    0 1 0 0
 2 0    1 0 1 0
   1    0 1 0 1

....
```

Insbesondere kann man alle Variablen zur Zeilenbildung verwenden. Dann entsteht eine Matrix mit $4*2*3 = 24$ Zeilen und einer Spalte mit den Häufigkeiten.
Das kann auch durch as.data.frame(tab) bzw. as.data.frame(ftab) erreicht
werden. Ist nämlich das Argument von as.data.frame() entweder ein Objekt
der Klasse table oder der Klasse ftable, dann wird ein data.frame erzeugt, der
zusätzlich zu den Spalten mit den Wertekombinationen der Variablen noch
eine Spalte mit deren Häufigkeiten enthält.

```
> as.data.frame(ftab)
    X Y  Z Freq
1   1 0 −1    1
2   2 0 −1    0

.....
```

6.2.2 margin.table und xtabs

Gemeinsame absolute Häufigkeiten in Form einer Tabelle (genauer: einem
Objekt der Klasse table) lassen sich durch eine Reihe von weiteren Befehlen
bearbeiten. Etwas interessanter als unser bisheriges Beispiel ist es natürlich, die
Möglichkeiten mit einem realen Datensatz zu illustrieren. Wir verwenden die
berühmten Zulassungsdaten der Graduate School der University of California
in Berkeley von 1973. Sie werden (zusammen mit anderen Datensätzen) im
Paket datasets von R bereitgestellt, das zu jeder R Installation gehört. Sie
können mit dem Befehl data(UCBAdmissions) geladen werden und sind dann
unter diesem Namen ansprechbar:

```
> data(UCBAdmissions)
> class(UCBAdmissions)
[1] "table"
```

Es handelt sich um eine dreidimensionale Tabelle mit den Variablen Zulassung (Admit mit den Ausprägungen Admitted und Rejected), Geschlecht (Gender mit den Ausprägungen Male und Female) und Fakultät (Dept mit den Ausprägungen A−F, die sechs größten Fakultäten). Um die Randhäufigkeiten der drei Variablen zu berechnen, könnten wir den apply() Befehl benutzen. Etwas übersichtlicher ist aber der Befehl margin.table(), Um nur die gemeinsamen Häufigkeiten von Admit und Gender zu berechnen, kann man schreiben:

```
> margin.table(UCBAdmissions,c(1,2))
          Gender
Admit      Male Female
 Admitted  1198    557
 Rejected  1493   1278
```

Die gemeinsamen Häufigkeiten von Gender und Dept sind

```
> margin.table(UCBAdmissions,c(2,3))
        Dept
Gender    A   B   C   D   E   F
 Male   825 560 325 417 191 373
 Female 108  25 593 375 393 341
```

Dies sind zwei der insgesamt drei möglichen zweidimensionalen *marginalen* Verteilungen der dreidimensionalen Verteilung der Zulassungsdaten.

Eine weitere Möglichkeit, marginale Verteilungen zu berechnen, stellt der xtabs() Befehl bereit. Die Ausgangsdaten sind dabei in Form eines Dataframes gegeben, entweder eines Dataframes, der mit as.data.frame aus einer Tabelle gebildet wurde, oder einer Urliste von Daten, deren Variable als Faktoren interpretiert werden. Die Beschreibung der gewünschten Randverteilungen erfolgt symbolisch mit einer Formel, die die ausgewählten Variablen beschreibt:

```
> Utab <− as.data.frame(UCBAdmissions)
> xtabs(Freq ~ Gender + Admit, Utab)
        Admit
Gender   Admitted Rejected
 Male        1198     1493
 Female       557     1278
```

Die symbolische Form der Darstellung der gewünschten Randverteilung enthält auf der linken Seite des ~ Zeichens die Häufigkeiten (wenn man eine Urliste als data.frame benutzt, kann die linke Seite leer gelassen werden). Auf der rechten Seite stehen die durch + getrennten interessierenden Variablen.

6.2.3 addmargins

Wie kann man nun Randsummen (die eindimensionalen marginalen Verteilungen) bilden? Man könnte natürlich z.B. margin.table(UCBAdmissions,2) benutzen, um die Zahl der Männer und Frauen zu berechnen. Aber wie kann man das auch in die Tabelle integrieren? Hier hilft der Befehl addmargins(). Ohne weitere Optionen erhält man

```
> addmargins(margin.table(UCBAdmissions,c(2,3)))
        Dept
Gender    A    B    C    D    E     F  Sum
  Male   825  560  325  417  191   373 2691
  Female 108   25  593  375  393   341 1835
  Sum    933  585  918  792  584   714 4526
```

Die Voreinstellung ist also, die Randsummen von allen Dimensionen zu erzeugen und sie als neue Zeilen bzw. Spalten an die Tabelle anzufügen. Man kann aber auch angeben, für welche Dimension Randsummen gebildet werden. Und man kann anstelle der Randsummen auch eine beliebige Funktion (oder auch mehrere Funktionen) angeben:

```
> addmargins(margin.table(UCBAdmissions,c(2,3)),
+             FUN=list(sum,list(mean,median)))
Margins computed over  dimensions  in  the  following   order:
1: Gender
2: Dept
        Dept
Gender    A    B    C    D    E    F    mean      median
  Male   825  560  325  417  191  373  448.5000     395
  Female 108   25  593  375  393  341  305.8333     358
  sum    933  585  918  792  584  714  754.3333     753
```

(die Funktionen werden als eine Liste angegeben, wobei die Elemente der Liste wieder Listen sein können) und

```
> addmargins(margin.table(UCBAdmissions,c(2,3)),
             margin=1)
        Dept
Gender    A    B    C    D    E    F
  Male   825  560  325  417  191  373
  Female 108   25  593  375  393  341
  Sum    933  585  918  792  584  714
```

6.2.4 Graphische Darstellungen

Gemeinsame Häufigkeiten lassen sich recht einfach graphisch darstellen, solange sowohl die Anzahl der Ausprägungen und die Anzahl der Variablen recht klein sind. Eine Möglichkeit bieten Mosaikplots, in denen die Häufigkeiten von

Ausprägungen durch die Größe entsprechender Rechtecke angedeutet werden. Im Fall der Zulassungsdaten liefert mosaicplot(UCBAdmissions,color=T) das nebenstehende Bild. [2]

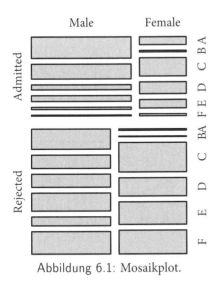

Abbildung 6.1: Mosaikplot.

Der große Block in der oberen linken Ecke deutet die Anzahl der zugelassenen männlichen Studenten an, die dann noch einmal nach den Fakultäten unterteilt sind. Der kleinere Block rechts davon deutet an, dass die Anzahl der zugelassenen Frauen deutlich kleiner ist (der Block ist deutlich enger). Außerdem ist die Zahl der abgewiesenen Studenten (die Höhe der unteren Blöcke) größer als die Zahl der zugelassenen. Zudem ist klar, dass der Anteil abgewiesener Studentinnen größer ist als der entsprechende Anteil der Männer (die relative Breite der Blöcke „zugelassen" gegenüber „abgelehnt" für die Geschlechter).

6.3 Dichteschätzer

Haben alle Variablen relativ viele Ausprägungen und sind geordnet, dann werden die bisherigen graphischen Darstellungen schnell unübersichtlich und damit unbrauchbar. Man kann aber versuchen, die Idee von Dichteschätzern zu verallgemeinern. Die Wahl von Kernen und die Wahl von Bandbreiten ist aber in zwei- oder mehr Dimensionen deutlich schwieriger als im eindimensionalen Fall. Denn nun kann die Bandbreite nicht mehr allein durch einen Parameter angegeben werden, denn man kann einen gegebenen Kern in verschiedene Richtungen stauchen bzw. strecken. Und der Symmetriebegriff, mit dem die Wahl der Kerne im eindimensionalen Fall beschränkt wurde, kann auf viele verschiedene Weisen erweitert werden.

In der Praxis allerdings werden fast ausschließlich Kerne mit elliptischen Konturlinien verwandt. Dann kann die Bandbreite durch die Streckung bzw. Stauchung in die beiden Richtungen der Hauptachsen der Ellipsen (im zweidimensionalen Fall) zusammen mit der Richtung der Hauptachse beschrieben werden. Legt man die Richtung ebenfalls fest, etwa indem man die Achsen par-

---

[2]Nicht ganz, denn wir haben für eine bessere Kontrolle der Beschriftung den Befehl mosaic() des Pakets vcd (Visualizing Categorical Data) verwandt. Das Paket stellt auch noch viele weitere interessante graphische Darstellungen für Tabellen zur Verfügung. Der einfachere mosaicplot()-Befehl ordnet die Variablen aber in anderer Reihenfolge als der mosaic()-Befehl.

allel zu den Achsen der Variablen wählt, dann reichen im zweidimensionalen Fall zwei Parameter (vgl. Abbildung 6.2).

Als Beispiel soll die gemeinsame Verteilung von Wohnungsgröße und Miete im Mikrozensus dienen. Dazu wählen wir zunächst jeweils die erste Person eines Haushalts aus den Daten aus:

```
> hh <- dat$ef3*100+dat$ef4
> oo <- !duplicated(hh)
```

ef3 ist die Nummer des Mikrozensusauswahlbezirkes, ef4 die laufende Haushaltsnummer im Auswahlbezirk. Der logische Vektor oo enthält nun einen Index für die erste Angabe jedes Haushalts. Nun wählen wir die vollständigen Angaben zur Miethöhe (ef462) und zur Wohnungsgröße (ef453) aus: [3]

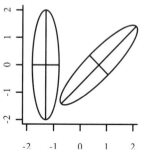

Abbildung 6.2: Elliptische Kerne.

```
> Wohn <- cbind(dat[oo,"ef462"],dat[oo,"ef453"])
> o <- complete.cases(Wohn)
> Wohn <- Wohn[o,]
```

Zuletzt wird noch der Wertebereich eingeschränkt, weil bei höheren Angaben die Werte erheblich gerundet wurden:

```
> Wohn <- subset(Wohn,Wohn[,1]>0&Wohn[,1]<=1800&
+              Wohn[,2]>=10&Wohn[,2]<300)
```

Es bleiben 5782 Angaben übrig. Das sind aber immer noch zu viele, um die aufwendigen Berechnungen auf üblichen PCs bewältigen zu können. Wir benutzen daher nur eine Zufallsauswahl von 1000 Fällen: [4]

```
> Wohn2 <- Wohn[sample(nrow(Wohn),1000),]
```

Nun können wir einen Kerndichteschätzer berechnen. Wir benutzen das Paket ks und berechnen zunächst die optimale Bandbreite, ohne die Richtung des Gauss-Kerns vorzugeben.

```
> library(ks)
> band <- Hpi(Wohn2,Hstart=diag(c(1100,30)))
```

Das ist der rechenintensivste Schritt. Der Dichteschätzer selbst wird nun mit

```
> bild1  <- kde(Wohn2,H=band,gridsize=c(20,20))
```

berechnet. Das erste Argument gibt die zweidimensionalen Daten an, das Argument H die Bandbreite, und gridsize gibt an, an wie vielen Punkten die Werte des Dichteschätzers ausgerechnet werden sollen, hier also auf einem Gitter von 20x20 Punkten.

---

[3]Die Behandlung fehlender Werte wird ausführlicher in Abschnitt 9.2.3 behandelt.
[4]Den Befehl sample() besprechen wir im nächsten Kapitel.

Das Ergebnis lässt sich auf zwei Weisen darstellen, als Konturplot, der nur die Höhenlinien der Dichte angibt und als Perspektivplot. Beide Varianten sind in Abbildung 6.3 wiedergegeben. Die beiden Bilder wurden durch die Befehle

```
> plot(bild1,main="",bty="l",cont=c(5,30,50,70,95),
+      ylab="qm",xlab="Euro",
+      xlim=c(100,1000),ylim=c(20,150))
```

bzw.

```
> plot(bild1,display="persp",main="",zlab="",phi=20,theta=210,
+      ylab="qm",xlab="Euro",r=1.2)
```

erzeugt. Dem Perspektivplot lässt sich nur die allgemeine Form der Dichte

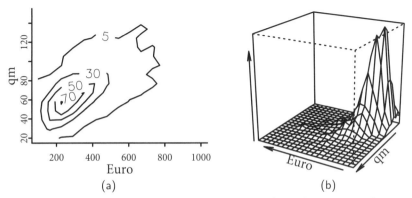

Abbildung 6.3: Kerndichteschätzer: Wohnungsgröße und Miete im Mikrozensus 2002. a) Konturplot, b) Perspektivplot.

entnehmen. Zudem hängt die Information von der Perspektive ab, von der aus die Dichte dargestellt wird. Nur dem Konturplot lassen sich auch numerische Informationen entnehmen. In Abbildung 6.3 geben die Werte an den Höhenlinien den Anteil der Daten innerhalb der entsprechenden Gebiete an.

Mit mehr als zwei Variablen lassen sich zwar immer noch Kerndichteschätzer berechnen. Das Paket ks erlaubt die Schätzung von bis zu 6-dimensionalen Dichten. Sie lassen sich aber nicht mehr graphisch darstellen.

6.4 Kovarianzen und Korrelationen

Die bisher vorgestellten Verfahren zum Umgang mit mehrdimensionalen Verteilungen ermöglichen zwar eine effiziente numerische Behandlung der Verteilungen, sie erlauben aber keine übersichtliche Zusammenfassung der Abhängigkeiten zwischen den Variablen, zumindest wenn die Anzahl der Variablen oder die Anzahl ihrer Ausprägungen auch nur mäßig groß wird: Mosaikplots werden bei drei, spätestens bei vier Variablen sehr unübersichtlich. Dichteschätzer erlauben graphische Darstellungen für zwei Variablen, mit interaktiven Graphiken lassen sich auch noch drei Variablen darstellen, mehr aber ist nicht möglich. Dagegen unterliegen Maßzahlen des Zusammenhangs weder Restriktionen bezüglich der Anzahl der betrachteten Variablen noch bezüglich der Anzahl der Ausprägungen. Das wohl meist verwandte Zusammenhangsmaß ist die *Kovarianz*. Sie ist für zwei Variablen X und Y durch

$$\operatorname{cov}(X, Y) := \frac{1}{n} \sum_{u \in \mathcal{U}} (X(u) - \operatorname{M}(X))(Y(u) - \operatorname{M}(Y))$$

$$= \operatorname{M}\Big(\big(X - \operatorname{M}(X) \big) \big(Y - \operatorname{M}(Y) \big) \Big)$$

definiert (die beiden Variablen müssen sich also auf eine einzige Gesamtheit beziehen, sonst ist die Kovarianz nicht definiert). Man nennt die Kovarianz aus offensichtlichen Gründen ein *gemischtes* zentriertes Moment. Intuitiv ist $\operatorname{cov}(X, Y)$ positiv und groß, wenn $X(u)$ und $Y(u)$ gleichzeitig entweder große oder kleine Werte annehmen. Zum anderen sollte $\operatorname{cov}(X, Y)$ nah bei 0 liegen, wenn die Größe von $X(u)$ nicht hilft, etwas über die Größe von $Y(u)$ zu sagen. Und $\operatorname{cov}(X, Y)$ sollte negativ sein, wenn im Durchschnitt $X(u)$ groß ist, während $Y(u)$ klein ist und anders herum. Die Kovarianz kann also in der Tat als ein Maß des Zusammenhangs von zwei Variablen behandelt werden.

In R wird die Kovarianz durch cov(x,y) berechnet. Dabei wird als Nenner (wie bei der Varianz) nicht n sondern $n - 1$ benutzt. Die Funktion ist recht flexibel, bei verschiedenen Eingaben erhält man alle berechenbaren Kovarianzen zurück.

```
> cov(Wohn[,1],Wohn[,2])
[1]  2693.232
> cov(Wohn)
            [,1]        [,2]
[1,]   26941.801  2693.2323
[2,]    2693.232   627.9194
```

Sind die Argumente zwei Vektoren, erhält man die Kovarianz, ist das Argument eine Matrix (wie im zweiten Befehl oben) oder ein Dataframe, dann erhält man eine Kovarianzmatrix, die die Kovarianzen für alle Kombinationen von Variablen (Matrixspalten) in Matrixform anordnet. In der Diagonalen stehen dann die Varianzen der Variablen. Benutzt man zwei Matrizen oder Dataframes als Argumente, dann erhält man alle Kovarianzen aller Kombinationen von Spalten des ersten und zweiten Arguments.

Der Befehl var() verhält sich ganz ähnlich: Ist das Argument ein Vektor oder eine Variable eines Dataframes, dann erhält man die Varianz, ist das Argument ein Dataframe oder eine Matrix, ergibt sich die Kovarianzmatrix. Es gibt aber einen wesentlichen Unterschied zwischen den Befehlen var() und cov(). Er betrifft die Behandlung fehlender Werte: Der Befehl var() hat eine Option na.rm mit der Voreinstellung F. Hat man also fehlende Werte in einem

Argument, dann liefert der Aufruf von var() ebenfalls den Wert NA. Mit der Option na.rm=T werden zunächst alle fehlenden Werte entfernt (bei Matrizen oder Dataframes werden alle Zeilen entfernt, die mindestens einen fehlenden Wert enthalten) und dann die Varianz oder die Varianz-Kovarianzmatrix berechnet. Der Befehl cov() benutzt statt der generellen Option na.rm die Option use. Die Voreinstellung ist "everything", in diesem Fall werden alle Beobachtungen benutzt. Enthält eine Variable (oder Spalte einer Matrix) den Wert NA, ist das Ergebnis ebenfalls NA. Wählt man use="complete.obs" werden zunächst alle Zeilen mit fehlenden Werten ausgeschlossen und dann die Kovarianzen berechnet. [5]

Die Korrelation ist eine normierte Version der Kovarianz, die nur Werte zwischen -1 und 1 annimmt. Es ist die Kovarianz geteilt durch das Produkt der Standardabweichungen der zwei Variablen. Für die Korrelation lautet der Befehl cor(x,y). Die Konvention des Aufrufs ebenso wie die Behandlung fehlender Werte entspricht der Funktion cov(). Hat man die Kovarianzen schon berechnet, dann transformiert der Befehl cov2cor() sehr effizient eine Kovarianzmatrix in eine Korrelationsmatrix, ohne erneut auf die Ausgangsdaten zurückzugreifen.

Die angekündigte Möglichkeit, mit Abhängigkeiten zwischen mehr als zwei Variablen zu arbeiten, kann in vielen Fällen schon durch die Analyse der entsprechenden Kovarianzmatrix erreicht werden. Reicht das nicht aus, benutzt man heute fast ausschließlich bedingte Versionen der Kovarianz zwischen zwei Variablen, also der Kovarianz bei gegebenen Werten anderer Variablen. Einige Varianten werden im nächsten Abschnitt besprochen. [6]

6.5 Bedingte Verteilungen

Betrachten wir noch ein mal die Zulassungsdaten der University of California at Berkeley. Mit der table() Funktion lassen sich auch die relativen Häufigkeiten berechnen, etwa mit table(UCBAdmissions)/sum(UCBAdmissions). Das ist aber häufig gar nicht das Hauptinteresse. Man möchte vielmehr z.B. wissen,

---

[5]Es gibt noch die Optionen pairwise.complete.obs, die alle nicht-fehlenden Werte getrennt für jedes Element der Kovarianzmatrix benutzt. Diese Version kann nur empfohlen werden, wenn man sich allein für die Kovarianzen interessiert. Benutzt man die Kovarianzmatrix weiter, etwa für Regressionen, Faktorenanalysen etc. dann kann diese Option zu inkonsistenten Ergebnissen oder sogar zu nicht positiv-definiten Kovarianzmatrizen und anderen Problemen führen. Die anderen möglichen Optionen ermöglichen noch eine Unterscheidung zwischen den Ergebniswerten NA oder einer Fehlermeldung. Bleiben etwa bei zeilenweisem Ausschluss fehlender Werte mit der Option complete.obs keine Fälle übrig, wird ein Fehler signalisiert. Benutzt man dagegen na.or.complete, dann wird in diesem Fall NA zurückgegeben. Diese Optionen sind hauptsächlich für die Verwendung in Programmen hilfreich, die nicht einfach wegen unzureichender Daten abbrechen sollten.

[6]Die gemischten Momente mehrerer Variablen kann man in R zwar leicht berechnen, aber es mangelt sowohl an entsprechender statistischer Theorie wie an Programmiermöglichkeiten in R (wie in jedem anderen Statistikpaket), um mit diesen Maßzahlen zu arbeiten. Einige Pakete wie tensorA erleichtern zumindest den Umgang mit Feldern höherer Dimension.

wie viel Prozent aller Frauen zugelassen wurden. Und man möchte das mit der Prozentzahl der zugelassenen Männer vergleichen. Man muss also die relative Häufigkeit der Zulassungen getrennt für die Geschlechter berechnen. Das ist die Grundidee der bedingten Verteilungen. Wenn wir die Variablen der Zulassungsdaten mit A (für Admit), G (für Gender) und D (für Dept) abkürzen, dann schreibt man:

$$P(A = \text{Admitted} \mid G = \text{Male}) := \frac{P(A = \text{Admitted}, G = \text{Male})}{P(G = \text{Male})}$$

für den Anteil der Zugelassenen unter den Männern.

6.5.1 Bedingte Verteilungen und Simpsons Paradox

Der Befehl prop.table() berechnet bedingte relative Häufigkeiten, wobei das erste Argument eine Tabelle sein muss und das zweite Argument angibt, auf welche Variablen zu bedingen ist.

```
> prop.table(margin.table(UCBAdmissions,1:2),2)
          Gender
Admit        Male    Female
  Admitted 0.4451877 0.3035422
  Rejected 0.5548123 0.6964578
```

Also: 44% der Männer wurden zugelassen, aber nur 30% der Frauen. Diskriminierung? Die Universität ist in der Tat verklagt worden.

Nun sind sowohl die Zulassungsanteile wie die Geschlechterverhältnisse zwischen den Fakultäten sehr verschieden. Betrachten wir Fakultät A:

```
prop.table(UCBAdmissions[,,"A"],2)
          Gender
Admit        Male    Female
  Admitted 0.6206061 0.8240741
  Rejected 0.3793939 0.1759259
```

Hier wurden 62% der Männer zugelassen, aber gut 82% der Frauen, also genau andersherum wie beim Gesamtdurchschnitt. Allerdings war auch der Anteil an Frauen, die sich an dieser Fakultät beworben haben, sehr klein:

```
> prop.table(margin.table(UCBAdmissions[,,"A"],2))
Gender
      Male    Female
0.8842444 0.1157556
```

Wie sieht es bei den anderen Fakultäten aus? Wir betrachten nur den Anteil der Zugelassenen getrennt nach Geschlecht und Fakultät:

```
> prop.table(UCBAdmissions,2:3)[1,,]
        Dept
Gender       A      B      C      D      E       F
  Male   0.6206 0.6304 0.3692 0.3309 0.2775 0.05898
  Female 0.8240 0.6800 0.3406 0.3493 0.2392 0.07038
```

Also: Bis auf die Fakultäten C und E ist in allen Fakultäten der Zulassungsanteil der Frauen größer als der der Männer. Wir haben also:

$$P(A = A \mid G = F) < P(A = A \mid G = M) \quad \text{aber}$$
$$P(A = A \mid G = F, D = A) > P(A = A \mid G = M, D = A)$$
$$P(A = A \mid G = F, D = B) > P(A = A \mid G = M, D = B)$$

etc. Diese Umkehrung von relativen Anteilen im Vergleich von zwei Gruppen nennt man oft *Simpsons Paradox*.[7] In der Tat kann man sich Beispiele ausdenken, in denen die Anteile für eine Gruppe (hier etwa die Frauen) insgesamt kleiner als für eine andere Gruppe sind, aber für alle Untergruppen (Fakultäten) gleichzeitig die entsprechenden Anteile größer sind. Es bleibt natürlich die Frage, welche der Aufteilungen man nun zur Beantwortung der Frage der Diskriminierung heranziehen soll: Die allgemeine Zulassungsrate oder die der Fakultäten? Zwar mag die Tatsache, dass die Frauen sich hauptsächlich für große Fakultäten mit relativ geringen Zulassungsquoten beworben haben, nicht dem Auswahlverfahren der Universität (oder den Fakultäten) zugerechnet werden. Das spräche für eine Unterteilung nach Fakultäten und gegen eine Diskriminierung durch das Auswahlverfahren. Auf der anderen Seite könnte die Universität auch ihre Mittel entsprechend umverteilen und so die Zulassungsquoten der Frauen erhöhen. Das spräche für den Gesamtdurchschnitt als Maßzahl und für eine Diskriminierung, wenn schon nicht durch das Auswahlverfahren, so doch durch die Struktur der Universität.

spineplot

Bei nur zwei Variablen lassen sich die bedingten relativen Häufigkeiten durch spineplots darstellen. Die beiden Befehle

```
> spineplot(margin.table(UCBAdmissions,c(3,2)))
> spineplot(margin.table(UCBAdmissions,c(3,1)))
```

erzeugen die Abbildung 6.4. Auf der x-Achse sind die Fakultäten abgetragen. Die Breite der Balken entspricht der relativen Anzahl von Bewerbern je Fakultät. Die Höhe der dunklen Balken entspricht den bedingten relativen Häufigkeiten, links $P(G = M \mid D = .)$, die Geschlechtsverteilung der Bewerber je Fakultät, rechts $P(A = A \mid D = .)$, dem Anteil an zugelassenen Bewerbern je Fakultät.

6.5.2 Bedingte Dichten

Wenn die abhängige Variable sehr viele Ausprägungen hat, dann liefern die bisherigen Verfahren der Darstellung bedingter Verteilungen keine übersichtlichen Zusammenfassungen. Für bedingende Variable mit nur wenigen

---

[7]Der klassische Artikel von C.R. Blyth: On Simpson's paradox and the sure-thing principle, Journal of the American Statistical Association, 67, 1972, 364–366, ist immer noch eine der besten Darstellungen.

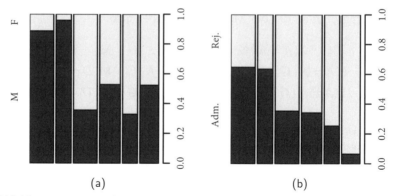

(a)   (b)

Abbildung 6.4: Spineplot von Geschlecht (a) und Zulassung (b), jeweils gegeben Fakultät.

Ausprägungen kann man für jede der Ausprägungen die entsprechende bedingte Dichte mit Kerndichteschätzern aus Abschnitt 5.3.2 getrennt für die Werte der unabhängigen Variablen anwenden. Die systematische Verwendung dieser Technik wäre aber aufwendig. Zudem ist unklar, wie man vorgehen soll, wenn auch die unabhängige Variable (oder die unabhängigen Variablen) viele Ausprägungen hat. In diesem Fall kann man die durchschnittliche Dichte für einen Bereich von Werten der unabhängigen Variable berechnen, zumindest dann, wenn sowohl die unabhängige und die abhängige Variable geordnete Werte haben. Wählt man auch für die unabhängige Variable einen Kern, dann kann man die bedingten Dichten an jedem Punkt t des Wertebereichs der unabhängigen Variablen berechnen, indem man alle Werte der unabhängigen Variable mit den Werten des Kerns $k_h(t - x_i)$ gewichtet.

Als Beispiel verwenden wir wieder die Angaben zu Miethöhe und Größe der Wohnung aus dem Mikrozensus 2002. Bedingte Dichten können mit dem Befehl cde( ) des Pakets hdrcde berechnet werden.[8] Mit der Datenauswahl wie in Abschnitt 6.3 kann man sich einen Überblick über die bedingte Höhe der Mieten bei gegebener Größe der Wohnung verschaffen. Wir können nun auch alle Daten und nicht nur eine kleinere Teilmenge benutzen, weil die Berechnung weit weniger rechenintensiv ist wie die Berechnung von mehrdimensionalen Dichten.

```
> library(hdrcde)
> Wohn.cde <- cde(Wohn[,2],Wohn[,1])
> plot(Wohn.cde,main="",ylab="Miete",xlab="qm",col="gray80")
```

---

[8]Das Basispaket von R stellt den Befehl cdplot( ) für bedingte Dichten zur Verfügung. Der Befehl cde( ) ist etwas flexibler.

Das erste Argument des cde() Befehls gibt die unabhängige Variable an.[9] Das
zweite Argument benennt den Vektor der abhängigen Variablen. Mit weiteren
optionalen Argumenten kann man die Punkte im Wertebereich der unabhängigen Variablen wählen, an denen die bedingte Dichte berechnet werden soll.
Die Voreinstellung benutzt 15 Punkte gleichen Abstands über den Bereich
der unabhängigen Variablen. Das Ergebnis des plot() Befehls ist in der linken
Graphik von Abbildung 6.5 dargestellt. Wie schon bei den mehrdimensionalen

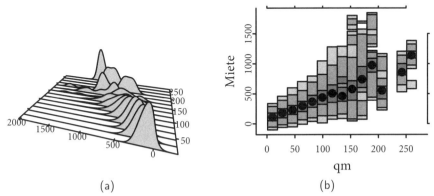

(a) (b)

Abbildung 6.5: Bedingte Dichten von Miethöhe gegeben Wohnungsgröße. a)
Perspektivplot der bedingten Dichten. b) Höchste Dichten für 50%, 95% und
99% der Daten gegeben Wohnungsgröße.

Dichten ist die graphische Darstellung der bedingten Dichten nicht besonders
übersichtlich und u.U. sogar irreführend, weil ein Teil der Dichten von anderen
überdeckt wird. Eine bessere Version analog zu den Konturplots gemeinsamer
Dichten ist die Darstellung von Bereichen der jeweiligen bedingten Dichten,
die einen entsprechenden Anteil der Beobachtungen überdecken und gleichzeitig die höchsten Dichtewerte aufweisen. Das entspricht den Höhenlinien
der Dichte mit der entsprechenden Überdeckungshäufigkeit. Sie sind in der
rechten Graphik in Abbildung 6.5 dargestellt. Die Graustufen entsprechen den
Anteilen von 99% (dunkelste Graustufe), 95% und 50%. Die Punkte geben den
(geschätzten) Modus der Dichten an. Der Zusammenhang zwischen Miete
und Wohnungsgröße lässt sich insbesondere in dieser Graphik weit einfacher
ablesen als in Darstellungen der gemeinsamen Dichte. Allerdings geht auch
eine Information verloren: Die Verteilung der unabhängigen Variablen. Die bedingten Dichten sind ohne zusätzliche Informationen über die Randverteilung
der unabhängigen Variablen kaum zu interpretieren. Deshalb sollten solche
Informationen in Datenbeschreibungen immer bereitgestellt werden.

---

[9]Es können auch mehrere unabhängige Variablen (als Matrix) angegeben werden. Dann werden
für die Gewichtung nicht Kerne, sondern die nächstliegenden Punkte im mehrdimensionalen
Raum der unabhängigen Variablen benutzt.

6.6 Übungsaufgaben

1) Laden Sie den Datensatz Titanic mit dem Befehl data(Titanic). Es handelt sich um eine Passagier- und Crewliste der Titanic, gruppiert nach: Klasse (1., 2., 3. Klasse oder Crewmitglied), Geschlecht, Alter (Erwachsen oder Kind), und ob sie den Untergang überlebten oder nicht.[10] Der Datensatz wird als vierdimensionale Tabelle zur Verfügung gestellt.

   a) Berechnen Sie die marginale Verteilung der Variablen Class und Survived.

   b) Berechnen Sie die entsprechenden Prozentwerte.

   c) Berechnen Sie die bedingten Häufigkeiten P(Überleben | Class=c, Sex=s) für alle Kombinationen von Klasse und Geschlecht.

   d) Berechnen Sie die bedingten Überlebenshäufigkeiten gegeben Klasse, Geschlecht und Altersklasse. Sind die Überlebenshäufigkeiten der Kinder in allen Klassen besser als die der Erwachsenen? Ist der Unterschied in allen Klassen ähnlich groß? Wie sollte man „ähnlich groß" bei Anteilen definieren?

2) Betrachten Sie noch einmal die Zulassungsdaten UCBAdmissions:

   a) Berechnen Sie den Frauenanteil der Bewerber je Fakultät. Berechnen Sie den Anteil der Fakultäten C und E an allen weiblichen Bewerbern.

   b) Die Zulassungshäufigkeit der Frauen ist ein gewichteter Durchschnitt der Zulassungsraten der Frauen jeder Fakultät. Finden Sie die Gewichte. Welche Größen gehen in die Gewichte ein? Welche Gewichte werden benötigt, wenn die Zulassungshäufigkeit der Männer aus den Zulassungshäufigkeiten je Fakultät berechnet werden soll?

   c) Finden Sie weitere Beispiele für Simpsons Paradox (etwa über das Internet und Suchmaschinen). Kann man sich entsprechende Beispiele auch für vorgegebene Randverteilungen beliebig konstruieren?

---

[10]Der Artikel von R.J.M. Dawson (1995), The 'Unusual Episode' data revisited. Journal of Statistics Education, 3, 1995 http://www.amstat.org/publications/jse/v3n3/datasets.dawson.html gibt weitere Details an und ist sehr zu empfehlen. Dort finden sich auch Hinweise auf andere Quellen und eine Diskussion der Zuverlässigkeit der Angaben.

7

GRUNDLAGEN DER SIMULATION

Statistik benötigt Daten. Woher kommen Daten? Eine Möglichkeit, sich Daten zu verschaffen, besteht in der Simulation von Daten. Wir beschreiben in diesem Kapitel die Grundlagen der Simulation, insbesondere die Erzeugung von Folgen von Zufallszahlen und ihre Probleme: Was soll es bedeuten, „Zufall“ auf einem Rechner nachzuahmen?

7.1 Zufallszahlen?

Die Begriffe Zufall und Wahrscheinlichkeit sind seit jeher eng mit Glücksspielen verknüpft. Bis heute verweist jede Einführung in die Wahrscheinlichkeitsrechnung auf Münzwürfe, Würfel oder Urnen. Wie simuliert man aber etwa Münzwürfe auf einem Computer? Ein offensichtlicher Unterschied besteht darin, dass Beschreibungen von Münzwürfen viele physikalische Einzelheiten enthalten: die Wurfhöhe und Wurfrichtung, die Drehungsgeschwindigkeit der Münze, elastische Effekte der Landung etc. [1] Auch ob das Ergebnis eines

---

[1] Mathematiker und Physiker haben sich viele Gedanken gemacht, warum gerade das physikalisch recht einfache System von Münzwürfen als Prototyp für zufällige Ereignisse geeignet ist. Eine spannende Diskussion, die auch Aspekte von Modellierungsstrategien diskutiert, ist Persi Diaconis: A place for Philosophy? The rise of modelling in statistical science, Quaterly Appl. Math., 56, 1998, 797–805.

bestimmten Münzwurfs als zufällig erzeugt gelten soll, knüpft an Beschreibungen des Wurf- und Landeverhaltens an. Würfe mit sehr geringer Wurfhöhe, geringer Drehung der Münze oder Landung auf sehr unelastischen Untergründen lassen regelmäßig an der Zufälligkeit der Ergebnisse zweifeln. Aber auf Computern steht nur die Folge von Ergebnissen zur Verfügung. Und man braucht auch nur die Ergebnisse. Kriterien für die Zufälligkeit einer Folge von Ergebnissen können sich also nicht auf das physikalische Vorgehen beim Erzeugen von Ereignissen beziehen. [2] Außerdem verbietet sich der direkte Zugriff auf physikalisch beschreibbare zufällige Ereignisse für Zwecke der Simulation auf Computern, weil dann die Ergebnisse einer Simulation durch andere nicht mehr überprüfbar sind. [3] Wir brauchen also Kriterien, die die verschiedenen Ansprüche für die Simulation an Zufallsfolgen präzisieren.

Zunächst ist klar, dass man sich in dieser Perspektive nicht auf Eigenschaften einzelner Zahlen oder Symbole beziehen kann. Vielmehr muss man sich auf Folgen von solchen Zahlen beziehen. Sie sollen zudem auf dem Rechner dargestellt werden. Folglich ist die Folge immer endlich, weil man nur eine endliche Anzahl von Zahlen auf dem Rechner darstellen kann. Ein Kriterium, dass man an „zufällige", auf Rechnern realisierte Zahlenfolgen stellen sollte, wurde schon genannt: Sie sollten sich reproduzieren lassen. Man sollte in der Lage sein, seine Ergebnisse auch nach einer Woche oder einem Jahr reproduzieren zu können und andere (auf anderen Rechnern) sollten nach der Beschreibung des Programms in der Lage sein, exakt gleiche Ergebnisse zu erhalten. Das ist der entscheidende Unterschied zu Ergebnissen von Glücksspielen, die sich eben nicht wiederholen lassen. Folglich braucht man Algorithmen, rechnerische Verfahren, die die Zahlenfolgen erzeugen. Damit ist auch ein weiteres Kriterium zufälliger Folgen ausgeschlossen, das in der philosophischen Diskussion oft angeführt wird: Die Folgen, die wir benutzen wollen, sind sicherlich nicht überraschend oder unvorhersagbar. Kennt man den Algorithmus sowie die Startwerte, dann kennt man alle weiteren Werte der erzeugten Zahlenfolge.

Ein zweites Erfordernis scheint ebenfalls klar zu sein: Die erzeugten Zahlenfolge sollte eine angebbare Verteilung haben. Hat man einen Algorithmus, der die Folge $x_1, x_2, \ldots$ erzeugt, dann sollte

$$\lim_{n \to \infty} \frac{1}{n} \sum_{i=1}^{n} \mathbb{1}(a \le x_i \le b) = F(b) - F(a) \tag{7.1}$$

---

[2]Kriterien der „korrekten" Durchführung von Münzwürfen, für „korrektes" Vorgehen beim Würfeln, beim Roulette, beim Mischen von Spielkarten oder bei Lotto-Ziehungen beziehen sich immer auf das Verfahren, mit dem gewürfelt, gemischt oder gezogen wird. Auch wenn Einführungen in die Statistik gern anderes nahelegen, werden statistische Tests als Kriterien praktisch nicht genutzt. Denn statistische Tests können sich nur auf die Ergebnisse der Münzwürfe etc. beziehen. Daher erlauben sie nur indirekt Rückschlüsse auf das Verfahren.

[3]Es gibt natürlich auch Verfahren der Erzeugung von zufälligen Folgen, die an dem zufälligen Charakter von physikalischen Ereignissen ansetzen. Das Paket random stellt etwa einen automatisierten Zugriff auf Zahlenfolgen bereit, die durch atmosphärisches Rauschen erzeugt werden. Solche zufälligen Folgen haben ihre Anwendung in der Kryptographie und ähnlichen Bereichen, sind aber für unsere Überlegungen weitgehend irrelevant.

für eine vorgegebene Verteilungsfunktion $F(.)$ gelten. [4] Wir betrachten zunächst Gleichverteilungen auf dem Intervall [0,1]. Dann ist der obige Grenzwert gleich $b - a$, wenn $a, b \in [0, 1]$ sind. [5]

Ein drittes Erfordernis ist sicherlich, dass der rechnerische Aufwand zur Erzeugung einer zufälligen Folge von Zahlen sehr gering ist, denn man benötigt oft sehr viele Zufallszahlen, etwa wenn man einige Millionen Datensätze mit jeweils tausenden Beobachtungen erzeugen möchte, um statistische Verfahren an verschiedenen Datensätzen auszuprobieren.

7.2 Gleichverteilung

Nun ist es erstaunlich, dass relativ einfache mathematische Funktionen diese drei Kriterien erfüllen. [6] Setzt man z.B.

$$u_i := i * a - \lfloor i * a \rfloor \tag{7.2}$$

dann ist die Folge u_i gleichverteilt auf dem Intervall $[0, 1]$, wenn die Konstante a irrational ist. [7] Ein entsprechendes Verfahren lässt sich näherungsweise in R umsetzen. Zwar kann man keine irrationalen Zahlen in R (oder einem anderen Computerprogramm) exakt numerisch darstellen, aber man kann Näherungen ausprobieren. Nimmt man etwa $a = \pi$, dann würde eine Näherung in R so aussehen:

---

[4] Das Symbol $\mathbb{1}(A)$ steht für die Indikatorvariable des Ereignisses A, d.h. sie nimmt den Wert 1 an, wenn A wahr ist, 0 sonst.

[5] Für endliche Folgen kann diese Forderung nur approximativ gelten. Aber wir werden sehen, dass einige praktisch verwandte Verfahren das Kriterium erfüllen, wenn unbegrenzter Speicherplatz für die Zahlendarstellung unterstellt wird.
Generell lassen sich auch alle (berechenbaren) statistischen Tests als Kriterien für die „Zufälligkeit" von Zahlenfolgen heranziehen. Das führt zu einem möglichen Kriterium für die mathematische Definition von „zufälligen" Folgen. Überblicke über Versuche, „Zufälligkeit" zumindest für Folgen von Zahlen zu definieren, geben Sergio Volchan: What is a random sequence? Am. Math. Monthly, 109, January 2002, 46–63 und Andrei A. Muchnik et al.: Mathematical metaphysics of randomness, Theoretical Computer Science, 207, 1998, 263–317.

[6] Sogar die Dezimalentwicklung (oder die Entwicklung in anderen Basen) etlicher mathematischer Konstanten scheint diese drei Kriterien zu erfüllen. Empirisch ist die Anzahl der Ziffern 0-9 in der Dezimaldarstellung vieler Konstanten gleichverteilt. Seit Bailey, Borwein und Plouffe 1997 eine Methode entwickelt haben, die Darstellung einer beliebigen Stelle der Entwicklung von π und anderen Konstanten anzugeben, ohne die vorhergehenden zu berechnen, scheint der Weg offen, statistische Eigenschaften dieser Konstanten zu erforschen. Einen kurzen Überblick geben David Bailey und Jonathan Borwein: Experimental mathematics and computational statistics, WIREs Computational Statistics, vol. 1, 2009, 12–24.

[7] $\lfloor u \rfloor$ ist die größte ganze Zahl kleiner als u. Die u_i sind also die Zahlen hinter dem Dezimalkomma von $i * a$. Ist etwa $a = \pi = 3.14159...$, die Kreiszahl, dann ist $u_1 = 0.14159....$
Dass diese Folge gleichverteilt ist, wurde 1916 von Hermann Weyl bewiesen. Einen Überblick über ähnliche Verfahren und verwandte Ergebnisse werden im Buch von Walter Freiberger und Ulf Grenander: A Short Course in Computational Probability and Statistics, Springer, 1971, vorgestellt. Es gibt eine enge Verbindung mit der Frage der Gleichverteilung von Ziffern in mathematischen Konstanten (David Bailey und Richard Crandall: On the random character of fundamental constant expansions, Experimental Mathematics, 10, 2001, 175–190).

```
> rng <- function(n){neu   <- (1:n*pi)
+                       neu-floor(neu)}
> rng(5)
[1] 0.1415927 0.2831853 0.4247780 0.5663706 0.7079633
```

Folgen von Zahlen, die einige Kriterien von Zufallsfolgen erfüllen und auf dem Rechner dargestellt werden können, nennt man Pseudozufallszahlen.

7.2.1 Monte-Carlo-Integration

Die Eigenschaft der Gleichverteilung (Kriterium 2 mit $F(u) = u$) reicht nun schon für eine wichtige Aufgabe der Simulation: Die numerische Berechnung von Integralen. Das Problem, Werte von Integralen zu berechnen, entsteht etwa, wenn man etwas über das durchschnittliche Verhalten von zufälligen Systemen sagen möchte. Im einfachsten Fall wird das System nur durch eine interessierende Größe charakterisiert, etwa die Wartezeiten bis zu einem bestimmten Ereignis, wie das Eintreffen von Bussen oder Bahnen, die Wartezeit an den Kassen von Supermärkten oder in Computernetzwerken oder auch die Dauer von Ehen.

Die klassische mathematische Methode, solche Größen zu beschreiben, besteht darin, sie als Zufallsvariable aufzufassen, als eine Funktion, die jedem $\omega \in \Omega$ eine entsprechende Dauer zuweist. Formal würde man für solche Wartezeiten also schreiben:

$$\mathbb{X} \colon \Omega \to [0, \infty)$$

Nun ist die genaue Form von Ω weitgehend irrelevant, soweit die Menge nur hinreichend viele Elemente hat. Wichtig ist nur, dass sie zusätzlich eine Wahrscheinlichkeitsstruktur besitzt, eine weitere Abbildung, die für eine hinreichend große Klasse von Teilmengen von Ω diesen Teilmengen Wahrscheinlichkeiten zuordnet. Für einfache Systeme kann man daher $\Omega = [0, 1]$ wählen und als Wahrscheinlichkeitsmaß die Gleichverteilung auf $[0, 1]$.[8] Die durchschnittliche Wartezeit, der Erwartungswert der Zufallsvariablen $\mathbb{X}$, ist dann der Durchschnitt aller Wartezeiten, gewichtet mit ihren „Wahrscheinlichkeiten". Da man die Wartezeiten nicht aufzählen kann, also einfache Durchschnitte nicht berechnen kann, ersetzt man die Durchschnittsbildung (endliche gewichtete Summen) durch passende Integrale.

Formal schreibt man

$$\mathbb{E}(\mathbb{X}) := \int_\Omega \mathbb{X}(\omega) \, \Pr(d\omega)$$

---

[8] Jede reelle Zufallsvariable lässt sich so darstellen.

Hat man aber $\Omega = [0,1]$ und als Wahrscheinlichkeitsmaß die Gleichverteilung gewählt, dann wird daraus

$$\mathbb{E}(\mathbb{X}) = \int_0^1 \mathbb{X}(u)\,du$$

Hätte man eine zufällige Folge $U_1, U_2, \ldots$ mit Werten in $[0,1]$, die den Gesetzen der Wahrscheinlichkeitstheorie folgt, dann würde das starke Gesetz der großen Zahlen implizieren, dass

$$\lim_{n \to \infty} \frac{1}{n} \sum_{i=0}^n \mathbb{X}(U_i) = \mathbb{E}(\mathbb{X})$$

mit Wahrscheinlichkeit 1 gelten würde. Für ein hinreichend großes n könnte man also $1/n \sum \mathbb{X}(u_i)$ als Näherung für $\mathbb{E}(\mathbb{X})$ betrachten. Die übrigen Gesetze der Wahrscheinlichkeitstheorie wie der zentrale Grenzwertsatz und der Satz vom iterierten Logarithmus erlauben dann die Abschätzung des Näherungsfehlers.

Nun zeigt sich, dass die Wahl der Folge $u_i = i * a - \lfloor i * a \rfloor$ zumindest ebenso gut zur Näherung des Integrals $\mathbb{E}(\mathbb{X})$ geeignet ist wie „echte" Zufallszahlen. Denn der Grenzwert der Durchschnitte der $\mathbb{X}(u_i)$ in der obigen Formel gilt für jede Folge u_i der Form (7.2), solange nur a irrational ist. Insbesondere gilt die Konvergenz nicht nur mit Wahrscheinlichkeit 1. Es ist also gar kein Verlust, dass unsere Folge sicherlich keine „echte" Zufallsfolge ist.[9] Methoden der numerischen Berechnung von Integralen mit Hilfe von Pseudozufallszahlen werden Monte-Carlo-Methoden genannt.

7.2.2 Integrale und Erwartungswerte

Wir probieren das Verfahren einmal aus und überlegen uns ein einfaches Modell für Wartezeiten. Wartezeiten sind sicherlich positiv, also könnte die Verteilungsfunktion von $\mathbb{X}$ etwa $F(x) = 1 - \exp(-\lambda x)$ wie in Abbildung 7.1 sein. Diese Verteilungsfamilie nennt man Exponentialverteilung.

Wir müssen zunächst sehen, wie die Abbildung $\mathbb{X} : \Omega \to [0, \infty)$ aussehen soll, damit $\mathbb{X}$ die Verteilungsfunktion $F(.)$ hat. Wenn U gleichverteilt auf $[0,1]$ ist und für $\mathbb{X}(.)$ die Quantilsfunktion $F^{-1}(u)$ wie in Abschnitt 5.1.4 gewählt

---

[9]Das folgt leicht aus dem Beweis der Gleichverteilung im schon erwähnten Buch von Freiberger und Grenander. Mit etwas mehr technischem Aufwand zeigen sie auch, dass der Fehler bei der Näherung schneller als $1/n$ gegen 0 geht, also sogar schneller als für jede „echte" Folge unabhängiger Zufallszahlen, wenn auch nur für Irrationalzahlen a mit bestimmten Eigenschaften. Die guten Eigenschaften solcher Folgen für die Berechnung von Integralen haben dazu geführt, etliche „deterministische" Folgen mit ebenso guten oder besseren Eigenschaften als Folgen von Zufallszahlen zu entwickeln, die auch allgemeine Integrationsprobleme behandeln können. Einen kurzen Überblick liefert z.B. Rüdiger Seydel: Tools for Computational Finance, Springer 2002, Kapitel 2.

wird, erhält man das gewünschte Ergebnis. Für streng monotone $F(.)$ wie die
Exponentialverteilung sieht man das auch gleich, denn

$$\Pr(\mathbb{X}(U) \leq x) = \Pr(F^{-1}(U) \leq x) = \Pr(U \leq F(x)) = F(x)$$

Die letzte Gleichung folgt aus der Definition
der Gleichverteilung, für die $\Pr(U \leq z) = z$ für
$z \in [0,1]$ ist. Will man also den Erwartungswert von $\mathbb{X}$ ausrechnen, dann muss man das
Integral

$$\mathbb{E}(\mathbb{X}) = \int_0^1 F^{-1}(u)\,du = \int_0^1 -\log(1-u)/\lambda\,du$$

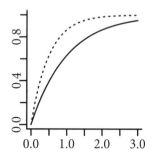

berechnen. Dieses Integral lässt sich natürlich
relativ leicht analytisch berechnen und das
Ergebnis ist $1/\lambda$.

Abbildung 7.1: Exponentialverteilung. Verteilungsfunktion
für $\lambda = 1$ und $\lambda = 2$ (gepunktet).

Wir benutzen nun die Folge $u_i = i*\pi - \lfloor i*\pi \rfloor$,
um das Ergebnis numerisch zu berechnen. Wir
benutzen die vorher definierte Funktion rng()
und berechnen den Durchschnitt der Funktionswerte $M(\{\mathbb{X}(u_i) \mid i = 1, \ldots, n\})$,
etwa für $n = 10, 100, 1000, 100000$. Das Ergebnis ist

```
> exponential  <- function(u,lambda=1){-log(1-u)/lambda}
> f10 <- mean(exponential(rng(10),lambda=1));f10
[1] 1.072721
> f100 <- mean(exponential(rng(100),lambda=1));f100
[1] 0.9942059
> f1000 <- mean(exponential(rng(1000),lambda=1));f1000
[1] 1.045532
> f1000000 <- mean(exponential(rng(1000000),lambda=1));f1000000
[1] 1.000171
```

In diesem Beispiel erhält man Ergebnisse mit einer Genauigkeit von 2-3 Stellen
mit recht geringem Rechenaufwand. Für eine Verbesserung der Näherung ist
aber ein erheblich höherer Rechenaufwand nötig.

Der Vorteil der Monte-Carlo-Methode der Integration ist offensichtlich: Sie
kann ohne weiteres für beliebig komplizierte Funktionen benutzt werden, denn
sie erfordert keine Anpassung an die Form der zu integrierenden Funktion. Die
Nachteile sind auch klar: Die Konvergenz kann sehr langsam sein, und selbst für
relativ geringe Genauigkeit ist u.U. ein erheblicher Rechenaufwand notwendig.
Zudem kann die Fehlerabschätzung in den meisten Fällen nur mit statistischen
Methoden erreicht werden, ist also erstens selbst unsicher und beruht zweitens
nur auf einer Analogie zu „echten" Zufallszahlen, die für die verwandten
Pseudozufallszahlen nicht zutreffen müssen. Beide Schwierigkeiten lassen sich
zwar oft umgehen, erfordern dann aber wieder eine genauere Analyse entweder
der zu integrierenden Funktion oder der verwandten Pseudozufallszahlen.

7.2.3 Endliche Gleichverteilung und Periode

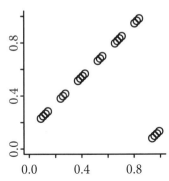

Abbildung 7.2: Aufeinanderfolgende Pseudozufallszahlen nach Formel (7.2).

Ein Problem der Folge u_i lässt sich leicht illustrieren: Im Gegensatz zu Folgen von Werten unabhängiger Zufallsvariabler sind die aufeinanderfolgenden Werte der Folge u_i sicher nicht unabhängig: Malt man ein Bild der aufeinanderfolgenden Werte, etwa mit

```
> a <- rng(50)
> gerade <- 1:25*2
> ungerade <- gerade-1
> plot(a[ungerade],a[gerade],type="p")
```

dann erhält man Abbildung 7.2.

Es ist klar, dass die nächste erzeugte Zahl u_{i+1} gerade $u_i + 0.141592\ldots$ ist, solange $u_i < 1 - 0.141592\ldots$ gilt. Ist $u_i \geq 1 - 0.141592\ldots$ hat man $u_{i+1} = u_i + 0.141592\ldots - 1$. Solche Folgen sind zwar gut geeignet, einfache Integrale zu berechnen, aber sie sind offenbar völlig ungeeignet, Zeitreihen zu simulieren oder Integrale von Funktionen mehrerer Argumente zu berechnen. Denn zwei aufeinanderfolgende Zahlen der Folge u_i sind stark korreliert. Für die Berechnung von Integralen in höheren Dimensionen bedeutet das, dass nur ein kleiner Teil des Definitionsbereichs der zu integrierenden Funktion durchlaufen wird. Untersucht man etwa Funktionen, die von Werten im Quadrat wie in Abbildung 7.2 abhängen, dann ist klar, dass allein die Funktionswerte entlang der beiden Geradenstücke berechnet werden. Man benötigt also für solche Probleme eine zusätzliche Eigenschaft von Pseudozufallszahlen, die eine gleiche Verteilung von Punkten auch in $2, 3, \ldots$ Dimensionen sicherstellen. Eine wichtige Kenngröße für Pseudozufallszahlen ist daher die größte Dimension, bis zu der eine Gleichverteilung erreicht werden kann. [10]

Bisher haben wir so getan, als könne man eine irrationale Zahl, etwa π, exakt auf einem Rechner darstellen. Das geht aber nicht, weshalb Implementationen von Folgen u_i wie (7.2) durch die Funktion rng() nicht alle Eigenschaften haben können, die der Folge u_i zukommen. Die Gleichverteilung der Folge hängt daran, dass nach jeder aufsteigenden Teilfolge die nächste um ein wenig versetzt ist. Die Größe dieser Versetzung hängt von den versetzten Dezimalstellen von π ab. Da π irrational ist, wiederholen sich diese Zahlen nie, man beginnt immer

---

[10] Formal betrachtet man k-fache Versionen für den Grenzwert in (7.1). Dazu ersetzt man das Intervall (a, b) durch k Intervalle (a_i, b_i) und betrachtet die Häufigkeit der Ereignisse $\{a_1 < x_i \leq b_1, \ldots, a_k < x_{i+k-1} \leq b_k\}$. Der Grenzwert soll dann dem Produkt über alle Terme $F(b_i) - F(a_i)$ entsprechen. Anschaulich sollte der Anteil der Folgenglieder, die in ein Rechteck mit den Koordinaten (a_i, b_i) fallen, dessen Volumen entsprechen. Damit möchte man entsprechende einfache Unabhängigkeitsforderungen zwischen Elementen der Folge sicherstellen (vgl. etwa Donald Knuth: The Art of Computer Programming, vol. 2: Seminumerical Algorithms, Addison-Wesley 1981[2], S. 144ff).

an verschiedenen Stellen. Kann man aber nur endlich viele Zahlen zwischen 0 und 1 darstellen, dann muss sich die Stelle irgendwann wiederholen. Damit aber beginnt die ganze Folge von neuem, es wird ja jedesmal ein fixer Betrag (in der Rechnergenauigkeit) addiert. Für Generatoren, bei denen Folgenwerte nur von dem Vorwert (und Konstanten) abhängt, ist die maximale Länge einer Folge, bevor sie sich wiederholt (ihre Periode) gerade die maximale Anzahl der darstellbaren Zahlen. Ist aber die Periode relativ klein, dann können auch nur relativ kurze Folgen von Zufallszahlen verwandt werden. Ein letztes hier betrachtetes Kriterium für möglichst allgemein verwendbare Pseudozufallszahlen ist daher eine möglichst lange Periode.

runif

Bis in die 90er Jahre wurden fast ausschließlich Generatoren verwandt, die ähnlich wie die Folge (7.2) nur von den Vorwerten abhängen. Da man auch für möglichst kurze Rechenzeiten sorgen wollte, benutzte man die Wortlänge der Prozessoren, also i.d.R. 32 Bit. Damit war deren Periode maximal $2^{32} \approx 4.295.000.000$, oft aber auch viel kleiner. Ein weiteres Problem dieser Generatoren ist, dass je zwei aufeinanderfolgende Werte der Folge verschieden sein müssen. Wären sie es nicht, bliebe die Folge immer beim gleichen Wert. Bei einer zufälligen Folge mit diskreten Werten ist das unmöglich, denn in ihnen muss es beliebig lange Teilfolgen gleicher Werte geben. [11]

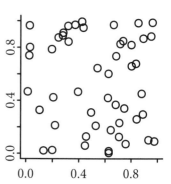

Abbildung 7.3: Aufeinanderfolgende Pseudozufallszahlen mit runif().

Rs Befehl runif() benutzt in der Voreinstellung einen Mersenne Twister genannten Generator, dessen Periodenlänge $2^{19937} - 1 \approx 10^{6000}$ ist. [12] Weil die Periode um ein vielfaches länger ist, als es darstellbare Zahlen gibt, entstehen auch Folgen gleicher Zahlen. Die Gleichverteilung ist bis zu 623 Dimensionen garantiert. Bei 624 Dimensionen ergeben sich Abhängigkeiten zwischen diesen Werten. Für 50 Werte in zwei Dimensionen erhält man Abbildung 7.3 durch:

```
> a <− runif(100)
> gerade  <− 1:50*2
> ungerade <− gerade−1
```

---

[11] Auch die besseren in R implementierten Generatoren produzieren z.B. eine zu kleine Zahl von Dubletten im Vergleich zu ihrer wahrscheinlichkeitstheoretisch berechneten Anzahl, wenn gleichverteilte unabhängige Zahlen bis zur Rechnergenauigkeit gerundet werden. Eine Beispielrechnung findet sich in der Hilfe des Befehls set.seed().

[12] Das ist eine riesige Zahl. Die Zahl der Partikel im Universum wird auf nur 10^{90} geschätzt. Allerdings kommen solch enorme Zahlen manchmal in der Statistik vor. So ist die Zahl der verschiedenen Stichproben vom Umfang 1500 aus 80 Millionen Bundesbürgern etwa 10^{7700}.

```
> plot(a[ungerade],a[gerade],type="p")
```

Der Befehl runif() nimmt als erstes Argument die Anzahl der zu erzeugenden Pseudozufallszahlen. Zwei weitere Argumente können benutzt werden, um ein anderes Intervall $[a, b]$ als $[0, 1]$ zu wählen.

Andere Generatoren

Der Mersenne Twister dürfte für die meisten Anwendungen vollständig ausreichend sein. Für einige spezielle Anwendungen kann es aber notwendig sein, andere Generatoren zu wählen. Im Basispaket base sind fünf weitere Generatoren verfügbar, die durch die Funktion RNGkind() gewählt werden können. Diese Generatoren werden im wesentlichen bereitgestellt, um alte Ergebnisse reproduzieren zu können. Varianten der Generatoren aus alten R-Versionen können ebenfalls gewählt werden. Diese Versionen haben aber alle schlechtere Eigenschaften als der Mersenne Twister.

Auf der anderen Seite stellen mehrere Pakete spezielle Generatoren mit interessanten und hilfreichen Eigenschaften zur Verfügung. Das Paket SuppDist stellt den Generator rMWC1019 mit einer Periode von 10^{9924} und einer Gleichverteilung auf 1018 Dimensionen bereit. Der Generator kann etwa dann notwendig sein, wenn man sehr lange multivariate Zeitreihen simulieren möchte, bei denen die Dimension 623 des Mersenne Twisters ein Problem sein kann. In Extremfällen kann man den Generator randaes des gleichnamigen Pakets verwenden. Dieser Generator erzielt eine Gleichverteilung auf etwa 10^{30} Dimensionen. Zudem werden nicht 32 Bit Wörter erzeugt, sondern 53 Bits, die volle Länge der Mantisse in 8-Byte Zahlen, dem Standarddatentyp in R. Nur benötigt dieser Generator fast doppelt so viel Rechenzeit wie der Mersenne Twister. Man wird diesen Generator wohl nur verwenden, wenn man besonders erstaunliche Simulationsergebnisse aufklären möchte.

Eine wichtige Anwendung, die die Wahl eines alternativen Generators erzwingt, ist die Benutzung mehrerer Prozessoren. Die meisten heutigen Rechner haben mehrere Prozessoren und gerade bei Simulationen ist es naheliegend, die Berechnungen parallel auf die vorhandenen Prozessoren zu verteilen. Die bisher vorgestellten Generatoren produzieren aber einen einzigen Strom von Pseudozufallszahlen. Würde man naiverweise die gleichen Generatorenbefehle in den Teilprozessen benutzen, dann erhielten alle Teilprozesse die gleiche Folge von Pseudozufallszahlen. Man kann also nur zunächst auf einem Prozessor alle notwendigen Pseudozufallszahlen erzeugen und sie dann auf die Teilprozesse verteilen. Das ist nicht nur zeitaufwendig und fehleranfällig, die Aufteilung mag auch zu Problemen mit der Gleichverteilung führen, die zudem von den Einzelheiten der Implementation der Generatoren abhängen. Das Paket rstream stellt den Generator MRG32k3a bereit. Der Generator hat zwar „nur" eine Periode von $2^{191} \approx 10^{57}$ und ist gleichverteilt auf mindestens 45 Dimensionen. Aber die Zufallsfolge lässt sich sehr schnell auch in Blöcken berechnen und man kann relativ einfach „unabhängige" Ströme von Pseudozufallszahlen erzeugen. Das Paket rstream enthält auch Methoden für den einfachen Zugriff auf die verschiedenen Ströme sowie für die Aufteilung der Ströme auf mehrere Prozessoren. [13]

7.2.4 Startwerte

Es fehlt noch ein Mechanismus, die Reproduzierbarkeit der Prseudozufallszahlen zu garantieren. Der Befehl runif() liefert in einer Folge von Anwendungen jeweils die nächsten Zahlen eines Stroms von Pseudozufallszahlen, die beim Start von R entweder durch die Uhr des Rechners oder durch den gespeicherten Wert des letzten Zustands des Generators initialisiert werden. [14] Folglich ergeben mehrere Aufrufe des Generators verschieden Werte und damit werden sich auch die Ergebnisse von Simulationen unterscheiden.

Diese Art der Variabilität von Simulationsergebnissen erschwert aber die Fehlersuche in Programmen, die Reproduktion eigener Ergebnisse nach einiger Zeit und die Nachvollziehbarkeit für Andere. Simulationsergebnisse wären für wissenschaftliche Zwecke praktisch wertlos. Man kann die Startwerte der Generatoren in R vorgeben und würde so die Reproduzierbarkeit der Ergebnisse garantieren können. Nur erfordern verschiedene Generatoren verschiedene Anzahlen von Startwerten (der Mersenne Twister hat 624 Startparameter, der Generator MRG32k3a 3), zudem liefern nicht alle Kombinationen der Parameter gute Pseudozufallszahlen. Deshalb stellt R einen einfachen Mechanismus zur Verfügung, die Startwerte von Generatoren einheitlich zu wählen. Der Befehl set.seed() hat als erstes Argument eine ganze Zahl, die je nach verwandten Generator die Startwerte festlegt. Ein fix gewählter Wert führt bei gegebenem Generator immer zu gleichen Folgen von Pseudozufallszahlen:

```
> set.seed(3543)
> runif(3)
[1]  0.8545323  0.2785417  0.2434567
> set.seed(3543)
> runif(3)
[1]  0.8545323  0.2785417  0.2434567
```

Wenn man also Simulationsresultate kommunizieren will, dann sollte man immer zunächst den set.seed() Befehl verwenden und ihn auch dokumentieren. Versuche mit verschiedenen Startwerten in set.seed() sind natürlich auch

---

[13]Eine Beschreibung einschließlich konkreter Beispiele findet sich in Pierre L'Ecuyer und Josef Leydold: rstream: Streams of random numbers for stochastic simulation, R News, 5, 2005, 16–20.

[14]Man kann den letzten Zustand des Generators speichern. Er ist in der Variablen .Random.seed abgelegt. Daher würde er bei der nächsten Sitzung mit allen anderen Variablen wieder geladen, wenn man beim Beenden der letzten Sitzung den „Workspace" gespeichert hat. Das ist allerdings nur hilfreich, wenn man Simulationen zunächst unterbrechen und später (ohne weitere Rechnungen) fortsetzen möchte.

hilfreich, um die Abhängigkeit nicht nur von den Startwerten sondern auch von den Generatoren zu minimieren.

7.3 Zufallszahlen mit vorgegebener Verteilung

Wir haben zu Beginn dieses Abschnitts schon eine allgemeine Möglichkeit angedeutet, aus gleichverteilten Pseudozufallszahlen Zufallszahlen beliebiger Verteilungen zu generieren. Ist nämlich die Verteilungsfunktion der zu erzeugenden Zufallszahlen $F(.)$, dann hat $F^{-1}(U)$ diese Verteilung, wenn U gleichverteilt ist. Man kann also beliebig verteilte Pseudozufallszahlen erzeugen, wenn ein Generator für gleichverteilte Pseudozufallszahlen zur Verfügung steht. Nur ist die Quantilsfunktion $F^{-1}(.)$ oft nicht einfach anzugeben. Zudem gibt es oft effizientere Methoden, Pseudozufallszahlen vorgegebener Verteilungen zu produzieren.

Daher stellt R für viele bekanntere Verteilungen spezielle Befehle zur Verfügung. Zudem gibt es eine einheitliche Benennung der entsprechenden Befehle. Zu jeder Verteilungsfamilie gibt es immer Funktionen, die die Dichte, die Verteilungsfunktion, die Quantilsfunktion und entsprechend verteilte Pseudozufallsfolgen erzeugen. Die entsprechenden Befehle beginnen mit d für die Dichten $f(.)$, p für die Verteilungsfunktion $F(.)$, q für die Quantilsfunktion $F^{-1}(.)$ und r für den entsprechenden Pseudozufallszahlengenerator. So erhält man das berühmte 97.5% Quantil der Standardnormalverteilung, das bei statistischen Tests auf dem 5% Niveau immer zitiert wird, durch

```
> qnorm(0.975)
[1]  1.959964
```

Wir können das mit der entsprechenden Verteilungsfunktion überprüfen, denn es sollte $F(F^{-1}(0.975)) = 0.975$ gelten:

```
> pnorm(qnorm(0.975))
[1]  0.975
```

Und wir erhalten normalverteilte Pseudozufallszahlen durch rnorm()

```
> set.seed(22)
> rnorm(3)
[1]  -0.5121391   2.4851837   1.0078262
```

Das Basispaket stats enthält z.Z. die Funktionen für folgende Verteilungen: Die Beta, Binomial, Cauchy, χ^2, Exponential, F-, Γ- und Normalverteilungen sowie die geometrische, hypergeometrische, lognormale, logistische, multinomiale, negativ binomiale, Poisson, Student t, Weibull und Wilcoxon-Verteilung. Die entsprechenden Namen der Zufallszahlengeneratoren sind also rbeta(), rbinom() etc.

Eine Reihe von Generatoren für weitere Verteilungsfamilien (zusammen mit Dichte-, Verteilungs- und Quantilsfunktionen) sind im Paket SuppDist enthalten. Viele andere Pakete enthalten entsprechende Funktionen für spezielle Verteilungen, die in bestimmten Anwendungsfeldern von Bedeutung sind.

Pseudozufallszahlen vorgegebener Verteilung erleichtern die Berechnung von Erwartungswerten und anderen Integralen. Denn an Stelle des Durchschnitts über die Funktion exponential(), der Quantilsfunktion der Exponentialverteilung, zusammen mit einer Folge gleichverteilter Variabler kann nun einfach der Durchschnitt über eine Folge von exponentialverteilten Zufallszahlen berechnet werden. Betrachten wir noch einmal den Erwartungswert einer Exponentialverteilung aus dem letzten Abschnitt. Sie hat die Verteilungsfunktion $F(x) = 1 - \exp(-\lambda x)$. Pseudozufallszahlen können wir nun direkt mit dem Befehl rexp() simulieren. Für den Erwartungswert gilt:

$$\mathbb{E}(\mathbb{X}) = \int_0^\infty x \, dF(x) \approx \frac{1}{n} \sum_{i=1}^n x_i$$

wobei die x_i eine Folge exponentialverteilter Pseudozufallsvariabler mit Ratenparameter λ sind. Die Erwartungswerte lassen sich also einfach durch den Durchschnitt über entsprechend verteilte Pseudozufallsfolgen approximieren. Für $\lambda = 1$ kann man also einfach schreiben:

```
> set.seed(88)
> mean(rexp(10))
[1]  1.560786
> mean(rexp(100))
[1]  0.8867868
> mean(rexp(1000))
[1]  1.035351
> mean(rexp(1000000))
[1]  0.999259
```

Für kleine n ist diese Methode offenbar deutlich schlechter als die Methode mit der deterministischen Folge (7.2). Auf der anderen Seite kann man direkt eine Simulationsmethode für den Erwartungswert von beliebigen Funktionen der Zufallsvariablen programmieren, ohne zunächst die Funktionen in äquivalente Ausdrücke mit gleichverteilten Argumenten übersetzen zu müssen.

7.4 Parametrisierung der Verteilungsklassen

Die Arbeit mit den verschiedenen vordefinierten Zufallszahlengeneratoren erfordert ein minimales Verständnis der jeweils fest vorgegebenen Parametrisierung der Verteilungen. Die Parametrisierungen sind in den entsprechenden Hilfeseiten dokumentiert, sie müssen aber nicht mit den Versionen übereinstimmen, die in anderen Quellen und Lehrbüchern angegeben werden. Die Umrechnung von einer Parameterdarstellung in eine andere ist in den meisten Fällen sehr einfach, erfordert aber eine gewisse Aufmerksamkeit für die dokumentierte Variante, die in dem benutzten Paket implementiert ist.

Z.B. benutzt der rexp( ) Befehl die oben bereits angegebene Parametrisierung $\Pr(\mathbb{X} > x) = \exp(-\lambda x)$, verschiedene Werte von λ können also durch rexp(n,rate$=\lambda$) angegeben werden. In vielen Anwendungen benutzt man aber die Form $F(x) = 1 - \exp(-x/\mu)$, denn in dieser Form ist der Parameter μ der Erwartungswert der Exponentialverteilung. Die Umrechnung ist aber denkbar einfach: $\lambda = 1/\mu$.

7.5 Stichproben und Tabellen

Die Simulation von Tabellen kann zwar oft durch die Funktionen für die Simulation multinomialer oder Poisson-Verteilungen erreicht werden. Diese Möglichkeit ist aber wenig benutzerfreundlich, weil der gesamte Vektor der Wahrscheinlichkeiten angegeben werden muss. Die Auswahl von Teilmengen aus endlichen Mengen wird durch diese Funktionen gar nicht repräsentiert. Für solche Fragen stellt R den Befehl sample( ) zur Verfügung. Der Befehl

```
> set.seed(7)
> sample(1:7,3)
[1]  7  3  1
```

zieht aus den Zahlen $1, \ldots, 7$ drei Zahlen ohne Zurücklegen. Der Befehl simuliert also das Ziehen von Kugeln aus Urnen, wenn Kugeln nicht zurückgelegt werden. Das entspricht etwa den Lottoziehungen in Deutschland oder der Ziehung von Befragten aus Registern von Bewohnern eines Landes. Das erste Argument des sample( ) Befehls gibt den Bereich an, aus dem Stichproben gezogen werden sollen. Ist nur eine ganze Zahl n angegeben, dann wird 1:n als Bereich benutzt. Es kann aber auch ein beliebiger Vektor vorgegeben werden. Dann werden Werte aus diesem Vektor gezogen. [15] Das Argument replace mit den Werten TRUE bzw. FALSE gibt an, ob mit oder ohne Zurücklegen der Kugeln gezogen werden soll. Man kann auch Ziehungswahrscheinlichkeiten für einzelne Elemente der Grundmenge durch die Option prob festlegen. [16]

Zwar kann man mit dem sample( ) Befehl auch diverse Tabellen höherer Dimension simulieren. Wenn man aber Tabellen mit vorgegebenen marginalen Verteilungen simulieren möchte, kann der Befehl sample( ) nicht benutzt

---

[15]Wenn der Befehl sample( ) innerhalb einer Simulation verwandt wird, muss man darauf achten, dass der Befehl zweideutig werden kann. Möchte man aus einer bereits zufällig gewählten Menge wiederum ein Element auswählen, dann kann es passieren, dass die erste Menge nur noch ein Element n enthält. Ist dieses Element durch eine ganze Zahl repräsentiert, dann wird nicht das einzig vorhandene Element ausgewählt. Stattdessen wird eine Stichprobe aus $1 : n$ Zahlen gezogen. Das kann zu schwer erkennbaren und „zufälligen" Fehlermeldungen im weiteren Programm führen.

[16]Das Paket sampling enthält etliche weitere Routinen, die häufig verwandte Stichprobendesigns simulieren.

werden. In diesem Fall kann man aber den Befehl r2dsample() benutzen. Solche Probleme tauchen etwa auf, wenn man Wählerwanderungen zwischen Wahlen simulieren möchte. Dann sind i.d.R. die jeweiligen Wahlergebnisse bekannt und man möchte etwas über Veränderungen der Wahlentscheidungen zwischen den Wahlen erfahren. Während die Randverteilungen (die Ergebnisse der beiden Wahlen) genau bekannt sind, gilt das nicht für die Wählerwanderungen. Also würde man gern die Ergebnisse der beiden Wahlen konstant halten, aber die möglichen Übergänge simulieren. Das erste Argument des r2dtable ist die Anzahl der zu erzeugenden Tabellen. Die nächsten beiden sind jeweils Vektoren mit den Randverteilungen. Das Ergebnis ist eine Liste mit Matrizen als Elementen.

```
> r2dtable(1,c(40,60),c(50,50))
[[1]]
     [,1]   [,2]
[1,]   17    23
[2,]   33    27
```

7.6 Funktionen von Zufallsvariablen

In vielen Fällen muss man statt mit einer Zufallsvariablen mit Funktionen einer oder mehrerer Zufallsvariablen arbeiten. Wenn man etwa wieder an Wartezeiten denkt, dann interessiert oft die Gesamtwartezeit, die sich aus der Summe der Wartezeiten an einzelnen Stationen ergibt. Man möchte also über die Zufallsvariable

$$\mathbb{Y} := \mathbb{X}_1 + \mathbb{X}_2 + \mathbb{X}_3$$

reden, wobei angenommen sei, dass die drei Variablen $\mathbb{X}_1, \mathbb{X}_2, \mathbb{X}_3$ stochastisch unabhängig und identisch verteilt sind. [17] Pseudozufallszahlen mit der Verteilung von $\mathbb{Y}$ lassen sich leicht generieren, etwa für exponentialverteilte $\mathbb{X}_i$ durch

```
> set.seed(687)
> y <- rexp(100) + rexp(100)  + rexp(100)
```

Was ist nun der Erwartungswert von $\mathbb{Y}$, $\mathbb{E}(\mathbb{Y})$? Wir können ihn bei dieser einfachen Funktion sofort angeben, denn der Erwartungswert ist additiv, der Erwartungswert für jedes $\mathbb{X}_i$ ist 1, also ist $\mathbb{E}(\mathbb{Y}) = 3$. Nur ist die Simulation in diesem Fall nicht besonders effizient:

```
> mean(y)
[1] 2.828870
```

Was aber ist die Dichte von $\mathbb{Y}$? Was ist die Quantilsfunktion? Oder: Was ist die Verteilungsfunktion? Wir können natürlich wieder mit hinreichend großem n

---

[17]Die Arithmetik von Zufallsvariablen ist sehr verschieden von der üblichen Arithmetik. Die Verteilung der Summe $\mathbb{X}_1 + \mathbb{X}_2 + \mathbb{X}_3$ ist i.d.R. nicht die Verteilung von $3 * \mathbb{X}_1$.

simulieren und anschließend die empirische Dichte, Quantilsfunktion und Verteilungsfunktion benutzen. Das ist bei etwas komplizierteren Funktionen schnell sehr ineffizient. Zudem verhalten sich die Ergebnisse dieser Schätzer nicht so wie die d, q und p-Funktionen für bekannte Verteilungen. Oder man versucht, die Dichten analytisch zu finden. Das ist in diesem Beispiel zwar sehr einfach, im allgemeinen aber sehr mühsam.

Das Paket distr erlaubt das symbolische Rechnen mit Funktionen von Zufallsvariablen. Insbesondere werden die d,p,q-Methoden für Funktionen von unabhängigen Zufallsvariablen bereitgestellt. Für unser Beispiel können wir damit schreiben:

```
> library(distr)
> X1 <- Exp(1)
> X1
Distribution Object of Class: Exp
 rate:   1
```

X1 ist ein Objekt, das eine exponentialverteilte Zufallsvariable mit Parameter (Rate) 1 repräsentiert. Zufallsvariable können für alle im Basispaket stats vorhandenen Verteilungen erzeugt werden. Ihre Namen entsprechen den Namen im Basispaket ohne das Präfix d,p,q,r und beginnen mit einem Großbuchstaben. Die Namen der Parameter sind in beiden Paketen bis auf wenige Ausnahmen gleich, ebenso wie deren Voreinstellungen. Mit diesen Objekten kann man nun durch Funktionen neue Objekte erzeugen, die wiederum entsprechende Zufallsvariable repräsentieren:

```
> X1 <- Exp(1)
> X2 <- Exp(1)
> X3 <- Exp(1)
> Y <- X1+X2+X3
> Y
 Distribution Object of Class: Gammad
shape:  3
scale:  1
```

In diesem einfachen Fall ist sogar die exakte Verteilung identifiziert worden: Die Verteilung der Summe von drei exponentialverteilten Zufallsvariablen ist eine Gammaverteilung mit Formparameter 3.

Versuchen wir ein komplizierteres Problem: Was sind Dichte, Verteilung und Quantilsfunktion der Funktion $X * \exp(Y)$, wobei X exponentialverteilt mit Parameter rate=2 ist und Y unabhängig von X normalverteilt mit Parametern mean=0.2, sd=0.5 ist?

```
> X <- Exp(rate=2)
> Y <- Norm(mean=0.2,sd=0.5)
> Z <- X*exp(Y)
> Z
Distribution Object of Class: AbscontDistribution
```

Das Objekt Z repräsentiert eine absolut stetige Verteilung, eine Funktion der beiden Zufallsvariablen $\mathbb{X}$ und $\mathbb{Y}$. Für das Objekt Z existieren Methoden, die den d,p,q-Funktionen des Basispakets stats entsprechen bzw. sie approximieren. [18] Für das Beispiel können wir schreiben:

```
> d(Z)(1.3)  # Dichte
[1]  0.1799813
> p(Z)(1.3)  # Verteilungsfunktion
[1]  0.8510667
> q(Z)(0.5)  # Median
[1]  0.4099107
```

Es gibt zudem eine plot Methode für solche Objekte wie Z. Sie liefert einen Plot der Dichte, der Verteilungsfunktion und der Quantilsfunktion:

```
> plot(Z)
```

erzeugt Abbildung 7.4.

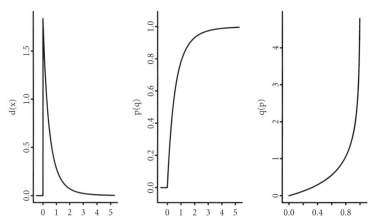

Abbildung 7.4: Dichte, Verteilungs- und Quantilsfunktion der Zufallsvariablen $\mathbb{Z} = \mathbb{X} * \exp(\mathbb{Y})$, wenn $\mathbb{X}$ exponentialverteilt mit Rate 2 und $\mathbb{Y}$ normalverteilt mit Erwartungswert 0.2 und Standardabweichung 0.5 ist.

Das Paket distrEx erweitert einige der Möglichkeiten des Pakets distr. Insbesondere gibt es Funktionen für die Berechnung von Erwartungswerten der Zufallsvariablen sowie von Erwartungswerten von Funktionen der Zufallsvariablen. Die Notation folgt der üblichen Notation der Statistiker. Für die Verteilung der Variablen Z erhält man etwa:

---

[18] Die Grundlage der Methode ist eine Simulation der Funktionen mit den Methoden des Basispakets. Dichten, Quantile und Verteilungen werden dann automatisch mit den entsprechenden beschreibenden Methoden des letzten Kapitels berechnet. Allerdings werden Informationen über den Träger der Verteilung (die Menge der Zahlen positiver Wahrscheinlichkeit oder positiver Dichte) ebenso wie über den diskreten/absolut stetigen Charakter der Verteilung berücksichtigt. Zudem benutzt der + Operator, angewandt auf Objekte der Klasse distr, wenn möglich die schnelle Fourier-Transformation. Das Ergebnis ist in den meisten Fällen viel genauer als die direkte, nicht für den Anwendungsfall optimierte Simulation.

```
> library(distrEx)
> erw <- E(Z)
> erw
[1] 0.6900549
> erw2 <- E(Z, function(z)    z^2)
> erw2
[1] 1.201845
```

7.7 Übungsaufgaben

1) Untersuchen Sie die Folge $x_i := a^i - \lfloor a^i \rfloor$, wobei a irrational ist. Zeichnen Sie insbesondere die aufeinanderfolgenden Werte x_i, x_{i+1}. Berechnen Sie die Korrelation zwischen x_{2i} und x_{2i+1} für $i = 1, \ldots, 100$.

2) Untersuchen Sie die Folge $x_i := i^2 * \pi - \lfloor i^2 * \pi \rfloor$. Zeichnen Sie die Paare x_i, x_{i+1}. Berechnen Sie die zweiten Differenzen $x_{i+2} - 2 * x_{i+1} + x_i$ und zeichnen Sie die ersten 20 Werte. Was bedeutet das Ergebnis für die dreidimensionale Gleichverteilung der Folge?

3) Erzeugen Sie einen Vektor x, der 100 Realisationen einer standardnormalverteilten Zufallsvariablen enthält. Wählen Sie einmal set.seed(123), dann set.seed(3). Berechnen Sie die Korrelation zwischen beiden Vektoren.

4) Benutzen Sie die Transformationsmethode aus Abschnitt 7.2.2, um Pseudozufallszahlen mit der Verteilung

$$F(x) = x/(0.01 + x)$$

zu erzeugen. Berechnen Sie also die Quantilsfunktion $F^{-1}(p)$ und erzeugen Sie 1000 Pseudozufallszahlen durch $F^{-}(U_i)$, wobei $U_i, i = 1, \ldots, 1000$ gleichverteilte Pseudozufallszahlen sind. *Vorsicht:* Bei der Erzeugung der Pseudozufallsvariablen durch die Inverse der Verteilungsfunktion $F^{-1}(u) = 0.01u/(1 - u)$ muss im Zähler und im Nenner die gleiche Pseudozufallsvariable verwandt werden!
Der Erwartungswert dieser Verteilung ist ∞. Können Sie ein einfaches Argument finden, warum das so ist? Was passiert, wenn Sie die Anzahl der Pseudozufallsvariablen erhöhen?

5) Berechnen Sie

$$\Pr(\mathbb{X} > 2) = \int_2^\infty \frac{1}{\pi(1 + x^2)} \, dx$$

Die Variable hat also eine Cauchy-Verteilung. Benutzen Sie sowohl die pcauchy() Funktion und eine Monte-Carlo-Simulation mit der Funktion rcauchy(). Beachten Sie dabei, dass $\Pr(\mathbb{X} > 2) \approx 1/n \sum_{i=1}^n \mathbb{1}(\mathbb{X}_i > 2)$ für n unabhängige Cauchy-Variable $\mathbb{X}_i$ gilt.

6) Die obige Cauchy-Verteilung ist symmetrisch um 0. Man kann das Integral daher als

$$\Pr(\mathbb{X} > 2) = \frac{1}{2} - \int_0^2 \frac{1}{\pi(1 + x^2)} \, dx$$

schreiben. Das letzte Integral kann man wiederum als Erwartungswert einer Gleichverteilung auf dem Intervall $[0, 2]$ sehen, nämlich als

$$\mathbb{E}\left(\frac{1}{\pi(1 + U^2)}\right)$$

Berechnen Sie das Integral nochmal mit gleichverteilten Pseudozufallszahlen. Gibt es Unterschiede der Genauigkeit im Vergleich zu den Ergebnissen von pcauchy()?

7) Benutzt man das Paket distr, dann ist die Summe von 12 unabhängigen und gleichverteilten Variablen etwa durch

```
U <- Unif()
U2 <- U+U
U4 <- U2+U2
U8 <- U4+U4
U12 <- U8+U4 - 6
```

gegeben. Die letzte Zeile normiert den Erwartungswert der Zufallsvariablen U12 auf 0. Diese Situation ist eines der am häufigsten benutzten Beispiele für den zentralen Grenzwertsatz: Die Summe unabhängiger, identisch verteilter Zufallsvariabler ist annähernd normalverteilt, zumindest wenn deren Varianz beschränkt ist. Vergleichen Sie die Dichte des Objektes U12 mit den Werten der Funktion dnorm() graphisch. Was ist die beste Wahl der Standardabweichung für die approximierende Normalverteilung?

8) Der folgende Code soll (inkorrekt) eine Gleichverteilung auf dem Einheitskreis simulieren:

```
> set.seed(122)
> r <- runif(1000)
> theta <- runif(100,max=2*pi)
> plot(r*cos(theta),r*sin(theta))
> s <- seq(0,2*pi,by=0.05)    ## Noch den Kreis
> lines(cos(s),sin(s))         ## einzeichnen
```

Warum funktioniert das nicht? *Hinweis:* Die Fläche eines Kreises mit Radius r ist $2\pi r^2$. Also hat der Kreis mit Radius $1/2$ eine Fläche von $\pi/2$. Der Kreisring (der Einheitskreis ohne den inneren Kreis mit Radius $1/2$) hat also die Fläche $2\pi - \pi/2 = 3\pi/2$, das dreifache der Fläche des inneren Kreises. Beide haben unter der obigen Simulation aber gleiche Wahrscheinlichkeit (warum?). Können Sie eine funktionierende Variante vorschlagen? *Hinweis:* Welche Funktion von r kann man nehmen, so dass die Wahrscheinlichkeit von Kreisen proportional zu ihrem Flächeninhalt wird?

9) Simulieren Sie eine Gleichverteilung auf der Kreisfläche, indem Sie zunächst je 1000 auf [-1,1] gleichverteilte Pseudozufallszahlen X und Y erzeugen. Löschen Sie dann alle Paare, für die X^2 + Y^2> 1 ist. Warum ergibt sich eine Gleichverteilung? Benutzen Sie auch eine Simulation, um den Anteil an erzeugten Paaren zu schätzen, der gelöscht wird.

10) Aus einer Liste mit 10^7 Elementen soll jedes Element mit Wahrscheinlichkeit $p = 0.001$ ausgewählt werden. Probieren Sie die folgenden drei Möglichkeiten und messen Sie den jeweiligen Zeitaufwand mit dem Befehl system.time()

   a) Erzeugen Sie *n* Bernoulli-Variable mit rbinom().

   b) Die geometrische Verteilung ist die Anzahl von Versuchen, bis zum ersten Mal in einer Folge von unabhängigen Bernoulli-Variablen mit Wahrscheinlichkeit *p* eine 1 auftaucht. Die Verteilung ist $\Pr(Y = k) = p(1-p)^k$. Man kann also die Indizes der Elemente, die ausgewählt werden, durch eine Summe von geometrisch verteilten Pseudozufallsvariablen erhalten. Der Befehl zur Erzeugung geometrisch verteilter Pseudozufallszahlen ist rgeom(). In dieser Version muss man im Durchschnitt nur *np* Zufallsvariablen generieren, statt der *n* in der vorigen Version. Allerdings muss man entweder sequentiell vorgehen oder von vornherein eine entsprechend große Anzahl geometrischer Variabler generieren.

   c) Man bestimmt zunächst die Anzahl der auszuwählenden Elemente durch den Wert *m* einer binomialverteilten Pseudozufallsvariablen mit Parametern *n* und *p*. Dann benutzt man die Funktion sample(n,m). Warum funktioniert diese Variante?

8

STOCHASTISCHE MODELLE

Simulierte Daten geben offenbar keine Auskunft über die Realität. Aber sie ermöglichen es, Konsequenzen theoretischer Modelle mit realen Daten zu vergleichen. Und man kann Eigenschaften statistischer Algorithmen in unterschiedlichen, aber wohldefinierten Situationen ausprobieren. Diese beiden Aspekte untersuchen wir mit den Möglichkeiten, die R bereitstellt. Zunächst wird das Standardmodell statistischer Argumentation eingeführt und entsprechende R Befehle benutzt, um diese Argumente nachzuvollziehen. Dann werden einige einfache wahrscheinlichkeitstheoretische Modelle abhängiger Variabler eingeführt, deren Implementation in R vorgestellt und ihr potentieller Nutzen für statistische Anwendungen illustriert.

8.1 Das Standardmodell der Statistik

Der Ausgangspunkt für die beschreibenden Methoden in den Kapiteln 5 und 6 war die Annahme, man könne für eine vorgegebene Liste von identifizierten Personen (oder Organisationen, Institutionen, Ereignissen etc.) jeder Person (i.A. jeder identifizierten Organisation etc.) einen Wert x aus einer vorab bestimmten Menge $\mathcal{X}$ eindeutig zuordnen. Daraus ergab sich die Aufgabe, die Verteilung dieser Werte sowie deren Eigenschaften angemessen zu repräsentieren. Bei dieser Fragestellung der beschreibenden Statistik gibt es keinen Platz für Wahrscheinlichkeitstheorie oder gar Simulationsverfahren. Die verschiedenen beschreibenden Verfahren müssen im jeweiligen Verwendungskontext beurteilt werden. Ein Verfahren ist besser als ein anderes Verfahren, wenn es

für die gegebenen Daten und den entsprechenden Kontext die „Information"
für potenzielle Nutzer „besser" (präziser, kompakter, einfacher, übersichtlicher,
verständlicher, schöner,...) darstellt. Solche allgemeinen, kontext- und nutzer-
abhängigen und wenig präzisen Kriterien sind aber kaum geeignet, allgemeine
Empfehlungen für bestimmte Verfahren zu entwickeln.

Ein möglicher einheitlicher Rahmen für die allgemeine Beurteilung statistischer Verfahren wurde erst seit Anfang des letzten Jahrhunderts entwickelt. Er
verbindet Wahrscheinlichkeitstheorie und statistische Praxis durch ein einfaches wahrscheinlichkeitstheoretisches Modell, das Aussagen über die „Güte"
von statistischen Verfahren ohne Bezug auf gegebene Daten und deren Kontexte
zulässt. Die Idee ist einfach, aber radikal. Der Bezug zu realen Einheiten $u \in \mathcal{U}$
und deren zugewiesenen Werten $X(u)$ wird ersetzt durch die Betrachtung
von unabhängigen und identisch verteilten Zufallsvariablen. Die Menge $\mathcal{U}$
wird nur noch zur Indizierung eines Vektors von unabhängigen Kopien von
Zufallsvariablen $\mathbb{X}: \Omega \to \mathcal{X}$ benutzt. Statistische Verfahren werden dann als
Funktionen dieser Zufallsvariablen interpretiert. Damit kann man Methoden
der Wahrscheinlichkeitstheorie verwenden, um für große Klassen von Verteilungen die Optimalität von bestimmten statistischen Verfahren zu beweisen.
Die Optimalität hängt dann gar nicht mehr von den spezifischen Aspekten
vorliegender Daten ab, sie gilt für eine sehr große, wenn auch beschreibbare
Klasse von Daten. Die Simulationsmöglichkeiten des letzten Kapitels machen
auch klar, wie groß diese Klasse ist: Sie umfasst alle Datensätze, die sich durch
Simulation mit vorgelegten Verteilungen erstellen lassen.

Heute ist die Einbettung statistischer Verfahren in ein wahrscheinlichkeitstheoretisches Modell so verbreitet, dass manchmal sogar der Eindruck vermittelt
wird, Daten müssten auch wie in dieser Interpretation erzeugt sein, um be-
rechtigt statistische Verfahren benutzen zu können. Man übersieht dabei, dass
Mathematik nichts über reale Daten und ihre Bezüge wissen kann (es auch gar
nicht will), folglich auch nicht vorschreiben kann, wie man mit Daten umgeht.
In der Tat ist der Nutzen des Modells und damit der Einführung allgemeiner
Kriterien für die Beurteilung statistischer Verfahren viel indirekter. Es muss gar
nicht vorausgesetzt werden, Daten seien als Realisation unabhängiger und
identisch verteilter Zufallsvariabler aus einer Klasse von Verteilungen entstan-
den. Denn wenn ein Verfahren für alle unter dem mathematischen Modell
erzeugbaren Daten schlechter ist als ein anderes, dann bedarf es wohl kontext-
bezogener Gründe, dennoch das schlechtere Verfahren für die vorliegenden
Daten zu wählen.

8.1.1 Mittelwert oder Median?

Ein klassisches Beispiel ist die Wahl zwischen Mittelwert und Median
als Maßzahl für die Lage eines Datensatzes. Wir übersetzen das Problem
zunächst in ein wahrscheinlichkeitstheoretisches Modell und dann in ein

entsprechendes R Programm: Wir betrachten n (unabhängige und identisch verteilte) Zufallsvariable mit vorgegebener Verteilung, etwa $\mathbb{X}_1, \ldots, \mathbb{X}_n$ und definieren Mittelwert und Median wie in Kapitel 5:

$$M(\mathbb{X}_1, \ldots, \mathbb{X}_n) := \frac{1}{n} \sum_{i=1}^{n} \mathbb{X}_i \quad , \quad \text{med}(\mathbb{X}_1, \ldots, \mathbb{X}_n) := \hat{F}^{-1}_{\mathbb{X}_1, \ldots, \mathbb{X}_n}(1/2)$$

Allerdings entsprechen die Ausgangsdaten nun nicht einer Liste von Werten, sondern sie werden als Realisationen von Zufallsvariablen aufgefasst. Mittelwert und Median sind daher als Funktionen von Zufallsvariablen ebenfalls zufällige Größen. In R wählen wir als Verteilung eine Standardnormalverteilung und setzen $n = 10$. Dann ergeben sich für zwei Realisationen etwa:

```
> set.seed(132)
> n <- 10
> x <- rnorm(n)
> mean(x)
[1]   0.08055975
> median(x)
[1]  −0.1653128
> ### Neue Ziehung:
> x <- rnorm(n)
> mean(x)
[1]   0.03467084
> median(x)
[1]   0.1580355
```

Nun sind die Ausgangswerte für die Simulation bekannt: Der Erwartungswert und der Median der Standardnormalverteilung sind beide 0. Die Funktionen Mittelwert und Median, $M(\mathbb{X}_1, \ldots, \mathbb{X}_{10})$ und $\text{med}(\mathbb{X}_1, \ldots, \mathbb{X}_{10})$, werden nun als *Schätzfunktionen* des zugrundeliegenden Wertes 0 aufgefasst und man kann fragen, wie nah diese Schätzfunktionen diesem Wert kommen. Am einfachsten lässt sich der erwartete quadratische Abstand handhaben. Gesucht ist also der Wert von

$$\mathbb{E}\big((M(\mathbb{X}_1, \ldots, \mathbb{X}_{10}) - 0)^2\big) \text{ bzw. } \mathbb{E}\big((\text{med}(\mathbb{X}_1, \ldots, \mathbb{X}_{10}) - 0)^2\big)$$

wobei sich der Erwartungswert auf die Verteilung der Zufallsvariablen $(\mathbb{X}_1, \ldots, \mathbb{X}_{10})$ bezieht. Zwar kann man diese Größen auch theoretisch berechnen, hier aber benutzen wir eine Simulation, um die Erwartungswerte näherungsweise zu berechnen. Wir benutzen 100000 Simulationen und tragen die Ergebnisse in die Matrix erg ein:

```
> set.seed(132)
> n <- 10
> nsim <- 100000
```

```
> erg <− matrix(0,nrow=nsim,ncol=2)
> for(i in 1:nsim){
>     x <− rnorm(n)
>     erg[i,1]    <− mean(x)
>     erg[i,2]    <− median(x) }
```

Zur Auswertung berechnen wir den Durchschnitt der (erg[i,]−0)^2 über alle
Simulationen. Dazu benutzen wir den Befehl colMeans() der die Mittelwerte
getrennt für die Spalten der Matrix erg berechnet. [1]

```
> colMeans(erg^2)
[1]  0.09882695  0.13703214
```

Der Median erweist sich gegenüber dem Mittelwert als deutlich schlechter,
zumindest wenn als Kriterium die erwartete quadratische Abweichung gewählt
wird. Die erwarteten quadrierten Abstände des Medians sind fast 40% größer
als die des Mittelwerts. Man sagt auch, der Mittelwert sei *effizienter* als der
Median. Dieses Effizienzkriterium lässt sich auch direkt in ein Erfordernis an
benötigte Fallzahlen übersetzen: Der erwartete quadratischen Abstand des
Mittelwerts bei 10 Beobachtungen ist 0.1. Um diesen Wert mit dem Median als
Schätzfunktion zu erreichen, benötigt man 40% mehr Beobachtungen, also
etwa 14. Man kann auch zeigen, dass dieses Verhältnis nicht von der Fallzahl n
abhängt.

8.1.2 Warum $n - 1$?

Wir können nun auch ein Argument nachvollziehen, das zu der Verwendung
des Faktors $1/(n - 1)$ an Stelle von $1/n$ führt. Man argumentiert, dass die Schätz-
funktion $\mathrm{var}(\mathbb{X}_1, \ldots, \mathbb{X}_n) := 1/n \sum_i^n (\mathbb{X}_i - \mathrm{M}(\mathbb{X}_1, \ldots, \mathbb{X}_n))^2$ im Durchschnitt
zu klein ist. Denn der Mittelwert M(.) minimiert gerade die Quadratsumme
var(.), der Wert ist also kleiner als der Wert, der sich ergeben würde, wenn
man an Stelle des Mittelwerts den Erwartungswert der zugrundeliegenden
Wahrscheinlichkeitsverteilung verwenden würde. In der Tat ist

$$\mathbb{E}\big(\mathrm{var}(\mathbb{X}_1, \ldots, \mathbb{X}_n)\big) = \mathbb{E}\left(\frac{1}{n-1} \sum_{i=1}^{n} \big(\mathbb{X}_i - \mathrm{M}(\mathbb{X}_1, \ldots, \mathbb{X}_n)\big)^2\right) = V(\mathbb{X}_1)$$

wobei $V(\mathbb{X}) := \mathbb{E}(\mathbb{X}^2) - (\mathbb{E}(\mathbb{X}))^2$ die Varianz der zugrundeliegenden Verteilung ist. In anderen Worten: Für alle möglichen Werte der Varianz der
zugrundeliegenden Verteilung ist der Erwartungswert der Schätzfunktion
var(.) (mit dem Faktor $1/(n - 1)$) gleich der Varianz. Man sagt auch, die
Schätzfunktion sei *erwartungstreu*. Wir simulieren das für $n = 5$:

```
> set.seed(456)
```

---

[1]Der entsprechende Befehle für Zeilen einer Matrix ist rowMeans(). Diese Befehle sind etwas
effizienter als die Äquivalente apply(erg,1,mean) bzw. apply(erg,2,mean).

```
> n <- 5
> nsim=10000
> erg <- matrix(0,ncol=2,nrow=nsim)
> for(i in 1:nsim){
+    x <- rnorm(n) ##Standardnormalverteilung
+    erg[i,1]    <- var(x)
+    erg[i,2]    <- mean((x-mean(x))^2) }
> colMeans(erg)
[1]  1.0087131  0.8069705
```

Der Durchschnitt der Werte von var(.) (als Simulationsapproximation des Erwartungswerts) liegt nah bei 1. Dagegen unterschätzt die Variante mit dem Faktor $1/n$ die Varianz um 1/5.

Die Eigenschaft der Erwartungstreue lässt sich offenbar nur im wahrscheinlichkeitstheoretischen Modell der Statistik formulieren, denn sie setzt eine zugrundeliegende Verteilung und deren Kennwerte (hier: die Varianz) immer schon voraus. Aber kann man daraus ableiten, man solle auch immer die erwartungstreue Variante var(.) benutzen? Was passiert etwa, wenn man sich für die Standardabweichung und nicht direkt für die Varianz interessiert? In R ist die entsprechende Schätzfunktion sd() als Wurzel der Funktion var() implementiert. Simulieren wir ihr Verhalten:

```
> set.seed(456)
> n <- 5
> nsim=10000
> erg <- matrix(0,ncol=1,nrow=nsim)
> for(i in 1:nsim){
+    x <- rnorm(n)
+    erg[i,1]    <- sd(x) }
> colMeans(erg)
[1]  0.9435652
```

Der Durchschnitt ist nun kleiner als die zugrundeliegende Standardabweichung, diese Schätzfunktion ist also nicht mehr erwartungstreu. [2]

8.1.3 Kann man Erwartungswerte schätzen?

Kehren wir noch einmal zum Mittelwert und dessen Eigenschaften als Schätzfunktion zurück. Der Mittelwert hat zwar eine kleinere erwartete quadrierte Abweichung vom Erwartungswert als der Median in unserem Beispiel. Aber er

---

[2] Eine erwartungstreue Version müsste den unschönen Faktor $\Gamma((n-1)/2)/(\sqrt{2}\Gamma(n/2))$ verwenden, vgl. Erich Lehmann/George Casella: Theory of Point Estimation, Springer 1998, S. 91. Diese Formel ist wohl noch nie in der angewandten Literatur benutzt worden. Das liegt nicht allein an der komplizierten Form, schließlich könnte man die Formel in einem Befehl eines Statistikprogramms wie R berechnen lassen. Das Problem ist vielmehr, dass der einfache Bezug zur beschreibenden Statistik verloren geht.

besitzt auch eine beunruhigende Eigenschaft: Er ist sehr sensitiv gegenüber Ausreißern. Einige wenige ungewöhnliche Werte können die Ergebnisse beliebig beeinflussen. Wir können das mit Hilfe des wahrscheinlichkeitstheoretischen Modells nun genauer formulieren. Dazu verändern wir die zugrundeliegende Verteilung um ein weniges, etwa indem wir mit sehr kleiner Wahrscheinlichkeit einen sehr großen Wert setzen, sonst aber die unveränderte Verteilung zu Grunde legen. Hat also $\mathbb{X}$ die Verteilung $F(.)$, dann setzen wir

$$\mathbb{X}^* := (1 - \mathbb{Y})\mathbb{X} + \mathbb{Y}x_0$$

für eine von $\mathbb{X}$ unabhängige Bernoulli-Variable $\mathbb{Y}$ mit $\mathbb{E}(\mathbb{Y}) = p$. Der Erwartungswert von $\mathbb{X}^*$ ist dann $\mathbb{E}(\mathbb{X}^*) = (1-p)\mathbb{E}(\mathbb{X})+px_0$. Je nach Wahl von p und x_0 können sich die Erwartungswerte von $\mathbb{X}$ und $\mathbb{X}^*$ beliebig unterscheiden, aber die Verteilungsfunktionen sind sich bei sehr kleinem p sehr ähnlich. Anders ausgedrückt: Der Erwartungswert verändert sich nicht stetig mit der zugrundeliegenden Verteilungsfunktion.

Wir simulieren dieses Phänomen und setzen $p = 1/100000$ und $x_0 = 100000$. Ist die Verteilung von $\mathbb{X}$ wieder die Standardnormalverteilung, dann ist der Erwartungswert $\mathbb{E}(\mathbb{X}^*)$ gerade 1.

```
> set.seed(123)
> n <- 10
> p <- 0.00001
> x0 <- 100000
> nsim <- 10000
> erg <- matrix(0,ncol=2,nrow=nsim)
> for (i in 1:nsim){
+     x <- rnorm(n)
+     xs <- ifelse(runif(n)<p,x0,x)
+     erg[i,1]    <- mean(xs)
+     erg[i,2]    <- median(xs) }
> colMeans(erg)
[1]    2.0030888343  −0.0008036376
> mean((erg[,1]−1)^2)
[1]  19997.42
> mean(erg[,2]^2)
[1]  0.1376943
```

Der Mittelwert der xs über 10000 Simulationen ist 2. Zudem liegen die meisten Ergebnisse bei 0, in einigen wenigen Fällen aber in der Nähe von 10000. Weder diese beiden häufigsten möglichen Ergebnisse noch der Durchschnitt über die Simulationen sind auch nur in der Nähe des tatsächlichen Erwartungswerts. Der mittlere quadratische Abstand beträgt 20000, so dass die Schätzfunktion sehr instabil ist. Weder eine Erhöhung von n noch die Wahl einer anderen Verteilung können dieses Problem beseitigen, denn man kann immer ein entsprechend kleineres p und gleichzeitig ein größeres x_0 wählen. Kann man also nicht von vornhinein solche Verteilungen ausschließen, dann ist die Schätzfunktion Mittelwert instabil. Es kann daher in Abhängigkeit von der Klasse der möglichen Verteilungen beliebig schwer sein, Erwartungswerte zu schätzen.[3]

Der Median hat dieses Problem in weit geringerem Maße, er hängt nicht von den Rändern der Verteilung ab. Allerdings fallen nun Median und Erwartungswert der zugrundeliegenden Verteilung nicht mehr zusammen. Der Median der Verteilung von $\mathbb{X}^*$ ist etwas größer als 0, der Erwartungswert ist 1. Die Schätzfunktion Median aber ist auch in diesem Beispiel robust: Der Mittelwert über alle Simulationen ist 0, und der mittlere quadratische Abstand beträgt nur 0.14.

8.1.4 Mittelwert oder Median: Bootstrap und Bagging

Kann man nicht die guten Eigenschaften von Median und Mittelwert kombinieren und eine Schätzfunktion konstruieren, die effizienter als der Median und robuster als der Mittelwert ist? Dafür gibt es in der Tat viele Vorschläge. Eine einfache Idee der Kombination besteht darin, wiederholt den Median von allen möglichen Stichproben aus den vorgelegten Daten zu berechnen und aus diesen Werten den Mittelwert zu berechnen. Das Verfahren, aus vorgegebenen Daten Stichproben zu ziehen und für diese Stichproben wiederholt Schätzfunktionen zu berechnen, nennt man *Bootstrap*. Das Verfahren wird i.d.R. benutzt, um die Variabilität von Schätzfunktionen zu berechnen bzw. um Konfidenzintervalle und Tests zu konstruieren. Wir wollen es benutzen, um Schätzfunktionen zu kombinieren. In diesem Zusammenhang nennt man die Kombination auch *Bagging* (ein Akronym für „Bootstrap Aggregation").

Um das Verfahren durchzuführen, schreiben wir uns eine Funktion, in der zunächst nboot Stichproben (mit Zurücklegen) aus den Daten x gezogen werden.[4] Anschließend wird für jede Stichprobe der Median berechnet und dann der Mittelwert aus allen Medianen gebildet:

```
> ###Median Bagging
> baggedmed <- function(x,nboot){
+    erg  <- vector("numeric",nboot)
+    n <- length(x)
```

---

[3]Darauf haben Bahadur und Savage schon 1956 hingewiesen. Sie zeigen, dass es keine vernünftigen Tests, Konfidenzintervalle oder Schätzfunktionen für den Erwartungswert geben kann, wenn man nur eine hinreichend große Klasse von Verteilungen zulässt (R.R. Bahadur, Leonard J. Savage: The nonexistence of certain statistical procedures in nonparametric problems. Annals of Mathematical Statistics 27, 1956, S. 1115–1122).

[4]Der Stichprobenumfang kann natürlich variiert werden. I.d.R. verwendet man aber den gleichen Umfang wie die Anzahl der vorgelegten Daten. Was bei der Variation der Stichprobenumfänge passiert und wie sich der Median von wiederholt berechneten Mittelwerten verhält, diskutiert Jose R. Berrendero: The bagged median and the bragged mean. The American Statistician, 61, 2007, S. 325–330.

```
+      for(i   in   1:nboot){
+          erg[i]   <- median(sample(x,size=n,replace=T))}
+      mean(erg)  }
```

Wir probieren das Verfahren zunächst bei der Standardnormalverteilung aus. Wir müssen noch überlegen, wie oft Stichproben gezogen werden sollen. Da jeweils der Median berechnet wird, können nur wenige verschiedene Werte auftreten. [5] Eine relativ geringe Anzahl von Stichproben sollte daher schon ausreichen. Wir wählen nboot $<-$ 20:

```
> set.seed(132)
> nboot <- 20 #Bootstrap Stichproben
> nsim <- 10000
> n <- 10
> ###
> erg <- vector("numeric",nsim)
> for(i  in  1:nsim){
+     x <- rnorm(n)
+     erg[i]   <- baggedmed(x,nboot) }
> mean(erg)
[1]  -0.001678400
> mean(erg^2)
[1]  0.1212633
```

Der Mittelwert über die Simulationen ist praktisch 0, der erwartete quadrierte Abstand ist 0.12, also kleiner als die 0.14 des Medians, aber größer als die 0.1 des Mittelwerts.

Ist diese Kombination von Median und Mittelwert auch noch robust? Wir simulieren das Beispiel aus dem letzten Abschnitt mit dem „bagged" Median:

```
> p <- 0.00001
> x0 <- 100000
> set.seed(132)
> nboot <- 20 #Anzahl Bootstrap-Ziehungen
> nsim <- 10000
> n <- 10
> erg <- vector("numeric",nsim)
> for(i  in  1:nsim){
+     x <- rnorm(n)
+     y <- ifelse(runif(n)<p,x0,x)
+     erg[i]   <- baggedmed(y,nboot)}
> mean(erg)
[1]  0.002405802
> mean(erg^2)
```

---

[5] Bei ungerader Fallzahl und voneinander verschiedenen Werten können nur die vorliegenden n Werte auftreten, bei gerader Fallzahl auch noch die Mittelwerte von je zwei verschiedenen Werten.

[1] 0.1239421

Der Mittelwert über die Simulationen ist praktisch 0, entspricht also dem Median der zugrundeliegenden Verteilung. Der erwartete quadratische Abstand (zu 0) ist wieder 0.12, also immer noch besser als der einfache Median.

8.2 Markow-Ketten

Bisher haben wir nur unabhängige und identisch verteilte Pseudozufallszahlen betrachtet. In vielen Fällen ist es aber wichtig, die Entwicklung von Größen über die Zeit oder Abhängigkeiten zwischen Ereignissen oder zwischen räumlich benachbarten Größen zu simulieren. In diesem Abschnitt besprechen wir einige einfache Möglichkeiten, solche Simulationen mit R durchzuführen.

Die wohl einfachste Form der Abhängigkeit ergibt sich, wenn die weitere Entwicklung des Prozesses nicht von der gesamten Vorgeschichte abhängt, sondern nur vom zuletzt erreichten Wert. Repräsentiert $\mathcal{T} := \{0, 1, 2, \dots\}$ eine Zeitachse und $t \in \mathcal{T}$ einen Zeitpunkt, dann soll die Folge von diskreten Zufallsvariablen $\mathbb{X}_0, \mathbb{X}_1, \mathbb{X}_2, \dots$ eine *Markow-Kette* heißen, wenn

$$\Pr(\mathbb{X}_t = x_t \mid \mathbb{X}_{t-1} = x_{t-1}, \dots \mathbb{X}_0 = x_0) = \Pr(\mathbb{X}_t = x_t \mid \mathbb{X}_{t-1} = x_{t-1})$$

gilt. [6] Ist $\Pr(\mathbb{X}_t = x_t \mid \mathbb{X}_{t-1} = x_{t-1})$ unabhängig von t, dann spricht man von einer *homogenen* Markow-Kette.

Einige Beispiele sollen das Konzept verdeutlichen. Ein Zustandsraum mit nur zwei Zuständen, etwa $\mathcal{X} = \{1, 2\}$, ist die einfachste Möglichkeit. Man kann z.B. an die Zustände „arbeitslos" und „beschäftigt" denken. Eine homogene Markow-Kette mit diesem Zustandsraum ist vollständig durch den Startwert $\mathbb{X}_0 = x_0$ (oder die Startverteilung $\Pr(\mathbb{X}_0 = x_0)$) und die vier bedingten Wahrscheinlichkeiten $\Pr(\mathbb{X}_t = 1 \mid \mathbb{X}_{t-1} = 1)$, $\Pr(\mathbb{X}_t = 1 \mid \mathbb{X}_{t-1} = 2)$, $\Pr(\mathbb{X}_t = 2 \mid \mathbb{X}_{t-1} = 1)$ und $\Pr(\mathbb{X}_t = 2 \mid \mathbb{X}_{t-1} = 2)$ beschrieben. Arrangiert man diese Wahrscheinlichkeiten in einer Matrix

$$P_t := \begin{pmatrix} \Pr(\mathbb{X}_t = 1 \mid \mathbb{X}_{t-1} = 1) & \Pr(\mathbb{X}_t = 2 \mid \mathbb{X}_{t-1} = 1) \\ \Pr(\mathbb{X}_t = 1 \mid \mathbb{X}_{t-1} = 2) & \Pr(\mathbb{X}_t = 2 \mid \mathbb{X}_{t-1} = 2) \end{pmatrix}$$

dann lassen sich die marginalen Wahrscheinlichkeiten einer homogenen Markow-Kette $\mathbb{X}_t$, bei der P_t ja für alle Zeitpunkte gleich einer Matrix P ist, als

$$\Pr(\mathbb{X}_t = .) = (\Pr(\mathbb{X}_0 = 1), \Pr(\mathbb{X}_0 = 2)) * P * P \cdots P$$

$$= (\Pr(\mathbb{X}_0 = 1), \Pr(\mathbb{X}_0 = 2)) * P^t$$

---

[6] Wir werden gleich sehen, dass sich das Konzept für beliebige Wertebereiche $\mathcal{X}$ formulieren lässt. Die Beschränkung auf diskrete endliche Zufallsvariable vereinfacht nur die Formulierung der Markow-Bedingung. Zudem benutzt man im diskreten Fall andere Simulationstechniken als im stetigen Fall.

schreiben, wobei „*" für das Matrixprodukt steht. Nun sind wir an der Simulation solcher Prozesse interessiert, nicht nur an der Verteilung an bestimmten Zeitpunkten. Dazu können wir die Indexschreibweise von R nutzen. Ist etwa

$$P = \begin{pmatrix} 0.4 & 0.6 \\ 0.2 & 0.8 \end{pmatrix}$$

und $\mathbb{X}_0 = 1$, dann lässt sich eine Realisation der ersten 20 Werte dieser Markow-Kette durch

```
> set.seed(823)
> P <- matrix(c(0.4,0.6,0.2,0.8),nrow=2,ncol=2,byrow=T)
> Schritte  <- 20
> erg <- vector("numeric",Schritte+1)
> erg[1]  <- 1 ##Startwert
> for(i  in  2:(Schritte+1)){
+     erg[i]   <- sample(1:2,size=1,prob=P[erg[i-1],])}
> erg
[1]  1 2 2 2 2 2 1 1 2 2 2 1 1 1 1 1 1 2 2 2 2 1
```

realisieren. Benutzt wird nur der Befehl sample() in Verbindung mit der vorgegebenen Übergangsmatrix P und der Indexmöglichkeit von R.

Markow-Ketten konvergieren unter bestimmten Regularitätsannahmen zu einer *stationären* Verteilung: Unabhängig vom Startwert x_0 ist die Verteilung von $\mathbb{X}_t$ für große t konstant mit einer Verteilung, die nur von den Eigenschaften von P abhängt.[7] Im obigen Beispiel gilt für die Verteilung $\Pr(\mathbb{X} = 1) = 0.25$ und $\Pr(\mathbb{X} = 2) = 0.75$ gerade

$$(0.25, 0.75) * P = (0.25, 0.75)$$

es ist also die eindeutige stationäre Verteilung der Markow-Kette. Wir überprüfen das in R:

```
> b <- c(0.25,0.75)
> b%*%P==b
     [,1]   [,2]
[1,]  TRUE TRUE
```

Wir können unsere Simulation etwas länger laufen lassen und die marginale Verteilung nach 20 Schritten betrachten. Sie sollte schon nah an der stationären Verteilung liegen:

```
> set.seed(823)
> Schritte  <- 1019
> erg <- vector("numeric",Schritte+1)
```

---

[7]Eine gute Einführung in die Theorie der Markow-Ketten und eine ausführliche Diskussion von Regularitätsannahmen findet sich bei James R. Norris: Markov Chains, Cambridge University Press, 1997.

```
> erg[1]  <- 1 ##Startwert
> for(i in 2:(Schritte+1)){
+   erg[i]  <- sample(1:2,size=1,prob=P[erg[i−1],])}
> prop.table(table((erg[21:(Schritte+1)])))
     1      2
0.257  0.743
```

In vielen Fällen lassen sich Markow-Ketten als iterierte zufällige Funktionen generieren. Das ist auch die Form, in der man Markow-Ketten mit beliebigen Zustandsräumen simulieren kann. Denn dann ist die Anzahl der möglichen Übergänge i.d.R. viel zu groß, um noch effizient durch eine Matrix dargestellt werden zu können.

Man erhält z.B. eine *Irrfahrt* auf den ganzen Zahlen $\ldots, -1, 0, 1, \ldots$, wenn man etwa $\mathbb{X}_0 = 0$ setzt und dann $\mathbb{X}_t := \mathbb{X}_{t-1} \pm 1$ berechnet, wobei $+1$ bzw. -1 mit gleichen Wahrscheinlichkeiten gewählt werden. Etwas allgemeiner kann man $\mathbb{X}_t := a\mathbb{X}_{t-1} \pm 1$ wählen und zudem an Stelle der Gleichverteilung auf $\{-1, 1\}$ eine andere Verteilung verwenden.

```
> set.seed(213)
> a <- 0.5 #Faktor
> p <- 0.5 #Wahrscheinlichkeit für +1
> schritte  <- 250
> start  <- 0.3
> zuf <- 2*(runif(schritte)<p)−1#+/-1
> Markow <- function(x,y)  a*x+y
> erg <- Reduce(Markow,zuf,init=start,accumulate=T)
```

Der Befehl Reduce() hat als erstes Argument eine Funktion mit zwei Argumenten. Diese Funktion wird rekursiv auf die Elemente der Liste oder des Vektors angewandt, der als zweites Argument angegeben werden muss. Das dritte Argument ist der Startwert. Berechnet wird also erst Markow(start,zuf[1]), dann Markow(Markow(start,zuf[1]), zuf[2]) usw. Mit der Option accumulate =T werden die Zwischenergebnisse ebenfalls ausgegeben. Die Abbildung 8.1 zeigt das Ergebnis.

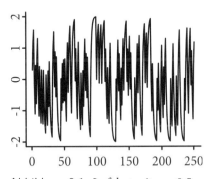

Abbildung 8.1: Irrfahrt mit $a = 0.5$.

Was ist die stationäre Verteilung dieser Kette? Wir starten 100000 Markow-Ketten mit einer Normalverteilung mit Standardabweichung 5 und berechnen einen Dichteschätzer nach 100 Schritten:

```
> schritte  <- 100
> nsim <- 100000
```

```
> start   <- 5*rnorm(nsim)
> zuf <- as.data.frame(matrix(2*(runif(schritte*nsim)<p)-1,
+                               ncol=schritte,nrow=nsim))
> erg <- Reduce(Markow,zuf,init=start,accumulate=T)
> plot(density(erg[[schritte+1]]))
```

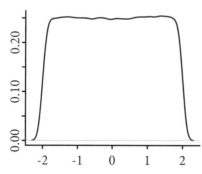

Abbildung 8.2: Dichte der stationären Verteilung der Irrfahrt mit $a = 0.5$.

Es ergibt sich offenbar eine Gleichverteilung auf dem Intervall $(-2, 2)$ (Abbildung 8.2). Das kann man in diesem einfachen Fall auch direkt sehen: Ist $\mathbb{X}_{t-1}$ gleichverteilt auf $(-2, 2)$, dann ist $\mathbb{X}_t$ entweder $\mathbb{X}_{t-1}/2 + 1$ oder $\mathbb{X}_{t-1}/2 - 1$. Der erste Ausdruck ist gleichverteilt auf $(0, 2)$, der zweite gleichverteilt auf $(-2, 0)$, und eine von beiden Möglichkeiten wird mit Wahrscheinlichkeit 1/2 gewählt. Die Verteilung von $\mathbb{X}_t$ ist also wieder die Gleichverteilung auf $(-2, 2)$. Die zufällige Transformation ändert die Gleichverteilung nicht. Folglich ist es die stationäre Verteilung der Markow-Kette.

Markow-Ketten, die als iterierte zufällige Funktionen konstruiert werden, haben eine eigentümliche Eigenschaft, die man gut bei Simulationen ausnutzen kann. Während die Kette wie in Abbildung 8.1 den Zustandsraum ganz irregulär durchläuft, konvergiert die Kette sehr schnell, wenn man die zufälligen Funktionen „rückwärts" anwendet. [8]Sind $f_1(.), f_2(.), \ldots, f_m(.)$ die zufälligen Funktionen, dann hatten wir die Markow-Kette durch $x_0, f_1(x_0), f_2(f_1(x_0)), \ldots$ konstruiert. Beim Rückwärtsprozess wendet man die Funktionen in umgekehrter Reihenfolge an, also als $x_0, f_1(x_0), f_1(f_2(x_0)), f_1(f_2(f_3(x_0))), \ldots$. In R kann man sich eine entsprechende Funktion definieren, die diesen Rückwärtsprozess simuliert. Dazu berechnen wir zunächst $x_0, f_1(x_0), f_2(x_0), \ldots$, dann wenden wir $f_1(.), f_2(.), \ldots$ auf den zuvor berechneten Vektor $x_0, f_1(x_0), f_2(x_0), \ldots$ ohne die beiden ersten Elemente an und wiederholen das Verfahren bis zur gewünschten Schrittzahl:

```
> rueckwaerts   <- function(start,zuf,f=Markow){
+       n <- length(zuf)
```

---

[8]Einzelheiten und weitere Beispiele finden sich bei Persi Diaconis, David Freedman: Iterated random functions. SIAM Review, 41, 1999, S. 45–76. Weitere graphische Darstellungen iterierter zufälliger Funktionen sind auf den Seiten 77–82 nach dem Aufsatz dargestellt. Eins dieser Beispiele wird in der Aufgabe 4) zu diesem Kapitel aufgegriffen.
In der Zeitreihenanalyse werden allgemeine Irrfahrten mit beliebigem a und beliebigen (aber zeitkonstanten) Verteilungen des additiven Terms *autoregressive Prozesse* genannt. Eigenschaften der stationären Verteilung sind selbst für diese einfachen Irrfahrten erstaunlich schwer zu bestimmen, wenn $a \neq 0.5$ bzw. $a \neq 1$ ist. Im Aufsatz von Diaconis/Freedman finden sich einige Hinweise in den Abschnitten 2.4 und 2.5.

```
+        erg  <- vector("numeric",n+1)
+        ind  <- 1:n
+        erg[1]   <- start
+        erg[1+ind]   <- f(start,zuf)#f_1(start),f_2(start),...
+        for(i  in  1:(n-1)){
+            ind  <- ind[-length(ind)]
+            erg[1+i+ind]   <- f(erg[1+i+ind],zuf[ind])}
+        return(erg)    }
```

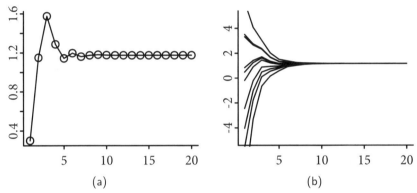

(a)   (b)

Abbildung 8.3: Rückwärtsprozess der Irrfahrt mit $a = 0.5$. a) Die ersten 20 Schritte mit den zufälligen Funktionen aus Abbildung 8.1. b) 10 verschiedene Startwerte mit gleichen zufälligen Funktionen.

Wir simulieren nun den Rückwärtsprozess mit den gleichen Zufallszahlen wie zuvor und zeichnen die ersten 20 Schritte:

```
> set.seed(213)
> schritte   <- 20
> start   <- 0.3
> zuf <- 2*(runif(schritte)<p)-
+ 1#+/-1
> plot(rueckwaerts(start,zuf),
+      type="o")
```

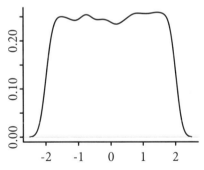

Abbildung 8.4: Dichte des Rückwärtsprozesses der Irrfahrt mit $a = 0.5$ nach 20 Schritten.

Der Grenzwert wird in nur 8 Schritten erreicht und hat den Wert 1.1741. Hängt dieser Grenzwert vom Startwert x_0 ab? Wir versuchen verschiedene Startwerte, aber benutzen in allen Fällen die gleichen zufälligen Funktionen. Das Ergebnis ist in Abbildung 8.3 dargestellt: Die Rückwärtsprozesse konvergieren unabhängig vom Startwert zum gleichen Wert. Der Wert hängt aber von den zufälligen Funktionen $f_1(.), f_2(.), \ldots$ ab. Die Grenzverteilung ist

die stationäre Verteilung des Vorwärtsprozesses.[9] Um das zu sehen, simulieren
wir 10000 Rückwärtsprozesse mit jeweils 20 Schritten und zeichnen einen
Kerndichteschätzer. Das Ergebnis zeigt Abbildung 8.4.

```
> set.seed(213)
> schritte   <- 20
> p <- 0.5
> a <- 0.5
> nsim <- 10000
> zuf <- matrix(2*(runif(nsim*schritte)<p)-1,ncol=nsim)
> erg <-
matrix(0,nrow=nsim,ncol=schritte+1)#Startwert 0

> for(i in 1:nsim) {
+     erg[i,1:(schritte+1)]<-rueckwaerts(erg[i,1],zuf[,i])}
> plot(density(erg[,schritte+1]))
```

8.3 Übungsaufgaben

1) Benutzen Sie eine Simulation, um die relative Effizienz des Mittelwerts
   gegenüber dem Median für eine t-Verteilung mit 5 Freiheitsgraden und
   $n = 10$ zu berechnen. *Hinweis:* Pseudozufallszahlen der t-Verteilung
   erhält man mit rt(n,df=5). Was passiert, wenn Sie df=1.5 wählen?
2) Überlegen Sie, warum man die Simulationsergebnisse in der vorherigen Aufgabe (ebenso wie für die Normalverteilung in Abschnitt 8.1.1)
   nicht für weitere Parameterwerte von Median bzw. Erwartungswert der
   zugrundeliegenden Wahrscheinlichkeitsverteilung wiederholen muss.
   Hinweis: Wie verändern sich die Werte der Schätzfunktionen, wenn
   zu allen Werten der Zufallsvariablen $\mathbb{X}$ eine Konstante addiert wird?
   Wie verändern sich dann Erwartungswert und Median der zugrundeliegenden Wahrscheinlichkeitsverteilung? Und wie die Werte der
   Kriteriumsfunktion erwartete quadrierte Abweichung?
3) Ein Modell diffusiver Aggregation: Eine 100x100 Matrix A enthält zu
   Anfang die Werte 0, nur die letzte Zeile enthält 1. Dann werden nacheinander „Partikel" gestartet. Sie beginnen in einer zufälligen Position in
   der ersten Zeile (benutzen Sie sample()). Sie bewegen sich bei jedem
   Schritt mit den Wahrscheinlichkeiten (0.15, 0.35, 0.25, 0.25) nach oben,
   nach unten, nach rechts oder nach links (eine zweidimensionale Irrfahrt). Die Irrfahrt endet, wenn entweder das Partikel die Matrix verlässt

---

[9]Das wird in der „perfekten Simulation" (oder: „coupling from the past") ausgenutzt, vgl.
James Propp, David Wilson: Coupling from the past: A user's guide. Microsurveys in discrete
probability, DIMACS Ser. Discrete Math. Theoret. Comput. Sci., 41, 1998, S. 181–192. Persi
Diaconis: The Markov chain Monte Carlo Revolution, Bulletin of the American Mathematical
Society, 46, 2009, S. 179–205, enthält weitere Beispiele.

oder wenn es sich in der Nachbarschaft eines Matrixelements mit dem Wert 1 befindet (genauer: wenn es sich genau eine Zeile über bzw. unter einem Element bzw. eine Spalte rechts oder links von einem Element mit dem Wert 1 befindet). In letztem Fall wird die letzte Position des Partikels in der Matrix auf 1 gesetzt. Starten Sie solange Partikel bis insgesamt 3000 Werte auf 1 gesetzt wurden. Malen Sie das Ergebnis mit image(A,col=c("white","black"). Ist die Folge der Matrizen A$_{t}$ eine Markow-Kette? Ist der Prozess homogen?

4) Starten Sie einen Prozess an der Stelle x_0 des Intervalls $(0,1)$, etwa 0.3. Wählen Sie zufällig eine Richtung: nach links (kleiner als x_0) oder nach rechts (größer als x_0) mit Wahrscheinlichkeit $p = 1/2$. Wählen Sie dann je nach Wahl der Richtung einen Punkt y gleichverteilt aus dem Intervall $(0, x_0)$ oder aus $(x_0, 1)$. Wiederholt man das Vorgehen, erhält man eine Markow-Kette mit Zustandsraum $(0, 1)$. Schreiben Sie ein Programm, das 100 Schritte der Markow-Kette simuliert. *Hinweis:* Ist U eine auf $(0, 1)$ gleichverteilte Zufallsvariable, dann kann man bei einer Bewegung nach links die Übergangsfunktion von x_0 aus durch $U * x_0$ realisieren, bei einer Bewegung nach rechts durch $x_0 + U * (1 - x_0)$. In Ihrem Programm wird also in jedem Schritt eine der beiden Funktionen mit einem Zufallsgenerator mit Wahrscheinlichkeit $p = 1/2$ ausgewählt.

   a) Welche Rolle spielt die Reihenfolge der Wahl der Zufallsvariablen? Sollte man zunächst alle zufälligen Richtungen simulieren, dann alle U für die Gleichverteilung auf entweder $(0, x_0)$ bzw. $(x_0, 1)$? Oder andersherum, erst die Gleichverteilungsvariable U, dann die Richtung? Beides alternierend für jeden Schritt? Die Wahl von U in Abhängigkeit der Richtungswahl? Selbst bei fester Wahl von set.seed werden sich unterschiedliche Folgen von Zahlen ergeben. Die Frage zielt auf die Wahl, die den Prozess am effizientesten (mit der kleinsten Zahl von Aufrufen des Zufallsgenerators) simuliert.

   b) Diese Markow-Kette hat eine eindeutige stationäre Verteilung mit der Dichte $1/\pi \sqrt{x(1 - x)}$ (die Arcussinus-Dichte). Simulieren Sie 1000 Realisationen dieser Kette und zeichnen Sie die empirische Dichte der Werte nach 100 Schritten der Markow-Ketten. Vergleichen Sie das Ergebnis mit der Dichtefunktion der stationären Verteilung. *Hinweis:* density() berechnet einen Kernschätzer, der Befehl curve() kann benutzt werden, die Dichte der stationären Verteilung zu zeichnen.

5) Simulieren Sie die zweidimensionale Markow-Kette, die durch

$$\mathbb{X}_t := A_t * \mathbb{X}_{t-1} + B_t$$

definiert ist. Dabei soll A und B mit Wahrscheinlichkeit 0.2993 die Matrix bzw. der Vektor

$$A = \begin{pmatrix} 0.4 & -0.3733 \\ 0.06 & 0.6 \end{pmatrix}, \quad B = \begin{pmatrix} +0.3533 \\ 0 \end{pmatrix}$$

sein, mit Wahrscheinlichkeit 0.7007

$$A = \begin{pmatrix} -0.8 & -0.1867 \\ 0.1371 & 0.8 \end{pmatrix}, \quad B = \begin{pmatrix} 1.1 \\ 0.1 \end{pmatrix}$$

Wählen Sie mindestens 10000 Schritte und den Startwert $(0.5, 0.5)$. Zeichnen Sie einen Pfad der Markow-Kette mit dem plot() Befehl und verwenden Sie das Symbol pch=".", also plot(erg,pch="."), wobei erg die Punkte der Kette enthält.

9

LINEARE REGRESSION

Wohl die wichtigsten Aufgabenstellungen der Statistik ergeben sich aus der Frage nach dem Zusammenhang zwischen mehreren statistischen Variablen. Die lineare Regression ist vermutlich das am häufigsten benutzte statistische Verfahren für diesen Zweck. In diesem Kapitel beschreiben wir seine Grundlagen sowie die Umsetzung in R.

9.1 Grundlagen

Der Zusammenhang mehrerer statistischer Variablen lässt sich nur schwer mit den Methoden des Kapitels 6 darstellen, zumindest wenn es um mehr als zwei Variable geht. Zwar kann man an Hand der gemeinsamen Verteilungen alle Fragen über den Zusammenhang zwischen Variablen beantworten. Nur sind die gemeinsamen Verteilungen weder einfach zu beschreiben noch einfach zu schätzen oder zu simulieren. Die Grundidee der linearen Regression besteht nun darin, an Stelle der gemeinsamen Verteilung besonders einfache Charakterisierungen der bedingten Verteilung einer Variablen zu betrachten. Insbesondere betrachtet man die bedingten Mittelwerte einer statistischen Variablen Y für alle Werte der bedingenden Variablen $X_1 = x_1, X_2 = x_2, \ldots, X_m = x_m$ als lineare Funktion dieser Werte. Für die durch die Werte statistischer Variabler $x_1, x_2, \ldots, x_m$ definierten Gruppen soll für deren Mittelwert approximativ gelten:

$$M(Y \mid X_1 = x_1, X_2 = x_2, \ldots, X_m = x_m) \approx b_0 + b_1 x_1 + b_2 x_2 + \ldots + b_m x_m$$

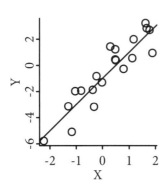

Abbildung 9.1: Lineares stochastisches Modell.

Der Einfluss einer Variablen lässt sich dann besonders einfach zusammenfassen: Eine Änderung des Wertes von $X_k = x_k$ zu $X_k = x'_k$ ändert den bedingten Mittelwert um $b_k(x'_k - x_k)$. Der Einfluss jeder der bedingenden Variablen kann also einfach am zugehörigen *Regressionskoeffizienten* abgelesen werden. Und ein Vergleich von zwei Gruppen, die durch $x_1, x_2, \ldots, x_m$ bzw. $x'_1, x'_2, \ldots, x'_m$ gekennzeichnet sind, ergibt einen ungefähren Unterschied von $b_1(x'_1 - x_1) + \ldots + b_m(x'_m - x_m)$ in den Mittelwerten der Gruppen.

Im Standardmodell der Statistik lässt sich diese Situation ebenso einfach beschreiben und simulieren. Setzt man für Zufallsvariable $\mathbb{X}, \epsilon$, die auf einem gemeinsamen Wahrscheinlichkeitsraum definiert sind,

$$\mathbb{Y} := b_0 + b_1 \mathbb{X} + \epsilon \tag{9.1}$$

wobei $\mathbb{E}(\epsilon \mid \mathbb{X} = x) = 0$ für alle x gelten soll, dann ist offenbar

$$\mathbb{E}(\mathbb{Y} \mid \mathbb{X} = x) = b_0 + b_1 x$$

Wir werden diese Gleichung ein *stochastisches lineares Modell* nennen.[1]

Als nächsten Schritt kann man Daten dieser Art simulieren: Denn auf den ersten Blick muss man nur die Verteilung von $\mathbb{X}$ und die von ϵ angeben und erhält mit entsprechend verteilten Pseudozufallszahlen für alle vorgegebenen Parameter b_0 und b_1 neue Werte von $\mathbb{Y}$, indem einfach die entsprechende Gleichung ausgerechnet wird. Wir können dieses Vorgehen mit den Mitteln des letzten Kapitels direkt in ein R-Programm übersetzen:

---

[1] In stochastischen linearen Modellen betrachtet man die Parameter b_0 und b_1 (und Eigenschaften von ϵ) als gegeben. Man kann sie variieren, aber dann spricht man von verschiedenen stochastischen Modellen. Das Modell ist linear in $\mathbb{X}$. Das steht im Gegensatz zum Sprachgebrauch in der Statistik. In statistischen linearen Modellen interessiert man sich für die („unbekannten") Parameter b_0 und b_1 und nennt ein Modell linear, wenn es linear in diesen Parametern ist. Ob als statistische Variable X oder beliebige Funktionen $f(X)$ erscheinen, ist dabei unerheblich. Das ist offenbar auch die gewünschte Interpretation statistischer Analysen vorgelegter Populationsdaten, in denen man sich für die (approximativen) Unterschiede der Mittelwerte in verschiedenen Subgruppen der Gesamtheit interessiert.

```
> set.seed(54)
> n <- 20
> x <- rnorm(n)
> epsilon   <- rnorm(n)
> y <- -1+2*x+epsilon
> plot(x,y,bty="l")
> abline(-1,2)
```

Hier werden also 20 Werte der Zufallsvariablen $\mathbb{Y}$ erzeugt, die linear von den Werten von $\mathbb{X}$ abhängen, zu denen jeweils ein unabhängiger Fehlerterm ϵ addiert wurde. [2] Diese Realisation des linearen Modells ist in Abbildung 9.1 dargestellt. Die Linie ist die lineare Funktion $y = f(x) = -1 + 2 * x$ im Intervall $[-2.5, 2]$.

Nun müssen Daten und die zugehörigen statistischen Variablen natürlich nicht den Vorgaben eines recht willkürlich gewählten stochastischen linearen Modells ähneln. Aber die Verwendung der linearen Regression setzt das auch gar nicht voraus, weder im Rahmen des stochastischen linearen Modells noch im Rahmen der reinen Datenbeschreibung. Man benutzt einfach die Regressionskoeffizienten, die die bedingte Verteilung von Y gegeben X am besten beschreiben. Dabei soll „am besten" heißen, dass der durchschnittliche Abstand zwischen den $Y(u)$ und den Werten von $b_0 + b_1X_1(u) + \ldots + b_mX_m(u)$ der kleinst mögliche ist. Die lineare Regression ist daher definiert durch die Werte der Regressionskoeffizienten $b_0, b_1, \ldots, b_m$, die die Werte

$$\sum_{u \in \mathcal{U}} (Y(u) - b_0 - b_1X_1(u) - b_2X_2(u) - \ldots - b_mX_m(u))^2 \qquad (9.2)$$

minimieren. Diese Werte, die man häufig mit $\hat{b}_0, \hat{b}_1, \ldots, \hat{b}_m$ bezeichnet, erzeugen die beste lineare Näherung an die Werte von $Y(u)$, $u \in \mathcal{U}$ durch eine Linearkombination der $X_i(u)$, $u \in \mathcal{U}$, $i \in \{1, \ldots, m\}$. Die stochastischen linearen Modelle dienen nur dazu, einen der vielen möglichen Vergleichsmaßstäbe zu konstruieren, die es erlauben, die Eigenschaften des Verfahrens zu beurteilen. Es ist gerade die Fähigkeit der linearen Regression, beliebige Zusammenhänge zumindest im Durchschnitt optimal darzustellen, die seine häufige Verwendung rechtfertigt.

9.2 Lineare Modelle in R

9.2.1 Der lm Befehl

In R steht mit der Funktion lm() (wie *linear model*) eine komfortable und flexible Funktion zur Schätzung linearer Modelle bereit. Als Argument ist

---

[2]Die in der Simulation verwandte Annahme der Unabhängigkeit von $\mathbb{X}$ und ϵ ist eine viel stärkere Annahme als die oben benutzte Form, die nur die bedingten Erwartungswerte von ϵ beschränkt, insbesondere also verschiedene Verteilungen von ϵ ebenso wie Abhängigkeiten zwischen $\mathbb{X}$ und ϵ zulässt.

der Zusammenhang zwischen unabhängigen Variablen und einer abhängigen Variablen in Form einer *Formel* anzugeben. Die *abhängige* Variable Y und die Kombination der *unabhängigen* Variablen X_i wird in symbolischer Form angegeben.[3] Die einfachste Form einer *Formel* in R ist y~x1+x2. Die Ergebnisse einer linearen Regression der Variablen x auf die zwei unabhängigen Variablen x1 und x2 erhält man entsprechend durch den Befehl

```
> lm(y~x1+x2)
```

Wir berechnen die beste lineare Regression der Daten, die wir im letzten Abschnitt simuliert haben:

```
> lm(y~x)
Call:
lm(formula=y~x)
Coefficients:
(Intercept)                x
    −0.910             2.028
```

Das Resultat des Befehls lm() ist eine Liste der Ergebnisse einer linearen Regression. Die Liste enthält insbesondere die Koeffizienten $\hat{b}_0, \hat{b}_1, \ldots, \hat{b}_m$, den Aufruf des Befehls lm() (also insbesondere die benutzte Formel) und weitere Elemente, die es erlauben, das vollständige Ergebnis der Regression zu rekonstruieren.

Der direkte Aufruf der Funktion lm() liefert nur die spezielle Ausgabedarstellung der Funktion auf dem Bildschirm, also weder alle Elemente der Ergebnisliste noch die üblichen Angaben zu den Ergebnissen, die man vielleicht erwarten würde. Denn in R hat jedes Objekt abhängig von seiner Klassenzugehörigkeit eine Darstellungsform, die gewählt wird, wenn nur der Name des Objektes an R geschickt wird. Die Angabe der Funktion lm() allein liefert daher nur eingeschränkte erste Informationen. Weist man den Ergebnissen aber einen Namen zu, kann man auf alle berechneten Ergebnisse zugreifen.

```
> erg <− lm(y~x)
> is.list(erg)
[1]  TRUE
> class(erg)
[1]  "lm"
```

Das Ergebnis des lm() Befehls ist also in der Tat eine Liste der Klasse lm. Insbesondere sind die geschätzten Koeffizienten $\hat{b}_0, \hat{b}_1$ durch erg$coefficients ansprechbar:

```
> erg$coefficients
(Intercept)         x
−0.9099756    2.0276285
```

---

[3]Statt „unabhängige Variable" werden auch oft die Begriffe „*Kovariable*", „*Regressor*" oder „*Prädiktor*" benutzt. Wir verwenden alle diese Begriffe synonym.

Sowohl für die Regressionskoeffizienten wie für deren geschätzte Varianz-Kovarianzmatrix gibt es Funktionen, die diese Informationen aus dem Objekt erg extrahieren. Für die Koeffizienten ist dies die Funktion coef()

```
> coef(erg)
(Intercept)        x
 −0.9099756    2.0276285
```

und für die Kovarianzmatrix vcov()

```
> vcov(erg)
               (Intercept)        x
(Intercept)    0.05582266  −0.00912990
x              −0.00912990   0.04262705
```

Man kann also recht einfach auf Teilergebnisse einer Regression zugreifen, um damit weiterzurechnen.

Nun wäre es sehr umständlich, Ergebnisse einer Regression durch Angabe der entsprechenden Elemente der Liste erg einzeln aufzurufen oder nur die Funktionen coef() bzw. vcov() benutzen zu können. Der Befehl summary() liefert einen ersten Überblick über die Ergebnisse, in dem die wichtigsten Maßzahlen in einer übersichtlichen Tabelle zusammengestellt werden:

```
> summary(erg)
Call:
lm(formula=y~x)
Residuals:
     Min       1Q   Median       3Q      Max
 −1.9619  −0.4675   0.3422   0.5596   1.7522
Coefficients:
               Estimate  Std. Error  t value  Pr(>|t|)
(Intercept)     −0.9100      0.2363   −3.851   0.00117  **
x                2.0276      0.2065    9.821   1.18e−08  ***
−−−
Residual standard error: 1.038 on 18 degrees of freedom
Multiple R−squared: 0.8427,    Adjusted R−squared: 0.834
F−statistic: 96.45 on 1 and 18 DF,  p−value: 1.179e−08
```

Das Ergebnis des summary() Befehls ist ebenfalls eine Liste. Man kann daher einige zusätzliche Angaben aus dieser Liste zu weiteren Berechnungen benutzen:

```
> erg2 <− summary(erg)
> names(erg2)
[1] "call"       "terms"      "residuals"    "coefficients"
[5] "aliased"    "sigma"      "df"           "r.squared"
[9] "adj.r.squared"   "fstatistic"    "cov.unscaled"
> erg2$sigma  ##geschaetzte Varianz der Fehlerterme
[1] 1.037952
```

Namen können wieder abgekürzt werden, solange die Abkürzung eindeutig ist:

```
> erg2$f  #F−Statistik
 value       numdf dendf
96.4476  1.0000  18.0000
```

Besonders interessant ist das Element erg2$coefficients des summary() Objektes. Es enthält nicht nur die geschätzten Koeffizienten, sondern auch die geschätzten Standardfehler, die zugehörige t-Statistik und den beobachteten p-Wert für jede Kovariable. Das Objekt erg2$coefficients ist als Matrix organisiert, wobei die erste Spalte die geschätzten Koeffizienten, die zweite Spalte die Standardfehler, die dritte die t-Werte und die vierte Spalte die beobachteten p-Werte enthält. Will man etwa alle beobachteten Signifikanzniveaus der unabhängigen Variablen erhalten, dann kann man schreiben:

```
> erg2$coef[,4]    #abgekürzter Name
 (Intercept)       x
1.169323e−03 1.178836e−08
```

9.2.2 Formeln für Regressionen

Die symbolische Form, in der abhängige und unabhängige Variable im Befehl lm() (und in fast allen anderen Versionen von Regressionen, Tabellen etc.) angegeben werden, ist sehr flexibel. Wir illustrieren den Gebrauch an den Angaben im Mikrozensus zu den Miethöhen. Dazu lesen wir zunächst die Daten wieder ein und wählen einige interessierende Variablen aus:

```
> library(foreign)
> dat <− read.spss("mz02_cf.sav",to.data.frame=T,use.value.labels=F)
> hh <− dat$ef3∗100+dat$ef4  #Nr des Auswahlbezirks∗100
+                             #+HHnr im Bezirk als  HHId
> oo <− !duplicated(hh)       #Nur eine Angabe/HH
```

Wir betrachten nur die acht Variablen Miethöhe ef462, Wohnungsgröße ef453, Anzahl der Personen in der Wohnung ef500 und Anzahl der Erwerbstätigen im Haushalt ef522, sowie die Anzahl der Kinder im Haushalt, die in den Variablen ef528 bis ef531 für Kinder unter 3 Jahren, Kinder im Alter von 3 bis unter 6, 6 bis unter 10 und 10 bis unter 15 abgelegt sind. Da es in einer Wohnung mehrere Haushalte geben kann, beschränken wir uns auf Wohnungen mit einem Haushalt und schließen auch Gemeinschaftsunterkünfte aus. Außerdem beschränken wir uns zunächst auf die Fälle mit vollständigen Angaben. Die Datenauswahl ist dann:

```
> Wohn <− cbind(dat[oo,"ef462"],dat[oo,"ef453"],dat[oo,"ef500"],
+               dat[oo,"ef522"],dat[oo,"ef22"],dat[oo,"ef528"],
+               dat[oo,"ef529"],dat[oo,"ef530"],dat[oo,"ef531"])
> Wohn <− Wohn[complete.cases(Wohn),]
> Wohn <− subset(Wohn,Wohn[,1]>0&Wohn[,1]<=1800&
+               Wohn[,2]>=10&Wohn[,2]<300&Wohn[,3]>0&
+               Wohn[,4]<9&Wohn[,5]==1&
```

```
+                Wohn[,6]<9&Wohn[,7]<9&Wohn[,8]<9&
+                Wohn[,9]<9 )
> Wohn <- data.frame(Miete=Wohn[,1],qm=Wohn[,2],
+                HHGroesse=Wohn[,3],
+                ErwPerson=Wohn[,4],
+                AnzKu3=Wohn[,6],AnzK3b6=Wohn[,7],
+                AnzK6b10=Wohn[,8],
+                AnzK10b15=Wohn[,9])
> attach(Wohn)
```

Wir erhalten valide Angaben zu allen Variablen für 5697 Haushalten.

In Abschnitt 6.3 ist schon die gemeinsame Dichte von Miethöhe und Wohnungsgröße dargestellt worden. Mit dem Regressionsansatz können nun aber sehr leicht viel mehr Variable in die Analyse einbezogen werden. Wir wählen zunächst als abhängige Variable die Miethöhe und als unabhängige Variable Wohnungsgröße, Anzahl der Personen im Haushalt und die Zahl der erwerbstätigen Personen im Haushalt. Eine erste Analyse ergibt

```
> erg1 <- lm(Miete~qm+HHGroesse+ErwPerson)
> summary(erg1)
Call:
lm(formula=Miete~qm+HHGroesse+ErwPerson)
Residuals:
    Min     1Q  Median      3Q     Max
 -552.59  -69.02  -12.61   52.15  1012.23
Coefficients:
              Estimate  Std. Error  t value  Pr(>|t|)
(Intercept)   41.25132   4.77447      8.640   < 2e-16 ***
qm             4.17014   0.07598     54.881   < 2e-16 ***
HHGroesse     -6.52986   1.81933     -3.589  0.000335 ***
ErwPerson     23.55631   2.22283     10.597   < 2e-16 ***
---
Residual standard  error:   122.1 on 5693 degrees  of freedom
Multiple  R-squared: 0.4431,      Adjusted  R-squared: 0.4428
F-statistic:    1510 on 3 and 5693 DF,  p-value:  < 2.2e-16
```

Das Ergebnis ist auf den ersten Blick recht überzeugend. Alle Einflüsse der Kovariablen sind hoch signifikant, das R^2 ist mit 44% weit besser als in vielen anderen Anwendungen. Aber man sollte vielleicht nicht einfach die Anzahl der Personen betrachten, sondern noch unterscheiden, ob es sich um Kinder oder Erwachsene handelt. Aber wie passt das in die Syntax der Formel? Die Anzahl der Kinder unter 15 Jahren würde man in R durch AnzKu3+AnzK3b6+AnzK6b10+AnzK10b15 ausdrücken. Schreibt man das in den lm() Befehl, dann werden die vier Terme getrennt als unabhängige Variable betrachtet. Um zwischen der Syntax für Formeln und der von Rechenoperationen in R (hier: Addition) zu unterscheiden, kann die Funktion I() (ein

großes I) benutzt werden. Will man getrennt die Anzahl Erwachsener und die
Anzahl der Kinder im Haushalt berücksichtigen, ohne zunächst neue Variable
zu definieren, dann kann man schreiben:

```
> erg2 <- lm(Miete~qm+HHGroesse+I(AnzKu3+AnzK3b6+
+          AnzK6b10+AnzK10b15)+ErwPerson)
```

Das Ergebnis (leicht gekürzt) ist

Coefficients:

	Estimate	Std. Error	t value	Pr(>|t|)	
(Intercept)	45.43474	5.14999	8.822	< 2e−16	***
qm	4.17595	0.07601	54.941	< 2e−16	***
HHGroesse	−10.74357	2.66529	−4.031	5.63e−05	***
I(AnzKu3 + ...	8.05660	3.72516	2.163	0.0306	*
ErwPerson	24.96405	2.31549	10.781	< 2e−16	***

−−−

Residual standard error: 122.1 on 5692 degrees of freedom
Multiple R−squared: 0.4435, Adjusted R−squared: 0.4431
F−statistic: 1134 on 4 and 5692 DF, p−value: < 2.2e−16

Einige weitere Symbole, die im Rahmen einer Formel in lm() (und anderen
Regressionsmodellen) eine andere Bedeutung als im Rest von R haben, sind
neben + noch ^, :, −, *, . und %in%. Will man die ursprüngliche Bedeutung
dieser Symbole in einer Formel benutzen, muss immer die Form I() benutzt
werden. Um Missverständnissen vorzubeugen, ist es ratsam, für Rechenoperationen in Formel-Ausdrücken immer die I() Form zu verwenden, zumal da in
einigen Zusatzpaketen Erweiterungen von Formel-Ausdrücken („specials")
definiert sind, die die Bedeutung von Funktionsaufrufen in Formeln verändern
können.

Die Basiselemente der symbolischen Formeln in R sind + für das Hinzufügen
eines Regressors und − für dessen Entfernung. Insbesondere wird ohne weitere
Angaben immer eine Konstante (ein Achsenabschnitt) eingeschlossen. Soll aber
eine homogene Regressionsfunktion geschätzt werden, kann die automatische
Aufnahme durch -1 auf der rechten Seite des ~ Zeichens unterdrückt werden.
Man muss also für eine homogene Regression durch den Nullpunkt von y auf
x1 schreiben: y ~ −1+x1.

Sind x1 und x2 Kovariable, so werden Interaktionen symbolisch durch x1:x2
angedeutet. Ein Regressionsmodell mit zwei Kovariablen x1 und x2 und deren
Interaktion lässt sich also in Rs Formel als y~x1+x2+x1:x2 schreiben. Eine
Abkürzung ist (x1+x2)^2. Interaktionen höherer Ordnung einschließlich aller
Terme niedrigerer Ordnung erhält man etwa durch (x1+x2+x3)^3. Das liefert
neben den Haupteffekten alle Interaktionen der drei Kovariablen einschließlich
des Interaktionsterms für alle drei Variablen. Einzelne Interaktionen kann
man wieder durch das Symbol − ausschließen. So schließt etwa -x1:x3 die
Interaktion zwischen x1 und x3 aus.

Ist man sich über die durch einen Formel-Ausdruck erzeugte Formel nicht sicher (oder möchte diese Information in einem Programm weiter verwenden), dann kann der Befehl terms() benutzt werden. Das erzeugte Objekt enthält weitere Informationen über die Formel, die in den Attributen des Objektes enthalten sind. So liefert

```
> ttt  <− terms(y ~ (x1+x2+x3)^3−x1:x2)
> attr(ttt,"term.labels")       #Attribut   "term.labels"
[1]  "x1"  "x2"  "x3"  "x1:x3"   "x2:x3"   "x1:x2:x3"
```

die symbolische Form aller Terme im Formel-Ausdruck, hier also die drei Haupteffekte x1,x2,x3, die Interaktionen zwischen x3 und x1 bzw. x2 (die Interaktion zwischen x1 und x2 fehlt), sowie die Interaktion aller drei Variablen.

9.2.3 Modellvergleiche und fehlende Werte

Wir haben bei der Analyse der Mikrozensusdaten bisher fehlende Werte durch entsprechende Befehle explizit ausgeschlossen. Man wird immer so vorgehen, wenn entweder von vornhinein sicher ist, welche Variablen man in allen folgenden Analysen verwenden möchte oder wenn man systematische Modellvergleiche und Verfahren der Modellwahl benutzen möchte. Denn Modellvergleiche setzen i.d.R. voraus, dass sich alle betrachteten Modelle auf die gleiche Datenbasis beziehen. Z.B. kann man den zusätzlichen Term im zweiten Modell für die Miethöhe auch durch einen Test zwischen beiden Modellen direkt beurteilen wollen (in unserem Beispiel mit nur einem zusätzlichen Term ohne Interaktionen ist ein solcher Test äquivalent zu dem entsprechenden Test des zusätzlichen Terms in der Regression). Modelle können durch den Befehl anova() verglichen werden, der als Argumente eine Folge von Modellergebnissen gestattet. Ein Vergleich von erg1 und erg2 ergibt sich durch den Aufruf

```
> anova(erg1,erg2)
Model 1: Miete  ~ qm+HHGroesse+ErwPerson
Model 2: Miete  ~ qm+HHGroesse+I(AnzKu3+AnzK3b6+
                AnzK6b10+AnzK10b15)+ErwPerson
  Res.Df       RSS Df Sum of Sq       F Pr(>F)
1   5693 84862030
2   5692 84792350  1     69680 4.6775  0.0306  *
```

der einen einfachen F-Test zwischen den Modellen berechnet.

Um eine einheitliche Auswahl von Fällen zu erreichen, die nur gültige Werte für alle interessierenden Variablen enthalten, kann man den Befehl complete.cases() verwenden. Wir haben ihn schon mehrfach benutzt. Der Befehl erwartet als Argumente eine Folge von Vektoren, Matrizen oder Dataframes und gibt einen logischen Vektor zurück, der für diejenigen Zeilen der Argumente den Wert TRUE enthält, in denen keine der Variablen in den Argumenten einen definierten fehlenden Wert NA aufweist.

In den meisten Fällen aber möchte man in verschiedenen Modellen alle Fälle benutzen, die für die gerade betrachteten Variablen Informationen enthalten. Die verschiedenen implementierten Regressionsmodelle und insbesondere der lm() Befehl schließen automatisch alle Fälle aus, die auf einer der im Formel-Ausdruck angegebenen Variablen einen fehlenden Wert ausweisen. Die Information über die tatsächliche Anzahl der Fälle, auf denen eine Analyse beruht, kann man in den summary() Methoden nur indirekt über die Anzahl der Freiheitsgrade (df) bzw. über die in vielen Modellen ausgegebene Anzahl der ausgeschlossenen Fälle erschließen. Diese Information ist aber extrem wichtig für die Interpretation von Ergebnissen. Sie sollte gerade bei der Modellentwicklung immer zuerst gesucht werden! In vielen Fällen ergeben sich extrem gute Ergebnisse, die aber nur auf einem Bruchteil der Daten basieren.

Der Befehl lm() hat ein Argument na.action, mit dem die Behandlung fehlender Werte in der Berechnung einer Regression beeinflusst werden kann. Es gibt die Möglichkeiten na.fail, das eine Fehlermeldung produziert, wenn eine der Variablen einen fehlenden Wert (NA) enthält, na.omit, das alle Fälle mit fehlenden Werten ausschließt, sowie na.exclude mit gleichem Verhalten wie na.omit, aber mit dem Unterschied, dass Teilergebnisse (etwa Vektoren von Residuen) so ergänzt werden, dass sie mit den Fällen der Ausgangsdaten übereinstimmen. Diese Version ist fast immer vorzuziehen, wenn Regressionsergebnisse mit verschiedenen Varianten von Kovariablen zumindest informell verglichen werden sollen.

Die Voreinstellung dieser Möglichkeiten richtet sich nach den globalen Optionen, die mit options("na.action") abgefragt werden können. Die Voreinstellung ist na.omit, so dass alle Zeilen mit fehlenden Werten in wenigstens einer Variablen ausgeschlossen werden. Will man die Option nicht in allen Aufrufen der Regressionen jeweils explizit ändern, kann man sie auch global durch options(na.action="na.exclude") setzen.

9.2.4 Diagnostik

In fast allen Anwendungen linearer Regressionen kann man sich bei der Beurteilung der Ergebnisse nicht allein auf die Ergebnisse stützen, die der summary() Befehl zur Verfügung stellt. Es bleiben Fragen nach den Gründen für besonders gute oder schlechte Modellanpassung und die Möglichkeit von einflussreichen Ausreißern muss untersucht werden. Zudem kann ein genauerer Blick auf die Einzelergebnisse der Regression Hinweise für eine Revision des ursprünglichen Modells liefern, die zu deutlich besser interpretierbaren und angemesseneren Ergebnissen führt. In R ist es fast immer hilfreich, sich einen ersten Überblick über Aspekte ungenügenden Modellfits durch den Befehl plot(erg1) zu verschaffen.[4] Hat man das Ergebnis einer linearen Regression

---

[4] Da das Modell erg1 zur Klasse lm gehört, wird durch den plot() Befehl die speziellere Graphikfunktion plot.lm() ausgeführt. Sie ist im Paket stats dokumentiert, nicht im Paket graphics. Der Grund ist, dass jedes Paket eigene Varianten der Befehle plot(), print(), summary() etc. für neue, in diesem Paket definierte Klassen bereitstellen kann.

(wie erg1 für die Miethöhen im Mikrozensus), dann erzeugt der Befehl vier Graphiken mit a) den standardisierten Residuen aller Fälle aufgetragen gegen die durch die Regression vorhergesagten Werte, b) die Wurzeln des Absolutbetrags der Residuen gegen die vorhergesagten Werte, c) eine *Q-Q*-Graphik der Verteilung der Residuen im Vergleich zu einer Normalverteilung und d) eine Graphik mit den Residuen gegen die Hebelpunkte (Leverages), die allein durch die relative Lage der Kovariablen definiert sind. In Abbildung 9.2 sind die Graphiken a) und b) dargestellt (wir haben in den Graphiken viele Punkte ausgeschlossen, um etwas übersichtlichere Druckdarstellungen zu schaffen).

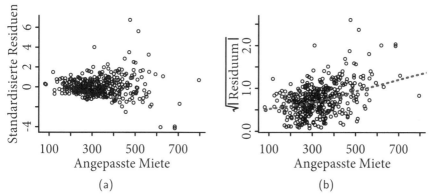

Abbildung 9.2: Diagnostische Graphiken. a) Standardisierte Residuen gegen angepasste Werte, b) Wurzel des Absolutbetrags der standardisierten Residuen gegen angepasste Werte. Eingezeichnet ist auch ein lokaler Glätter.

Die in beiden Graphiken verwandten *standardisierten Residuen* werden aus dem Vektor der *Residuen* $\hat{e}(u) := Y(u) - \hat{b}_0 - \hat{b}_1 X_1(u) - \ldots - \hat{b}_m X_m(u)$ durch eine Orientierung an einer speziellen Form des stochastischen Regressionsmodells (9.1) im Rahmen des klassischen Standardmodells der Statistik abgeleitet. Denn wenn man n unabhängige Wiederholungen des Modells (9.1) unterstellt und zusätzlich annimmt, dass alle n Zufallsvariablen ϵ gleiche Varianz unabhängig vom Wert der Zufallsvariablen $\mathbb{X}$ haben, dann hat auch die Zufallsvariable $\hat{\epsilon} := \mathbb{Y} - \hat{b}_0 - \hat{b}_1 \mathbb{X}_1 \ldots - \hat{b}_m \mathbb{X}_m$ eine Varianz. Man muss aber berücksichtigen, dass diese Größen nun nicht mehr unabhängig sein können (ihre Summe ist z.B. immer 0, denn sie müssen die Bedingung (9.2) erfüllen), noch sind sie identisch verteilt. Man kann dennoch für jede Replikation im klassischen Modell die Varianz von $\hat{\epsilon}$ berechnen und erhält für gegebene statistische Variable $X(u) = x$

$$V(\hat{\epsilon}(u) \mid \mathbb{X}(u) = x) = V(\epsilon)\,(1 - h_{uu})$$

Der zusätzliche Term h_{uu} ist gerade der zu u gehörende *Hebelpunkt*. Er beschreibt den Einfluss einer Realisation der Kovariablen $\mathbb{X}$ auf die Modellanpassung. Je größer h_{uu} ist, desto weiter ist die u-te Realisation von $\mathbb{X}$ von ihrem Erwartungswert entfernt. Desto kleiner aber ist auch die Varianz der zugehörigen Residuen, denn solche weit entfernten Punkte bestimmen wesentlich die

Regressionskoeffizienten $\hat{b}_0, \hat{b}_1, \ldots$. Das ist ihre Hebelwirkung: Je größer h_{uu} ist, desto größer ist der Einfluss dieser Elemente u bei der Bestimmung der Lösung der Gleichung (9.2). Der Mittelwert der h_{uu} ist immer gerade $(m + 1)/n$, wobei m die Anzahl der Kovariablen in der Regression (ohne die Konstante) ist und n die Anzahl der Fälle bezeichnet. Das kann als Hinweis für sehr einflussreiche Kovariablenkonstellationen benutzt werden. Der Maximalwert der h_{uu} ist 1. Wenn tatsächlich $h_{uu} = 1$ für ein u gilt, dann ist die Varianz dieses Residuums 0, der zugehörige Punkt $(Y(u), X_1(u), \ldots, X_m(u))$ liegt also unabhängig von dem Wert von $Y(u)$ immer auf der Regressionsebene. Verschiebt man also den Wert von $Y(u)$, dann verändert sich die gesamte Regressionsebene so, dass auch der neue Wert auf der Regressionsebene liegt.

Die standardisierten Residuen definiert man nun durch

$$\tilde{e}(u) := \hat{e}(u)/ \left(\hat{\sigma} \sqrt{1 - h_{uu}} \right)$$

wobei $\hat{\sigma}$ ein Schätzer der Varianz der ϵ ist, so dass die $\tilde{e}(u)$ nun annähernd gleiche Varianz 1 haben. Man muss die vorhergehende Formel, die sich nur im Standardmodell der Statistik rechtfertigen lässt, nicht akzeptieren, um die Nützlichkeit der Standardisierung der Residuen einzusehen: Sie berücksichtigt den Einfluss einzelner Werte $X(u)$ auf das Ergebnis einer Regression, ganz unabhängig von spezifischen Verteilungsannahmen über die Kovariablen $\mathbb{X}$ im stochastischen Modell.

Die Graphik 9.2 a) zeigt die standardisierten Residuen aufgetragen gegen die angepassten Werte, also die Werte $\hat{y}(u) := \hat{b}_0 + \hat{b}_1 X_1(u) + \ldots + \hat{b}_m X_m(u)$.[5] Die Graphik deutet bereits auf etliche Probleme mit unserer ersten Regression hin: Es gibt etliche sehr große (standardisierte) Residuen, die einen erheblichen Einfluss auf die Regressionskoeffizienten haben können. Insbesondere im Bereich positiver Residuen sind Werte bis zum Maximum von 8.3 zu beobachten. Zudem wächst die Streuung der Residuen deutlich mit den angepassten Werten der Regression an.

Diesen letzten Effekt kann man einfacher in Graphik 9.2 b) beurteilen. Man möchte ja gern einen Eindruck davon gewinnen, wie groß die Varianz der Residuen in der Umgebung verschiedener angepasster Werte ist. Dazu benutzt man eine Transformation, die Wurzel der Absolutbeträge der standardisierten Residuen.[6] Die Graphik enthält auch einen lokalen Durchschnitt der Größen.

---

[5]In der Literatur spricht man oft auch von erwarteten Werten, in Anspielung auf die Modellformulierung $\mathbb{E}(\mathbb{Y} \mid \mathbb{X}_1, \ldots, \mathbb{X}_m) = b_0 + b_1 \mathbb{X}_1 + \ldots + b_m \mathbb{X}_m$ im Rahmen des klassischen statistischen Modells. Die Sprechweise ist zwar verständlich, aber sie unterstützt die Tendenz, mathematische Modelle mit Zusammenfassungen von Daten zu verwechseln. Deshalb wählen wir zumeist die Bezeichnung „angepasste Werte".

[6] Die naheliegendere Idee, die Quadrate der Residuen zu benutzen, um die lokale Varianz der Residuen zu approximieren, funktioniert nicht besonders gut, weil die Verteilung dieser Größen (unter einem klassischen Modell) sehr schief wäre und man daher keine vernünftige Vorstellung entwickeln kann, wie eine solche Graphik aussehen muss, wenn tatsächlich Daten unter einem mathematischen Modell mit konstanten Varianzen vorliegen würden.

Er zeigt deutlich, dass die Variabilität der Residuen mit wachsenden angepassten Miethöhen stark steigt. Damit aber bestimmen Kovariablenwerte, die zu großen angepassten Werten führen, die Regressionskoeffizienten systematisch stärker als solche mit geringen angepassten Miethöhen.

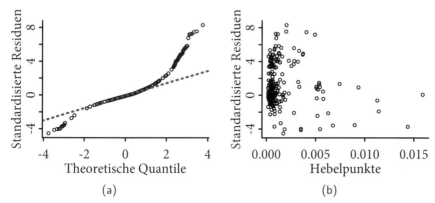

Abbildung 9.3: Diagnostische Graphiken. a) Q-Q Plot der Quantile der standardisierten Residuen gegen die Quantile einer Normalverteilung, b) Standardisierte Residuen gegen Hebelpunkte.

Der Quantil-Quantil-Plot der standardisierten Residuen gegen die Quantile der Normalverteilung in Abbildung 9.3 a) zeigt für die Daten über Mieten im Mikrozensus eine deutliche Abweichung von einer Normalverteilung (wären die Residuen annähernd normal verteilt, sollten sie in der Nähe der eingezeichneten Geraden liegen). Nun ist die Verteilung der Residuen für die Gültigkeit von Regressionsergebnissen weitgehend irrelevant. Was man an einer solchen Graphik dennoch erkennt, ist die sehr asymmetrische Verteilung der Residuen. Das heißt aber, dass die angepassten Werte die tatsächliche Miethöhe nur recht ungenau repräsentieren. Es gibt weit gröbere Unterschätzungen der Miethöhe als es Überschätzungen gibt. Zudem ist die Verteilung bei den Unterschätzungen deutlich anders als bei den Überschätzungen.

Die zweite Graphik, 9.3 b), die die Residuen gegen die Hebelpunkte abträgt, zeigt zudem einige extrem große Hebelpunkte. Der Durchschnittswert der h_{uu} ist hier $4/5697 \approx 0.0007$, das Maximum der Werte ist aber 0.015, das 22-fache des Durchschnittswerts. Zudem kommen recht viele relativ große Hebelpunkte vor: Immerhin 173 haben einen Wert über dem Dreifachen des Durchschnitts.

Wir werden im nächsten Abschnitt drei Methoden vorstellen, mit denen diese Probleme behandelt werden können. Zunächst aber soll noch auf die Möglichkeiten hingewiesen werden, die R bereitstellt, um auf einzelne diagnostische Größen zugreifen zu können. Man erhält die (unstandardisierten) Residuen aus einem Modell durch residuals( ), die Hebelpunkte durch hatvalues( ). Die Standardabweichung der Residuen kann man dem summary( ) Objekt entnehmen. Um also die standardisierten Residuen zu berechnen (und nicht nur zu malen), kann man schreiben:

```
> huu <− hatvalues(erg1)       #Hebelpunkte
> sig  <− summary(erg1)$sigma #Standardabweichung
> residnorm  <− residuals(erg1)/sig/sqrt(1−huu)
```

Der Befehl rstandard() liefert das gleiche Ergebnis.

Ein weiteres wichtiges Instrument der Modellbeurteilung ist eine Statistik, die ausweist, wie sich Regressionskoeffizienten verändern, wenn einzelne Beobachtungen ausgeschlossen werden. Man nennt diese Größen im Anschluss an die Bezeichnungen im klassischen Buch von Belsley, Kuh und Welsch [7] *dfbeta*. Der gleichnamige R Befehl dfbeta() ergibt eine Matrix der Dimension $n \times m + 1$, die die Änderungen der $m + 1$ Koeffizienten (die Spalten der Matrix) für jeden ausgeschlossenen Fall (die Zeilen der Matrix) enthält. [8]

Die Werte der dfbeta ermöglichen auch eine andere Interpretation der Standardfehler von Koeffizienten, die traditionell nur im Rahmen des klassischen Modells der Statistik abgeleitet werden. Denn man kann die Variabilität der Regressionskoeffizienten ja auch ganz unabhängig vom Standardmodell als Variabilität der Koeffizienten betrachten, wenn einzelne Beobachtungen ausgeschlossen werden. Diese Sichtweise unterstellt gar kein stochastisches Modell, nicht ein mal die Einbettung in einen beliebigen, möglicherweise komplizierten stochastischen Modellzusammenhang. Probieren wir die Idee, dann ergibt sich:

```
> v0 <− vcov(erg1)
> dfb <− dfbeta(erg1)
> v1 <− crossprod(dfb)
> s0 <− sqrt(diag(v0))
> s1 <− sqrt(diag(v1));s1
(Intercept)    qm      HHGroesse   ErwPerson
      6.636  0.131     2.221       2.279
> (s1−s0)/s0
(Intercept)    qm      HHGroesse   ErwPerson
      0.3899 0.7235    0.2208      0.0255
```

Hierbei haben wir verwandt, dass die Mittelwerte der dfbeta immer 0 sind. Daher entspricht crossprod(dfb) gerade var(dfb)*(n−1), der Varianz-Kovarianz-

---

[7] David A. Belsley, Edwin Kuh, Roy E. Welsch: Regression Diagnostics. 1980, New York: Wiley.
[8] Es gibt auch eine normierte Version dfbetas(). Wir finden sie weniger nützlich, weil die Größen dfbeta sich direkt auf die ja auch inhaltlich interpretierbaren Koeffizientes des Modells beziehen. Weiterhin gibt es eine Variante standardisierter Residuen rstudent(), die die Varianz der Residuen ohne den jeweiligen Fall berechnen. Große Ausreißer führen ja auch zu großen geschätzten Varianzen, die die Beurteilung von Modellproblemen erschweren. Die Funktion rstudent() ist daher besonders in kleinen Datensätzen gut geeignet, Modellabweichungen aufzudecken.

matrix der dfbeta.[9] Die aus den dfbeta abgeleiteten Standardabweichungen weichen stark von den Standardabweichungen ab, die durch summary(erg1) berechnet werden. Die geschätzte Standardabweichung für den Koeffizienten der Wohnungsgröße ist gar um 72% größer als in der summary(erg1) Zusammenfassung. Auch das deutet auf einige Probleme mit dieser Variablen hin.

9.2.5 Ausschluss von Ausreißern

Wir suchen zunächst noch einmal Werte mit sehr großen Hebelpunkten. Die Beobachtungen mit den zehn größten Hebelpunkten haben die Werte

```
> o <− order(huu,decreasing=T)
> Wohn[o[1:10],1:4]
      Miete    qm HHGroesse ErwPerson
3908  1150 260          1         1
997    650 250          1         1
1200   820 240          2         1
805   1000 240          2         2
3000   605 117          9         1
2646   400 200          7         0
533    408  60          7         0
3497   450 200          2         1
2407   600 200          6         1
1267   500 124          8         2
```

Die großen Hebelpunkte ergeben sich also insbesondere bei sehr großen Wohnungen oder bei sehr großen Haushalten oder bei einer Kombination großer Haushaltsgrößen mit kleinen Wohnungen bzw. wenigen Erwerbspersonen. Man könnte nun nach inhaltlichen Kriterien versuchen, einige dieser Werte auszuschließen. Dabei sind die Plausibilität der Angaben und das Interesse an entsprechenden Konstellationen (etwa große Haushalte in kleinen Wohnungen) ausschlaggebend, kaum aber statistische Erwägungen. Wir gehen hier aber summarisch vor und demonstrieren nur den statistischen Effekt von Beobachtungen mit großen Hebelpunkten. Dazu schließen wir alle Beobachtungen aus,

---

[9]Die Varianz-Kovarianz-Matrix v1 ist eine Variante der so genannten heteroskedastiekonsistenten (Eicker-Huber-White) Varianzschätzungen. Sie werden u.a. vom Paket sandwich bereitgestellt. Der Befehl vcovHC(erg1) (mit der voreingestellten Variante HC3) ist numerisch identisch mit v1. Nähere Informationen über die Varianten des Pakets sandwich finden sich bei Achim Zeileis: Econometric computing with HC and HAC covariance matrix estimators. Journal of Statistical Software, 11(10), 2004, S. 1–17 (http://www.jstatsoft.org/v11/i10/) und Achim Zeileis: Object-oriented computation of sandwich estimators. Journal of Statistical Software, 16(9), 2006, S. 1–16 (http://www.jstatsoft.org/v16/i09/). Eine modellbasierte Rechtfertigung dieser Variante benutzt die Tatsache, dass es sich bei den dfbeta um eine empirische Version der Einflussfunktion handelt.

die mehr als 2.5 mal so groß wie der Mittelwert der Hebelpunkte sind. Das betrifft 288 Beobachtungen. [10]

Entsprechend formal verfahren wir bei großen Residuen. Zunächst betrachten wir große positive Residuen. Die größten 10 Residuen sind

```
> oo <- order(residnorm,decreasing=T)
> Wohn[oo[1:10],1:4]
```

	Miete	qm	HHGroesse	ErwPerson
3055	1700	150	4	2
276	1500	125	1	1
2182	1700	180	4	1
2443	1400	105	2	2
3517	1400	115	4	1
335	1700	180	2	2
2713	1300	100	1	1
1173	1250	120	4	1
3406	1150	96	4	1
3466	1200	110	5	2

Diese Größenordnungen von Mieten für die zugehörigen Wohnungsgrößen sind durchaus möglich, wenn auch relativ groß. Ein anderes Bild ergibt sich bei den sehr kleinen negativen Residuen. Dort erhalten wir

```
> ooo <- order(residnorm)
> Wohn[ooo[1:10],1:4]
```

	Miete	qm	HHGroesse	ErwPerson
2489	100	140	3	2
614	180	150	1	1
5003	126	126	3	3
5209	255	170	1	0
2100	200	150	1	1
997	650	250	1	1
3269	40	100	2	2
3497	450	200	2	1
2646	400	200	7	0
396	125	113	1	1

Diese Angaben implizieren extrem geringe Mieten je qm. Sie mögen auf speziellen Arrangements zwischen Mietern und Vermietern beruhen und durchaus wichtig für die Beurteilung des Wohnungsmarktes sein. Wir gehen

---

[10] Der Ausschluss von Fällen allein aufgrund statistischer Überlegungen und Maßzahlen ist selten zu rechtfertigen. Maßzahlen wie Hebelpunkte, Residuen und dfbeta hängen stark von dem unterstellten Modell ab, die Modellwahl selbst aber ist in sehr vielen Fällen allein durch die Statistikkenntnisse und die Phantasie des Benutzers, die verwandten Statistikprogramme und die Traditionen des Faches bestimmt. Es ist uns wichtig zu betonen, dass ungenügende Werte von Diagnostiken immer auch auf die Möglichkeit verweisen, dass das Ausgangsmodell unangemessen ist oder wesentliche Aspekte der Situation bei der Modellwahl unberücksichtigt geblieben sind.

aber wieder nur formal vor und schließen Werte mit negativen normierten Residuen kleiner als -2.5 aus. Außerdem schließen wir die Daten mit den größten Hebelpunkten aus. Als Grenzwert haben wir (willkürlich) das 2.5-fache des Durchschnitts der Hebelwerte gewählt. Die Datenauswahl ist dann nach dem Ausschluss fehlender Werte durch

```
> Wohn2 <- Wohn[huu<10/nrow(Wohn)&residnorm>-2.5,]
> detach(Wohn)
> attach(Wohn2)
```

gegeben. Insgesamt sind 306 Beobachtungen ausgeschlossen worden. Das neue Regressionsergebnis ist

```
> erg3 <- lm(Miete~qm+HHGroesse+ErwPerson)
> summary(erg3)
Coefficients:
```

	Estimate	Std. Error	t value	Pr(>|t|)	
(Intercept)	34.007	5.077	6.70	2.3e−11	***
qm	4.285	0.087	49.27	< 2e−16	***
HHGroesse	−6.542	2.062	−3.17	0.0015	**
ErwPerson	24.859	2.253	11.03	< 2e−16	***

```
---
```

Residual standard error: 113 on 5387 degrees of freedom
Multiple R−squared: 0.42,   Adjusted R−squared: 0.419
F−statistic: 1.3e+03 on 3 and 5387 DF, p−value: <2e−16

9.2.6 Transformation der abhängigen Variablen

Das Problem der sehr asymmetrischen Verteilung der Residuen und die ungleiche Variabilität der Residuen für verschiedene angepasste Werte kann man oft durch eine passende Transformation der abhängigen Variablen beheben. Aber was ist eine angemessene Transformation? Bei positiven Werten der abhängigen Variablen nimmt man oft den Logarithmus, weil er sicher zu kleineren positiven Residuen und einer symmetrischeren Verteilung der Residuen führt. Aber ist das auch für die Mieten gerechtfertigt? Box und Cox[11] haben vorgeschlagen, die folgende Familie von Transformationen zu betrachten:

$$T(y, \lambda) := \begin{cases} \dfrac{y^{\lambda} - 1}{\lambda} & \lambda > 0 \\ \log(y) & \lambda = 0 \end{cases} \tag{9.3}$$

---

[11]George E.P. Box, David R. Cox: An analysis of transformations (with discussion), Journal of the Royal Statistical Society B, 26, 1964, S. 211–252. Die von Box und Cox vorgeschlagene Methode hat immer wieder zu Diskussionen geführt, denn Regressionen mit verschieden transformierten abhängigen Variablen sind nur schwer vergleichbar. Das gilt um so mehr, wenn die Transformation auf der Basis der Daten gewählt wird. Einen guten Einstieg in die Diskussion bietet der Artikel von David Hinkley und G. Runger: The analysis of transformed data (with discussion), Journal of the American Statistical Association, 79, 1984, S. 302–320.

Diese Familie enthält neben dem Logarithmus auch alle positiven Potenzen von y, insbesondere also auch die Wurzeln, die auch oft als Standardtransformation benutzt werden. Man kann dann für jedes vorgelegte λ die zugehörigen optimalen Regressionsparameter bestimmen und dann denjenigen Wert $\hat{\lambda}$ wählen, der die quadratischen Abstände (9.2) zwischen den transformierten abhängigen Variablen und der besten zu dieser Transformation passenden Regression minimiert. Abbildung 9.4 zeigt die (negativen und durch die Varianz der jeweiligen Residuen normierten) Werte von (9.2), der Anpassung des Modells an die Daten, wobei

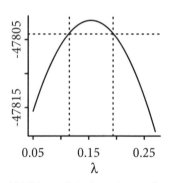

Abbildung 9.4: Beste Werte für den Transformationsparameter λ in den Daten über Miethöhen.

jeweils für ein vorgegebenes λ eine entsprechende Regression berechnet wird. Die senkrechten Linien geben ein approximatives 95% Konfidenzintervall für λ an, das also für diese Daten zwischen 0.11 und 0.19 liegt.

Das Paket MASS stellt den Befehl boxcox() bereit, der diese Graphik erzeugt. Wir haben

```
> boxcox(Miete ~ qm+HHGroesse+ErwPerson,
+        lambda=seq(0.05,0.27,length=99))
```

benutzt. Die Graphik zeigt, dass die Wahl des Logarithmus sicher zu radikal wäre. Der optimale Wert von λ ist etwa $0.154 \approx 1/6.5$, so dass wir als nächstes eine Regression der 6.5-ten Wurzel der Miethöhe auf unsere drei Variablen betrachten:

```
> traMiete <- (Miete^(1/6.5)−1)*6.5
> erg4 <- lm(traMiete ~ qm+HHGroesse+ErwPerson)
> summary(erg4)
Coefficients:
```

	Estimate	Std. Error	t value	Pr(>|t|)	
(Intercept)	7.012773	0.035098	199.80	<2e−16	***
qm	0.031022	0.000601	51.60	<2e−16	***
HHGroesse	−0.036227	0.014254	−2.54	0.011	*
ErwPerson	0.172660	0.015574	11.09	<2e−16	***

```
− − −
```

Residual standard error: 0.781 on 5387 degrees of freedom
Multiple R−squared: 0.444,   Adjusted   R−squared: 0.444
F−statistic: 1.44e+03 on 3 and 5387 DF,   p−value: <2e−16

Wir betrachten noch einmal den Q-Q-Plot für dieses Modell, um zu sehen, ob sich die Probleme asymmetrischer Residualverteilung und großer Ausreißer reduziert haben. Das Ergebnis ist Abbildung 9.5 a). Die positiven Residuen sind nun deutlich kleiner und liegen näher an der Geraden. Zudem ist die Verteilung nun fast symmetrisch. Zudem wird eine fast konstante Varianzfunktion erreicht. Das zeigt die Graphik 9.5 b).

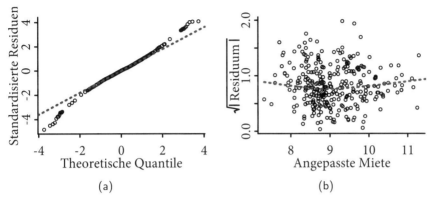

Abbildung 9.5: Diagnostische Graphiken nach der Box-Cox Transformation. a) Q-Q Plot der Quantile der standardisierten Residuen gegen die Quantile einer Normalverteilung, b) Wurzel der Beträge der standardisierten Residuen gegen angepasste Werte.

Aber wie interpretiert man das Ergebnis? Schließlich ist man an den Miethöhen interessiert, nicht an den 6.5-ten Wurzeln der Mieten. Es ist naheliegend, aber falsch, die Regression mit der 6.5-ten Wurzel einfach durch die 6.5-te Potenz der Regression zurückzutransformieren. Denn wenn der Mittelwert $M(Y^{1/6.5} \mid X = x)$ tatsächlich ungefähr gleich $\hat{b}_0 + \hat{b}_1 x_1 + \ldots + \hat{b}_m x_m$ ist, dann ist $M(Y \mid X = x)$ sicher nicht gleich $(M(Y^{1/6.5} \mid X = x))^{6.5}$. Das gilt natürlich für alle Transformationen in der Box-Cox Familie (9.3). Eine einfache Möglichkeit der korrekten Darstellung der Regressionsergebnisse nach der Retransformation in Miethöhen liefert der Durchschnitt der inversen Transformation $T^{-1}(.)$ angewandt auf die Regressionsergebnisse an der vorgegebenen Stelle $x^0 = (x_1^0, \ldots, x_m^0)$, also [12]

$$\hat{M}(Y \mid X_1 = x_1^0, \ldots, X_m = x_m^0) = \frac{1}{n} \sum_{u \in U} T_{\hat{\lambda}}^{-1}(\hat{b}_0 + \hat{b}_1 x_1^0 + \ldots + \hat{b}_m x_m^0 + \hat{e}(u))$$

In R lässt sich diese Retransformation einfach realisieren. Will man etwa den Einfluss der Wohnungsgröße zwischen 20 und 100 qm für Haushalte mit einer Erwerbsperson und drei Personen im Haushalt zeigen, dann kann man schreiben:

```
> NeuDat <- data.frame(qm=20:100,HHGroesse=3,ErwPerson=1)
> xb <- predict(erg4,NeuDat)
```

---

[12] Naihua Duan hat das Verfahren näher untersucht und mit anderen Vorschlägen verglichen (Smearing estimate: A nonparametric retransformation method. Journal of the American Statistical Association, 78, 1983, S. 605–610).

```
> e <- residuals(erg4)
> Werte <- sapply(xb,function(xb)    mean(((xb+e)/6.5+1)^6.5))
> plot(20:100,Werte,xlab="qm",ylab="Angepasste    Miete")
```

Dabei enthält der Dataframe NeuDat 81 Zeilen mit den Variablen HHGroesse, qm und ErwPerson, also die gleichen Variablennamen wie die in der Regression benutzten. Der predict() Befehl nimmt als erstes Argument ein Regressionsmodell und als zweites einen Datensatz, der alle unabhängigen Variablen enthalten muss, die im Regressionsmodell benutzt werden. Berechnet werden dann die angepassten Werte $\hat{b}_0 + \hat{b}_1 x_1^0 + \ldots + \hat{b}_m x_m^0$ für die im zweiten Argument übergebenen Daten. In der dritten Zeile werden nochmals die Residuen berechnet, dann werden für alle Elemente in xb die retransformierten Werte berechnet. Das Ergebnis ist Abbildung 9.6, in der die Mieten für Wohnungen zwischen 20 und 100

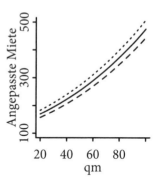

Abbildung 9.6: Retransformierte Miethöhen für einen Haushalt mit drei Personen.

qm und keiner Erwerbsperson(gestrichelt), 1 Erwerbsperson (durchgezogen) und 2 Erwerbspersonen (gepunktet) dargestellt sind.

9.2.7 Transformationen der Kovariablen

Nun kann man nicht nur die abhängige Variable transformieren, um eine angemessenere Repräsentation der Daten zu finden. Man kann das auch mit den unabhängigen Variablen tun. Denn das Modell bleibt auch dann linear, wenn man an Stelle der ursprünglichen Variablen (bekannte) Funktionen der Variablen benutzt. Ein Modell der Form

$$b_0 + b_1 g_1(X_1) + \ldots + b_m g_m(X_m)$$

in dem $g_1(.), \ldots, g_m(.)$ bekannte Funktionen der Kovariablen sind, nennt man oft ein *additives* Modell. In unserem Beispiel scheint es zwar plausibel, dass die Wohnungsgröße die Mieten linear bestimmen sollte. Wäre es die einzige Bestimmungsgröße, dann sollte man ja sogar erwarten, dass sich eine Regression durch den Nullpunkt (Konstante = 0) ergeben sollte. Der relativ große Wert der Konstanten in den untransformierten Regressionen macht aber deutlich, dass sich die Wohnungspreise nicht so homogen verhalten. Zudem ist der Zusammenhang nach der Transformation zwangsweise nicht mehr linear. Die Transformation erzwingt gerade einen konkaven Verlauf, der aber durch die Daten gar nicht gerechtfertigt sein muss. In der Tat ist der Verlauf in Abbildung 9.6 eher unerwartet. Er impliziert eine besonders langsame Steigerung der Miethöhen für kleinere Wohnungen und eine überproportionale Steigerung für große Wohnungen. Insbesondere von der Nachfrageseite her würde man aber eher das Gegenteil erwarten. [13]

Man könnte als erste Näherung für einen nicht-linearen Einfluss der Wohnungsgröße ein Polynom niedrigen Grades in der Variablen qm verwenden. Man tut das auch oft, muss dann aber mit mehreren Problemen rechnen: Zum einen sind Polynome schon durch wenige Punkte eindeutig bestimmt, so dass einige wenige Datenpunkte ihren gesamten Verlauf bestimmen können. Daher können sie auch nicht an lokale Besonderheiten der Daten an bestimmten Stellen x_0 angepasst werden. Zudem muss man technische Probleme erwarten, weil zumindest über relativ kleine Intervalle die Werte etwa von $X(u)$ und $X(u)^2$ stark korrelieren werden. Eine Alternative sind *Splinefunktionen*, die sich stückweise aus Polynomen zusammensetzen. Dabei setzt man die Stücke so zusammen, dass sie an den Stellen, an denen sie zusammentreffen, die gleichen Werte haben und der Übergang so glatt wie möglich ist. Das vermindert den Einfluss einzelner Punkte auf den gesamten Kurvenverlauf. Und es erlaubt die Darstellung beliebiger stetiger Funktionsverläufe.

Das Paket splines stellt die wichtigsten Splinefunktionen zur Verfügung. Wir verwenden einen so genannten natürlichen Spline, ein stückweises Polynom dritten Grades, das zusätzlich durch das Verhalten an den Rändern des Definitionsbereichs (im Regressionszusammenhang: dem Wertebereich von $X(u)$, $u \in \mathcal{U}$) beschränkt ist. Dort soll es eine lineare Funktion sein. [14] Die Umsetzung in R ist mit dem Paket splines sehr einfach. Der Befehl ns() berechnet eine *Splinebasis* für einen natürlichen Spline. [15] Die Option df=4 gibt an, dass drei Knoten (die Stellen, an denen die Polynomteile zusammengefügt werden sollen) gewählt werden. Die Stellen der Knoten werden, wenn im Befehl nichts anderes angegeben wird, an den entsprechenden Quantilen der Verteilung von $X(u)$ gesetzt. Je größer man den Parameter df wählt, desto irregulärere Verläufe lassen sich darstellen. Auf der anderen Seite müssen dann auch mehr Parameter geschätzt werden, so dass insbesondere in kleineren Datensätzen df nicht größer als 4 oder 5 gewählt werden sollte.

```
> library(splines)
> erg5 <- lm(traMiete ~ ns(qm,df=4)+HHGroesse+ErwPerson)
> summary(erg5)
```

	Estimate	Std. Error	t value	Pr(>|t|)
(Intercept)	6.8110	0.1001	68.05	<2e−16 ***

---

[13] Zwar erzwingt die relativ große Konstante für einen großen Bereich an Wohnungsgrößen eine eher fallende Miethöhe je Quadratmeter für größere Wohnungen, der marginale Effekt aber ist konkav.

[14] Der Name „Spline" verweist auf die Konstruktion von Schiffsplanken, bei der elastische Materialien wie Stahl oder Holz an mehreren Stützstellen (den sogenannten Knoten) in eine bestimmte Richtung gebogen werden. Die natürlichen Splines sind die Lösung des mathematischen Problems, bei vorgegebenen Knoten die Gesamtkrümmung der Planke zu minimieren.

[15] Wie bei Regressionen mit Potenztermen wie X, X^2 etc. kann man Splines als Linearkombination von transformierten Werten der unabhängigen Variablen schreiben.

ns(qm,df = 4)1	2.2200	0.0950	23.38	<2e−16 ***
ns(qm,df = 4)2	2.5946	0.0813	31.91	<2e−16 ***
ns(qm,df = 4)3	5.1456	0.2215	23.23	<2e−16 ***
ns(qm,df = 4)4	3.3136	0.1156	28.66	<2e−16 ***
HHGroesse	−0.0364	0.0143	−2.55	0.011 *
ErwPerson	0.1764	0.0155	11.36	<2e−16 ***

−−−

Residual standard error: 0.777 on 5384 degrees of freedom
Multiple R−squared: 0.45, Adjusted R−squared: 0.449
F−statistic: 733 on 6 and 5384 DF, p−value: <2e−16

Das Ergebnis des summary() Befehls ist in diesem Fall aber wenig hilfreich, weil nur die Koeffizienten der Elemente der Splinebasis angegeben werden. Es ist wieder der predict() Befehl, der weiterhilft.

```
> NeuDat <− data.frame(qm=20:130,HHGroesse=3,ErwPerson=1)
> Traqm <− predict(erg5,NeuDat,type="terms",terms=1)
> plot(20:130,Traqm,type="l",xlab="qm")
```

Hier benutzen wir den predict() Befehl mit der Option type="terms", um uns die Terme des linearen Modells berechnen zu lassen. Da der Spline der erste Term des Modells ist (was terms(erg5) bestätigt), wählen wir ihn mit der Option terms=1 aus. Das Ergebnis ist in Abbildung 9.7 a) wiedergegeben. Auf der transformierten Skala erhalten wir also einen leicht konkaven Verlauf.

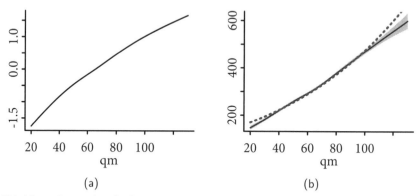

(a)   (b)

Abbildung 9.7: Splinefunktion. a) Splinefunktion auf der transformierten Skala. b) Retransformierte Regressionsfunktion mit Splinefunktion (durchgezogene Linie) und mit linearem Term (gepunktete Linie). Der graue Bereich ist ein punktweises 95% Konfidenzintervall der Regression.

Die Graphik 9.7 b) zeigt die retransformierte Funktion zusammen mit einem 95% Konfidenzintervall sowie zum Vergleich die entsprechende Funktion aus dem Modell mit dem linearen Einfluss der Wohnungsgröße. Um diese Graphik zu erstellen, benutzen wir die predict() Funktion mit der Option interval="confidence". Mit dieser Option berechnet predict() neben den an-

gepassten Werten auch die zugehörigen Konfidenzintervalle und gibt das
Ergebnis als Matrix mit drei Spalten zurück.

```
> xb <- predict(erg5,NeuDat,interval="confidence")
> e <- residuals(erg5)
> Werte <- sapply(xb[,1],function(xb)mean(((xb+e)/6.5+1)^6.5))
> WerteU <- sapply(xb[,2],function(xb)mean(((xb+e)/6.5+1)^6.5))
> WerteO <- sapply(xb[,3],function(xb)mean(((xb+e)/6.5+1)^6.5))
```

Die Graphik erhält man dann mit

```
> plot(20:130,Werte,type="l",bty="l",xlab="qm")
> polygon(c(20:130,130:20),c(WerteU,rev(WerteO)),
          col=rgb(0.8,0.8,0.8,0.5),border=NA)
```

Es zeigt sich, dass die retransformierten angepassten Werte fast linear in der
Wohnungsgröße sind. Sie steigen für kleine Wohnungsgrößen stärker, für
große Wohnungen langsamer als in der linearen Spezifikation. Das erscheint
uns plausibler als das Ergebnis der linearen Spezifikation.

Wir wollen am Schluss dieses Abschnitts noch auf die Struktur der Spline-
Objekte eingehen, die etwa durch den Befehl ns() erzeugt werden. Man kann
etwa für die Wohnungsgrößen eine *Splinebasis* durch

```
> sp <- ns(qm,df=4)
> names(attributes(sp))
[1]  "dim"  "dimnames"  "degree"   "knots"
[5]  "Boundary.knots"   "intercept"   "class"
```

erzeugen. Die Splinebasis besteht aus transformierten Werten der Variablen
qm. Es ist eine Matrix der Dimension $n \times df$ zusammen mit einigen Attributen,
die die Eigenschaften des benutzten Splines angeben. Das ist ganz ähnlich zu
der Kodierung eines Polynoms dritten Grades, bei der man die transformierten
Variablen $X(u)$, $X(u)^2$, und $X(u)^3$ jeweils als Regressoren bildet, um dann
eine einfache lineare Regression mit diesen neuen Kovariablen zu berechnen.
Der Unterschied besteht darin, dass die Basis (die transformierten Werte der
Variablen qm in unserem Beispiel) so gewählt werden muss, dass sowohl die
Randbedingungen (Linearität jenseits der Randpunkte) als auch die Bedingungen über den Zusammenhang der verschiedenen Polynomstücke erhalten
bleiben. Der ns() Befehl integriert diese Anforderungen und minimiert die
Korrelation zwischen den verschiedenen Komponenten. Die Komponenten des
Ergebnisses des ns() Befehls können deshalb einfach als Regressoren in den
lm() Befehl einbezogen werden. Allerdings hängt das Ergebnis des ns() Befehls
immer von der Verteilung der benutzten Daten ab und kann nicht einfach auf
neue Daten übertragen werden. Der Befehl attr() erlaubt es, Informationen
über die benutzte Splinebasis zurückzuerhalten. Insbesondere liefert

```
> attr(sp,"Boundary.knots")
[1]   10  140
> attr(sp,"knots")
 25% 50% 75%
 52  64   79
```

```
> attr(sp,"degree")
[1]  3
```

die Position der Grenzknoten, hinter denen der Spline linear sein soll, die Position der inneren Knoten (hier: die Quartile bei df=4) und den Grad der Polynome.

Zumeist muss man Splinebasen dann direkt manipulieren, wenn man die Splinebasen konstant halten möchte, um verschiedene Modelle mit unterschiedlichen Variablen und unterschiedlichen Fallzahlen noch sinnvoll vergleichen zu können. Dafür stellt das Paket splines einen eigenen predict() Befehl bereit. Will man etwa die Werte der Splinebasis für die Wohnungsgrößen von 20 bis 22 qm benutzen, aber die gleichen Parameter (Lage der Knoten, Grad der Polynome) benutzen, die sich bei der Berechnung mit allen Daten ergeben haben, dann kann man zunächst explizit die Splinebasis für alle Beobachtungen durch

```
> Splineqm <− ns(qm,df=4)
```

erzeugen. Die Klasse dieses neuen Objektes ist

```
> class(Splineqm)
[1] "ns"       "basis"    "matrix"
```

Nun definiert man sich neue Daten und ruft den predict() Befehl auf

```
> Neuqm <− 20:22
> neuSplineqm <− predict(Splineqm,Neuqm)
> neuSplineqm
            1        2      3        4
[1,]  0.00639  −0.100  0.225  −0.125
[2,]  0.00851  −0.109  0.246  −0.136
[3,]  0.01104  −0.118  0.266  −0.147
```

Dies ist wieder ein Beispiel für die Verwendung objektorientierter Methoden in R. predict() ist eine *generische* Funktion, die auf Grund des Klassenattributes des übergebenen Objektes prüft, ob es dafür eine spezielle Methode gibt. Wenn das der Fall ist, wird die entsprechende Funktion aufgerufen. In diesem Fall gehört das an predict() übergebene Objekt zur Klasse ns. Deshalb wird predict.ns() aufgerufen. Diese Funktion ist in der Hilfe zum Paket splines dokumentiert. [16]

9.3 Regression in Matrixnotation

R stellt eine Reihe von Matrixoperationen zur Verfügung. Sie bilden die numerische Grundlage für viele statistische Berechnungen: lineare und nicht-

---

[16]Will man sich die Definition der Funktion ansehen, reicht es nicht, einfach ihren Namen (ohne die ()) aufzurufen. Denn die Funktion ist im *Namespace* des Pakets enthalten. Zugang erhält man durch die Angabe splines:::predict.ns. Alle Funktionen zu einer Klasse erhält man durch methods(class=ns). Man spricht von Methoden in Anlehnung an den allgemeinen Sprachgebrauch in der objektorientierten Programmierung.

lineare Regressionen, Faktorenanalysen, Diskriminanzanalysen etc.

Die Funktion lm( ) zur Schätzung linearer Modelle wurde bereits behandelt. In diesem Kapitel soll nun das lineare Regressionsmodell in Matrixnotation behandelt werden. Dabei werden die R-Befehle für Matrizen eingeführt und diskutiert.

9.3.1 Einfache Matrixoperationen in R

Zunächst wollen wir uns wichtige Matrixoperationen anhand einiger Beispiele veranschaulichen. Mit dem Befehl matrix( ) können Matrizen erzeugt werden. So erzeugte Matrizen haben immer ein Attribut „Dimension“:

```
> x <− matrix(1:3)
> dim(x)
[1]  3 1
```

Wie ersichtlich, wird ohne Festlegung der Dimension ein Spaltenvektor erzeugt. Ganz analog kann eine Matrix mit vorgegebenen Dimensionen erzeugt werden:

```
> x <− matrix(1:6,nrow=2,ncol=3);x
     [,1]  [,2]  [,3]
[1,]   1     3     5
[2,]   2     4     6
```

Das Multiplikationszeichen „*“ bewirkt die skalare, elementweise Multiplikation der Elemente der Matrix:

```
> x*2
     [,1]  [,2]  [,3]
[1,]   2     6    10
[2,]   4     8    12
```

Um eine Matrixmultiplikation durchzuführen, ist anstelle von * der Befehl %*% zu verwenden:

```
> y <− matrix(c(3,12.4,−0.1),nrow=3)
> x%*%y
[1,]  39.7
[2,]  55.0
```

Was passiert, wenn Rs Vektoren mit Matrizen multipliziert werden sollen? Rs Datentyp vector hat keine Dimension (genauer: kein Attribut dim) und daher ist nicht von vornherein klar, wie (oder ob überhaupt) Rs Vektoren mit Rs Matrizen multipliziert werden können. R verwendet beim binären Operator %*% zwischen Matrizen und Vektoren (oder Vektoren und Vektoren) Konventionen, die durch die folgenden Beispiele wohl am einfachsten illustriert werden:

```
> u <− 1:3
> v <− 4:6
> w <− 7:8
> x%*%u
```

```
           [,1]
[1,]    22
[2,]    28
> w%*%x
           [,1]    [,2]    [,3]
[1,]    23      53      83
> u%*%x
Error  in  u  %*%  x : non−conformable  arguments
> u%*%v
           [,1]
[1,]    32
```

Bei der Matrixmultiplikation von Matrizen mit R Vektoren werden die Vektoren also als entsprechende Matrizen interpretiert, jedenfalls dann, wenn das überhaupt möglich ist. Das Matrixprodukt %*% zweier Vektoren ist immer das innere Produkt, also $\sum_i u_i v_i$, das dann als Matrix der Dimension 1x1 gespeichert wird.

Eine Matrix kann mittels der Funktion t() transponiert werden:

```
> t(matrix(1:6,nrow=3,ncol=2))
           [,1]    [,2]    [,3]
[1,]    1       2       3
[2,]    4       5       6
```

Matrixmultiplikationen können anstelle von „%*%“ auch mit den Funktionen crossprod() bzw. tcrossprod() durchgeführt werden, die insbesondere bei großen Matrizen wesentlich effizienter sind (crossprod() berechnet t(x)%*%y, tcrossprod x%*%t(y)):

```
> matrix(1:2,ncol=1)%*%matrix(3:4,ncol=2)
        [,1]    [,2]
[1,]    3       4
[2,]    6       8
> crossprod(matrix(1:2,ncol=2),matrix(3:4,ncol=2))
        [,1]    [,2]
[1,]    3       4
[2,]    6       8
```

Die Berechnung der Inversen einer Matrix erfolgt durch den Befehl solve():

```
> x <− matrix(1:4,nrow=2)
> solve(x)
           [,1]    [,2]
[1,]    −2      1.5
[2,]    1      −0.5
```

Der Befehl löst somit das Gleichungssystem xa=I nach a auf, wobei I die Einheitsmatrix mit den Werten 1 auf der Diagonalen und den Werten 0 außerhalb der Diagonalen ist. solve(x) ist die Inverse der Matrix x. Dies können wir auch an einem Beispiel überprüfen:

```
> solve(x)%*%x
       [,1]   [,2]
[1,]    1      0
[2,]    0      1
```

Die Variante solve(x,b) löst das Gleichungssystem xa=b für einen Vektor b.

Eine Einheitsmatrix kann mit dem Befehl diag() erzeugt werden:

```
> diag(2)
       [,1]   [,2]
[1,]    1      0
[2,]    0      1
```

Der Befehl diag() ist allerdings kontextabhängig. Wird als Argument eine Matrix übergeben, wird ein Vektor der Diagonalelemente dieser Matrix erzeugt:

```
> diag(matrix(1:4,nrow=2))
[1] 1 4
```

Wird ein Vektor übergeben, wird eine Diagonalmatrix mit den Vektorelementen auf der Diagonalen erzeugt:

```
> diag(1:2)
       [,1]   [,2]
[1,]    1      0
[2,]    0      2
```

Nachfolgend sollen noch weitere nützliche Rechenregeln betrachtet und mit einfachen Beispielen illustriert werden. Wir können uns z.B. davon überzeugen, dass bei der Matrixmultiplikation das Kommutativgesetz ($ab = ba$) nicht gilt:

```
> matrix(1:4,nrow=2)%*%matrix(5:8,nrow=2)
       [,1]   [,2]
[1,]    23     31
[2,]    34     46
> matrix(5:8,nrow=2)%*%matrix(1:4,nrow=2)
       [,1]   [,2]
[1,]    19     43
[2,]    22     50
```

Das Distributivgesetz $(a + b)\,c = ac + bc$ hingegen gilt:

```
> (matrix(1:4,nrow=2)+matrix(5:8,nrow=2))%*%matrix(9:12,nrow=2)
       [,1]   [,2]
[1,]    154    186
[2,]    192    232
> matrix(1:4,nrow=2)%*%matrix(9:12,nrow=2)+
+      matrix(5:8,nrow=2)%*%matrix(9:12,nrow=2)
       [,1]   [,2]
[1,]    154    186
[2,]    192    232
```

Ebenso gilt die Transponierungsregel $(ab)^t = b^t a^t$:

```
> t(matrix(1:4,nrow=2)%*%matrix(5:8,nrow=2))
      [,1][,2]
[1,]   23   34
[2,]   31   46
> t(matrix(5:8,nrow=2))%*%t(matrix(1:4,nrow=2))
      [,1]   [,2]
[1,]   23     34
[2,]   31     46
```

9.3.2 Das Regressionsmodell in Matrixnotation

Ausgangspunkt ist das lineare Regressionsmodell

$$Y(u) = b_0 + b_1X_1(u) + b_2X_2(u) + \ldots + b_mX_m(u) + e(u)$$

Werden die n Beobachtungen untereinander geschrieben, dann lässt sich das Modell in Matrixnotation darstellen als:

$$Y = Xb + e$$

Dabei ist Y ein Spaltenvektor der Dimension $n \times 1$, X ist eine Matrix der Dimension $n \times m + 1$, b ist der Spaltenvektor der Regressionskoeffizienten mit der Dimension $m + 1 \times 1$ und e ist ein Spaltenvektor der Dimension $n \times 1$. Gesucht ist der Vektor $\hat{b}$, der am besten zu den Daten passt. Wählt man die quadrierten Abstände zwischen Daten und der Funktion $b_0 + b_1X_1(u) + b_2X_2(u) + \ldots + b_mX_m(u) := Xb$ als Kriterium, dann soll die Summe der Quadrate der Residuen $\hat{e}(u)$ minimiert werden. Die Summe der quadrierten Residuen in Matrixnotation ist $e^t e$:

$$e^t e = (Y - Xb)^t (Y - Xb) = Y^t Y - 2b^t X^t Y + b^t X^t Xb$$

Diese soll nun durch die Wahl von b minimiert werden. Es wird daher die erste Ableitung nach b gebildet und Null gesetzt:

$$\left. \frac{\partial e^t e}{\partial b} \right|_{\hat{b}} = -2X^t Y + 2X^t X\hat{b} = 0$$

Nach Umformung resultiert dann die Bestimmungsgleichung für den gesuchten Parametervektor $\hat{b}$:

$$X^t X\hat{b} = X^t Y \iff \hat{b} = \left(X^t X\right)^{-1} X^t Y$$

Der Schätzwert der Varianz der Störterme ergibt sich in der Matrixnotation als $\hat{\sigma}^2 = \hat{e}^t\hat{e}/(n - m)$ und die geschätzte Varianz-Kovarianz-Matrix des geschätzten Parametervektors $\hat{b}$ als $\text{cov}(\hat{b}) = \hat{\sigma}^2 \left(X^t X\right)^{-1}$. $X^t X$ wird als *Kreuzproduktmatrix* bezeichnet.

9.3.3 Die Berechnung von Regressionen in R

Es soll nun eine lineare Regression in R berechnet werden. Als Beispiel erzeugen wir Daten mit folgendem Prozess:

$$Y = 1 + 2X_1 + 3X_2 + e \quad e \sim N(0, 1)$$

Die Werte der erklärenden Variablen erzeugen wir als Realisationen einer multivariat normalverteilten Zufallsvariablen.

```
> set.seed(123)
> library(MASS)
> x12 <- mvrnorm(n=5,mu=c(0,0),Sigma=cbind(c(1,0.8),c(0.8,1)))
```

Als erste Spalte der Datenmatrix x setzen wir eine 1 für die Konstante, die beiden erklärenden Variablen werden Spalten 2 und 3 (x12):

```
> x <- cbind(1,x12)
```

Den bekannten Parametervektor b benötigen wir ebenfalls zur Datenerzeugung:

```
> b <- matrix(1:3,ncol=1)
```

Der deterministische Teil wird additiv von einem Vektor der Störterme überlagert, den wir ebenfalls als Realisation der Normalverteilung erzeugen:

```
> e <- rnorm(5)
```

Nun können wir den Vektor y erzeugen:

```
> y <- x%*%b+e
```

Betrachten wir die einzelnen Modellkomponenten. Der zu erklärende Datenvektor enthält nun die folgenden Werte:

```
> t(y)
         [,1]   [,2]   [,3]   [,4]   [,5]
[1,]   -0.977 0.122  9.200  1.660  1.200
```

Die Matrix der erklärenden Variablen hat folgende Form:

```
> t(x)
          [,1]      [,2]    [,3]    [,4]      [,5]
[1,]    1.0000    1.0000   1.00    1.000    1.0000
[2,]    0.0106   -0.0726   1.08   -0.150   -0.0183
[3,]   -1.0741   -0.3641   1.88    0.284    0.2636
```

Nun soll auf Basis der vorliegenden $n = 5$ Werte der Vektor b geschätzt werden: [17]

```
> bd <- solve(t(x)%*%x)%*%t(x)%*%y; t(bd)
        [,1]    [,2]    [,3]
[1,]   1.198   3.655   2.133
```

Außer für den Parametervektor könnten wir uns auch noch für weitere Modellinformationen interessieren.

Summe der quadrierten Residuen (rss für residual sum of squares):

---

[17] Einige Hinweise auf effizientere numerische Möglichkeiten in R gibt Douglas Bates: Least squares calculations in R. Timing different approaches. R News, 4, 2004, 17–20.

```
> res  <− y−x%∗%bd
> rss  <− as.vector(t(res)%∗%res);rss
[1]  0.4206
```
Geschätzte Varianz bzw. Standardabweichung der Residuen:
```
> n <− length(y)
> m <− ncol(x)
> sigma2 <− rss/(n−m);sigma2
[1]  0.2103
> sigma <− sigma2^0.5;sigma
[1]  0.4586
```
Kovarianzmatrix der Parameter:
```
> covb <− sigma2∗solve(t(x)%∗%x);covb
          [,1]        [,2]         [,3]
[1,]    0.04911   −0.05666   0.01298
[2,]   −0.05666    0.60301  −0.23085
[3,]    0.01298   −0.23085   0.13246
```
Vektor der Standardabweichungen der Parameter:
```
> sb <− sqrt(diag(covb));sb
[1]  0.2216  0.7765  0.3640
```
Vektor der t-Werte:
```
> tb <− as.vector(bd/sb);tb
[1]  5.408  4.707  5.861
```
Zweiseitige empirische Signifikanzniveaus (p-values):
```
> pvb <− 2∗pt(−abs(tb),n−m);pvb
[1]  0.03253  0.04229  0.02790
```
R^2 und korrigiertes R^2:
```
> r2 <− as.vector(var(x%∗%bd)/var(y));r2
[1]  0.9935
> r2.adj  <− 1−(n−1)/(n−m)∗(1−r2);r2.adj
[1]  0.9870
```
F-Statistik und Signifikanzniveau der F-Statistik:
```
> f <− as.vector(sum((x%∗%bd−mean(y))∗∗2)/(m−1)/sigma2);f
[1]  152.6
> pvf  <− 1−pf(f,m−1,n−m); pvf
 [1]  0.00651
```
Vergleichen wir das Ergebnis mit dem Ergebnis der Prozedur lm():
```
> summary(lm(y~x12))
Call:
lm(formula=y~x12)
Residuals:
       1        2        3        4        5
  0.0769  −0.0341   0.0453   0.4073  −0.4955
```

Coefficients:

	Estimate	Std. Error	t value	Pr($>$|t|)	
(Intercept)	1.198	0.222	5.41	0.033	*
x121	3.655	0.777	4.71	0.042	*
x122	2.133	0.364	5.86	0.028	*

$---$

Residual standard error: 0.459 on 2 degrees of freedom
Multiple R$-$squared: 0.993,   Adjusted R$-$squared: 0.987
F$-$statistic: 153 on 2 and 2 DF, p$-$value: 0.00651

9.4 Übungsaufgaben

1) Erzeugen Sie 20 Realisationen einer standardnormalverteilten Zufallsvariablen (set.seed(1)) und weisen Sie die Realisationen der Variablen x zu. Berechnen Sie Regressionswerte xb durch 1+0.5*x. Addieren Sie 20 Realisationen (set.seed(3)) einer standardnormalverteilten Zufallsvariablen e und weisen Sie die so entstandenen Werte dem Vektor y zu. Stellen Sie x und y in einem Streudiagramm dar und zeichnen Sie die Funktion $f(x) = 1 + 0.5 * x$ ein. Benutzen Sie dazu den Befehl abline(). Ermitteln Sie mittels der Funktion lm() die Regressionswerte und tragen Sie auch diese Gerade in Ihr Diagramm ein. (Benutzen Sie wieder den Befehl abline().)

2) Erzeugen Sie einen neuen Vektor v mit 20 Realisationen einer standardnormalverteilten Zufallsvariablen (set.seed(5)) und addieren Sie diese Werte zu den xb. Nennen Sie das Ergebnis y2. Tragen Sie auch die neuen Realisationen x,y in Ihr Diagramm ein. Benutzen Sie dazu eine andere Farbe oder andere Symbole.

3) Ermitteln Sie für die neuen Realisationen eine Regressionsgerade und tragen Sie diese zusätzlich in Ihr Diagramm ein.

4) Extrahieren Sie aus dem Objekt der ersten Regression den Vektor der Residuen.

5) Erzeugen Sie die voreingestellten diagnostischen Graphiken für das erste Regressionsmodell.

6) Extrahieren Sie den Wert des R^2 aus dem summary() Objekt des ersten Regressionsmodells.

7) Simulieren Sie 1000 Realisationen von jeweils 20 Werten einer standardnormalverteilten Variablen und addieren Sie sie zu den in Aufgabe 1) erzeugten Werten von xb. Berechnen Sie für jede der 1000 Realisationen eine Regression und speichern Sie die Werte der berechneten Regressionskoeffizienten in einer Matrix (Sie extrahieren die Koeffizienten mit der Funktion coef()). Berechnen Sie die Standardabweichungen der beiden Koeffizienten über alle Realisationen und vergleichen Sie den

Wert mit den im ersten Regressionsmodell geschätzten Standardfehlern der beiden Koeffizienten.

8) Erweitern Sie die Berechnungen in der letzten Aufgabe und speichern Sie auch die geschätzten Standardfehler und Varianzen der 1000 Regressionsparameter. Sie können dazu z.B. den Befehl diag(vcov(erg)) verwenden. Berechnen Sie dann den Durchschnitt dieser Werte und vergleichen Sie ihn mit der Standardabweichung und der Varianz, die sich aus der Simulation der letzten Aufgabe ergab.

9) Erzeugen Sie je 1000 Realisationen standardnormalverteilter Variabler x1,x2,e und berechnen Sie

$$y := |x_1 + 1| * \exp(\sin(3 * x_2) + e)$$

Können Sie durch passende Transformationen die funktionale Form der Regressoren wiederentdecken? Was passiert, wenn Sie die Berechnungen mit 10000 Realisationen wiederholen? Können Sie sich Funktionen konstruieren, bei denen Ihre Methoden versagen würden?

10) Benutzen Sie die Angaben des Mikrozensus zu Miethöhen, ergänzen Sie aber die Regressionsgleichung um Angaben zum Haushaltseinkommen (ef539). Die Angaben sind gruppiert. Wie würden Sie mit diesen Angaben umgehen, wenn sie als unabhängige Variable in die Regression eingehen sollen?

11) Mit Residuen kann man erstaunliche Dinge machen. Besuchen Sie die Seite http://www4.stat.ncsu.edu/~stefanski/NSF_Supported/ Hidden_Images/stat_res_plots.html für einige Beispiele und entsprechenden R Code (am Schluss der Seite). Lesen Sie dazu die Erläuterungen von Leonard A. Stefanski: Residual (Sur-)Realism. American Statistician, 61, 2007, S. 163–177 (der Artikel ist auch auf der angegebenen Seite erhältlich) und erzeugen Sie sich eine eigene Residuengraphik.

12) Erzeugen Sie eine Matrix X der Dimension 10000 × 10 mit Realisationen einer standardnormalverteilten Zufallsvariablen und berechnen Sie mittels der Matrixmultiplikation und der Funktion crossprod() X^tX sowie mittels der Funktion solve() die Inverse $(X^tX)^{-1}$.

   a) Erzeugen Sie eine Variable Y als Summe einer normalverteilten Zufallsvariablen (mean=0,sd=400) und Xb. X sei dabei die um einen Eins-Vektor ergänzte Matrix X und b sei 1:11.

   b) Ermitteln Sie den Vektor der Regressionsparameter nach der Methode der kleinsten Quadrate mit Hilfe von Matrizenoperationen.

   c) Ermitteln Sie für die 11 Parameter die Standardfehler, die t-Werte und die p-Werte.

   d) Ermitteln Sie das Bestimmtheitsmaß.

10

DIE MAXIMUM-LIKELIHOOD-METHODE

Die Maximum-Likelihood-Methode ist ein ausgesprochen wichtiges Konzept zur Ermittlung von Schätzfunktionen. Ausgehend von einem Wahrscheinlichkeitsmodell und einer angenommenen Verteilung werden für vorliegende Daten die Parameter des Modells so geschätzt, dass sich für die vorliegenden Daten eine maximale Wahrscheinlichkeit des Auftretens ergibt. Anhand von einfachen Beispielen verdeutlichen wir in diesem Kapitel die Grundidee dieser Schätzmethode.

10.1 Die Leitidee

Die plausible Leitidee dieser Methode ist: Man wähle als Schätzwert für einen unbekannten Parameter jenen numerischen Wert, der den beobachteten Werten die maximale Wahrscheinlichkeit des Auftretens gibt. Betrachtet sei als erstes Beispiel das Urnenmodell: Es existieren 3 Kugelurnen, mit den Anteilen $\theta_1 = 0.2$, $\theta_2 = 0.4$ und $\theta_3 = 0.6$ roter Kugeln. Es liegen $n = 20$ Ziehungen (mit Zurücklegen) mit $x = 9$ und damit $x/n = 0.45$ vor. x bezeichne die Anzahl roter Kugeln unter den 20 Ziehungen. Es ist unbekannt und soll erschlossen werden, aus welcher Urne diese Ziehungen stammen. Zunächst wird gefragt: Mit welchen Wahrscheinlichkeiten könnte ein solches Ziehungsergebnis aus den 3 Urnen hervorgehen? Die Wahrscheinlichkeiten nach der Binomialverteilung

$$\Pr(\mathbb{X} = x) = \binom{n}{x} \theta^x (1 - \theta)^{n-x}$$

findet man mit Hilfe der Funktion dbinom() in R. Diese Funktion gibt als Wert die mittels der Binomialverteilung berechnete Wahrscheinlichkeit zurück. Als erstes Argument ist die Zahl der roten Kugeln x, als zweites die Zahl der Ziehungen n und als drittes die Wahrscheinlichkeit θ anzugeben. Für die erste Kugelurne finden wir auf diese Weise:

> dbinom(9,20,0.2)
[1]   0.007386959

Für die beiden weiteren Kugelurnen ergibt sich:

> dbinom(9,20,0.4)
[1]   0.1597385
> dbinom(9,20,0.6)
[1]   0.07099488

Die Urne 1 gibt also dem vorliegenden Ziehungsergebnis die Wahrscheinlichkeit 0.0074, Urne 2 die Wahrscheinlichkeit 0.1597 und Urne 3 die Wahrscheinlichkeit 0.0710. Da wir eher mit Ereignissen rechnen, die eine vergleichsweise hohe Wahrscheinlichkeit haben als mit vergleichsweise unwahrscheinlichen Ereignissen, werden wir am ehesten vermuten, dass die Ziehungen aus der Urne 2 mit $\theta_2 = 0.4$ stammen. Man beachte die Umkehrung der stochastischen Schlussrichtung. Urne 2 hat nicht die größte Wahrscheinlichkeit (diese „Wahrscheinlichkeit" ist gar nicht definiert), sondern ihre Zusammensetzung gibt dem aufgetretenen Ziehungsergebnis die größte Wahrscheinlichkeit. R.A. Fisher hat dafür den Ausdruck „likelihood" (im Unterschied zu „probability") vorgeschlagen. In der deutschen Literatur wird dieser englische Ausdruck zuweilen mit „Mutmaßlichkeit" übersetzt.

10.2 Maximum-Likelihood-Schätzung

10.2.1 Maximum-Likelihood: Binomialverteilung

Betrachten wir nun ein zweites Beispiel. Diesmal liegt eine Ziehung (mit Zurücklegen) von $n = 10$, davon $x = 8$ roten, Kugeln vor. Der unbekannte Anteil θ an roten Kugeln in der Urne soll geschätzt werden. Wir schreiben für die Zufallsvariablen $\mathbb{X} = \mathbb{X}_1 + \ldots + \mathbb{X}_{10}$, wobei $\mathbb{X}_i = 1$ sein soll, wenn eine rote Kugel gezogen wird, 0 sonst. Für die Realisationen dieser Zufallsvariablen schreiben wir analog $x = x_1 + \ldots + x_{10}$. Wir ordnen nun allen möglichen Werten von θ die Wahrscheinlichkeiten zu, die diese θ der gefundenen Realisation $(x_1, \ldots, x_{10})$ geben:

$$L(\theta) = \Pr_\theta(\mathbb{X} = 8) = \binom{10}{8} \theta^8 (1 - \theta)^{10-8}$$

Die Umkehrung der Schlussrichtung hat ihre mathematische Entsprechung darin, dass die Wahrscheinlichkeitsverteilungen, deren Parameter geschätzt werden sollen, umgedeutet werden: Die Parameter werden als Variable (Unbekannte), die Realisationen der Zufallsvariablen $(x_1, \ldots, x_n)$ als bekannte feste Werte behandelt. Aus dieser Umdeutung der Wahrscheinlichkeitsfunktion (bzw. Dichtefunktion) entsteht die Likelihoodfunktion.

Um die Likelihoodfunktion graphisch darzustellen, erzeugen wir einen Vektor theta, berechnen für jeden Wert dieses Vektors die Wahrscheinlichkeit, die dieser Wert den Realisationen gibt und sammeln diese Wahrscheinlichkeiten in dem Vektor like. Üblich ist die Darstellung normierter Likelihoodfunktionen, deren maximaler Wert 1 ist. Hierzu dividiert man alle berechneten Likelihoodwerte durch das Maximum der Likelihood über alle Parameter. DasErgebnis ist Abbildung 10.1:

```
> theta  <− seq(0.01,0.99,0.01)
> like   <− dbinom(8,10,theta)
> liken  <− like/max(like)
> plot(theta,liken,type='l',xlab=expression(theta),
+       ylab=expression(paste("L(",theta,")",sep="")))
```

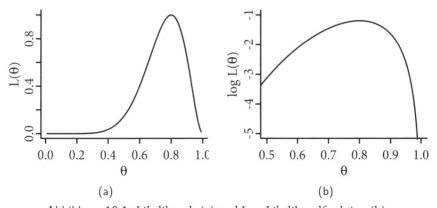

Abbildung 10.1: Likelihood- (a) und Log-Likelihoodfunktion (b)

Muss man sich für einen einzigen Wert der möglichen θ entscheiden und diesen als Schätzwert $\hat{\theta}$ wählen, dann liegt es nahe, denjenigen Wert zu wählen, der dem vorliegenden Ziehungsergebnis die höchste Wahrscheinlichkeit gibt, selbst also die höchste Likelihood hat. In unserem Fall können wir diesen Wert aus dem Vektor theta wählen:

```
> theta.max  <− theta[which.max(like)]
```

In diesem einfachen Beispiel hätten wir den Maximum-Likelihood-Schätzer auch analytisch ermitteln können. Wir betrachten den allgemeinen Fall. Es liegen n Ziehungen vor, von denen x rote Kugeln ergaben. x und n werden als feste Werte, der Parameter θ als Variable betrachtet. Durch diese Umdeutung wird aus der Wahrscheinlichkeitsfunktion der Binomialverteilung die Likelihoodfunktion

$$L\left(\theta \mid n, x\right) = \binom{n}{x}\theta^x \left(1 - \theta\right)^{n-x}$$

Man findet den Wert θ, der die Likelihoodfunktion maximiert (der also x die maximale Wahrscheinlichkeit gibt), indem man $L\left(\theta \mid n, x\right)$ nach θ ableitet und die Ableitung gleich Null setzt. Denn $L(\theta \mid n, x)$ ist als Funktion von θ im Bereich $[0, 1]$ eine stetig differenzierbare Funktion.

Oft ist es leichter, statt mit der Likelihood mit deren Logarithmus zu rechnen, weil dann Produkte zu Summen werden, die sich einfacher differenzieren lassen. Da der Logarithmus eine monotone Transformation ist, besitzt die Funktion $\log L\left(\theta \mid n, x\right)$, die *Log-Likelihoodfunktion*, an der gleichen Stelle wie $L\left(\theta \mid n, x\right)$ ihr Maximum. In unserem Beispiel lautet die Log-Likelihoodfunktion:

$$\log L(\theta \mid x, n) = \log \binom{n}{x} + x \log \theta + (n - x) \log(1 - \theta)$$

Die Log-Likelihoodfunktion der Likelihood aus Abbildung 10.1 ist rechts in Abbildung 10.1 für einen Teil des Definitionsbereichs dargestellt.

Die erste Ableitung der Log-Likelihoodfunktion wird üblicherweise als *Scorefunktion* $U(\theta)$ bezeichnet. In dem Beispiel lautet die Scorefunktion:

$$U\left(\theta\right) = \frac{\partial \log L(\theta \mid x, n)}{\partial \theta} = \frac{x}{\theta} - \frac{n - x}{1 - \theta}$$

Aus $U(\hat{\theta}) = 0$ ergibt sich $\hat{\theta}(n - x) = (1 - \hat{\theta})x$ oder $\hat{\theta} = x/n$. Überprüfen wir noch, dass dies ein Maximum ist:

$$\frac{\partial^2 \log L(\theta \mid x, n)}{\partial \theta^2} = \frac{\partial \left(x\theta^{-1} - (n - x)\left(1 - \theta\right)^{-1}\right)}{\partial \theta} = -\frac{x}{\theta^2} - \frac{n - x}{(1 - \theta)^2}$$

Setzt man den gefundenen Schätzer $\hat{\theta} = x/n$ ein, findet man

$$\frac{\partial^2 \log L(\theta \mid x, n)}{\partial \theta^2} = -x \left(\frac{x}{n}\right)^{-2} - (n - x) \left(1 - \frac{x}{n}\right)^{-2}$$

und sieht, dass beide Summanden nicht positiv sind und mindestens ein Summand negativ ist. Folglich ist $\hat{\theta} = x/n$ ein Maximum-Likelihood-Schätzwert für θ. Es ist die relative Häufigkeit der Ziehungen, deren Erwartungswert im klassischen Modell gerade θ ist. [1]

---

[1] Erwartungstreue ist bei Maximum-Likelihood-Schätzwerten i.d.R. nicht zu erwarten. Denn Maximum-Likelihood-Schätzer haben eine hilfreiche Eigenschaft, die der Erwartungstreue entgegensteht: Ist $g \colon \Theta \to \mathbb{R}$ eine Funktion der Parameter, etwa wenn man etwas über die Odds $\theta/(1 - \theta)$ statt über die θ in der Binomialverteilung wissen möchte, dann ist der Maximum-Likelihood-Schätzer von $g(\theta)$ gerade $g(\hat{\theta})$, also der Funktionswert der Funktion g ausgewertet an der Stelle des Maximum-Likelihood-Schätzers.

10.2.2 Maximum-Likelihood: Poisson-Verteilung

Eine Poisson-verteilte Zufallsvariable $\mathbb{X}$ mit dem Parameter λ nimmt mit der folgenden Wahrscheinlichkeit eine bestimmte Ausprägung x ($x \in \mathbb{N}_0$) an:

$$\Pr(\mathbb{X} = x) = e^{-\lambda} \frac{\lambda^x}{x!}$$

Die Poisson-verteilte Zufallsvariable $\mathbb{X}$ hat die besondere Eigenschaft, dass Erwartungswert und Varianz identisch sind, also $\mathbb{E}(\mathbb{X}) = \mathbb{V}(\mathbb{X}) = \lambda$ gilt. Die beiden typischen Anwendungsbereiche der Poisson-Verteilung sind die als Approximationsverteilung der Binomialverteilung und der Modellierung stochastischer Prozesse.

Wir gehen aus von vorliegenden Realisationen $X = (x_1, \ldots, x_n)$ von n unabhängigen und identisch Poisson-verteilten Zufallsvariablen $\mathbb{X}_i$. Der Parameter λ soll nun auf Basis der vorliegenden Realisationen geschätzt werden. Das heißt, λ ist nun variabel und die vorliegenden Realisationen x_i sind fix. Als Schätzmethode wählen wir die Maximum-Likelihood-Methode, d.h. wir suchen das λ, das die Likelihood bzw. die Log-Likelihood maximal werden lässt.

Die Likelihood unabhängiger Ziehungen ergibt sich als Produkt der Wahrscheinlichkeiten der einzelnen Realisationen x_i:

$$L(\lambda \mid X) = \prod_{i=1}^{n} e^{-\lambda} \frac{\lambda^{x_i}}{x_i!} = e^{-n\lambda} \prod_{i=1}^{n} \frac{\lambda^{x_i}}{x_i!}$$

Die Log-Likelihood ist dann

$$\log L(\lambda \mid x) = -n\lambda + \log(\lambda) \sum_{i=1}^{n} x_i - \sum_{i=1}^{n} \log(x_i!)$$

Ableitung nach dem Parameter λ und Nullsetzen ergibt

$$U(\hat{\lambda}) = \left. \frac{\partial \log L(\lambda \mid x)}{\partial \lambda} \right|_{\lambda = \hat{\lambda}} = -n + \frac{1}{\hat{\lambda}} \sum_{i=1}^{n} x_i = 0 \Leftrightarrow \hat{\lambda} = \frac{1}{n} \sum_{i=1}^{n} x_i = \mathrm{M}(X)$$

Der Maximum-Likelihood-Schätzer $\hat{\lambda}$ ist somit das arithmetische Mittel der Realisationen x_i. Da wir zudem finden

$$\left. \frac{\partial^2 \log L(\lambda \mid x)}{\partial \lambda^2} \right|_{\lambda = \hat{\lambda}} = -\frac{1}{\hat{\lambda}^2} \sum_{i=1}^{n} x_i < 0$$

ist gewährleistet, dass es sich um ein Maximum handelt.

Auch hier wollen wir ein Beispiel betrachten. Es liegen 10 Realisationen einer Poisson-verteilten Zufallsvariablen mit dem Parameter $\lambda = 3$ vor. Wir veranschaulichen uns die Likelihood- und die Log-Likelihoodfunktion mit Abbildung 10.2.

```
> set.seed(123)
> x <- rpois(10,3);x
> l <- seq(0,10,0.01);l
> like  <- apply(matrix(l),1,function(z)     prod(dpois(x,z)));like
> likeN  <- like/max(like)
> llike  <- log(like)
> llikeN  <- llike/max(llike)
```

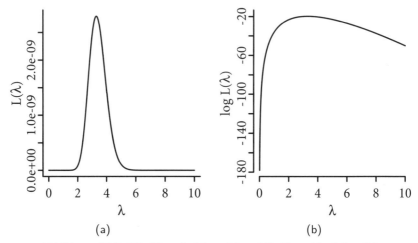

(a)   (b)

Abbildung 10.2: Likelihood- (a) und Log-Likelihoodfunktion (b)

10.2.3 Maximum-Likelihood: Normalverteilung

Für eine normalverteilte Zufallsvariable $\mathbb{X}$ liegen n unabhängig identisch verteilte Realisationen vor. Die Werte seien mit x_i ($i = 1, ..., n$) bezeichnet. Die Dichtefunktion lautet:

$$\phi(x) = \frac{1}{\sigma\sqrt{2\pi}} e^{-\frac{(x-\mu)^2}{2\sigma^2}}$$

Ausgegangen wird nun von der Wahrscheinlichkeit dafür, dass alle n x-Werte gemeinsam in den Ziehungen aufgetreten sind. Da die Zufallsvariablen stochastisch unabhängig sind und jedes x_i mit einer Wahrscheinlichkeit proportional zu $\phi(x_i)$ auftritt, beträgt die Wahrscheinlichkeit für das gemeinsame Auftreten der n Realisationen:

$$\phi(x_1)\phi(x_2)\ldots\phi(x_n)dx_1\ldots dx_n = \frac{1}{\sigma^n\sqrt{2\pi}^n} e^{-\sum_{i=1}^{n}(x_i-\mu)^2/2\sigma^2} dx_1\ldots dx_n$$

Die Wahrscheinlichkeit für diese beobachteten Werte hängt somit von den beiden Parametern der Normalverteilung, dem Erwartungswert μ und der

Varianz σ^2 (bzw. Standardabweichung σ) ab. Bestimmte Normalverteilungsparameter geben den Realisationen die dargestellte Wahrscheinlichkeit, die
zur Likelihood umgedeutet wird. Die x_i sind nun feste Werte, die beiden
Normalverteilungsparameter μ und σ sind Variable. Die Likelihoodfunktion
lautet damit:

$$L(\mu, \sigma \mid x_1, ..., x_n) = \frac{1}{\sigma^n \sqrt{2\pi}^n} e^{-\sum_{i=1}^n (x_i - \mu)^2 / 2\sigma^2}$$

Die Maximum-Likelihood-Schätzwerte $\hat{\mu}$ und $\hat{\sigma}$ erhält man durch partielles
Differenzieren von $\log L(.)$ nach μ und σ und Nullsetzen der partiellen Ab-
leitungen. Die Scorefunktion hat also nun als Wert einen Vektor mit zwei
Elementen, den partiellen Ableitungen nach μ und σ. Zunächst zur partiellen
Ableitung nach μ:

$$\frac{\partial \log L}{\partial \mu} = \frac{1}{\sigma^2} \sum_{i=1}^n (x_i - \mu)$$

Wir setzen die partielle Ableitung null, um das Maximum zu finden:

$$\frac{\partial \log L}{\partial \mu}\bigg|_{\mu=\hat{\mu}} = \frac{1}{\sigma^2} \sum_{i=1}^n (x_i - \hat{\mu}) = 0 \Leftrightarrow \sum_{i=1}^n (x_i - \hat{\mu}) = 0 \Leftrightarrow \hat{\mu} = \frac{1}{n} \sum_{i=1}^n x_i$$

Das arithmetische Mittel $M(X)$ ist der Maximum-Likelihood-Schätzwert für
den Erwartungswert μ der Normalverteilung. Durch Nullsetzen der ersten
Ableitung der Log-Likelihoodfunktion nach σ erhält man den die Likelihoodfunktion maximierenden Schätzwert $\hat{\sigma}^2$:

$$\frac{\partial \log L}{\partial \sigma}\bigg|_{\sigma=\hat{\sigma}} = -\frac{n}{\hat{\sigma}} - \frac{-2}{2\hat{\sigma}^3} \sum_{i=1}^n (x_i - \mu)^2 = \frac{1}{\hat{\sigma}^3} \sum_{i=1}^n (x_i - \mu)^2 - \frac{n}{\hat{\sigma}} = 0$$

$$\hat{\sigma}^2 = \frac{1}{n} \sum_{i=1}^n (x_i - \mu)^2 = M((X - \mu)^2) \quad \text{und} \quad \hat{\sigma} = \sqrt{\hat{\sigma}^2}$$

und bei Verwendung des ML-Schätzers $M(X)$ für μ: $\hat{\sigma} = (M(X - M(X))^2)^{1/2}$.
Nachrechnen zeigt, dass $(\hat{\mu}, \hat{\sigma}) = (M(X), (M(X - M(X))^2)^{1/2})$ tatsächlich die
Log-Likelihood in beiden Parametern maximiert.

Der ML-Schätzwert $\hat{\sigma}^2$ ist ein Beispiel dafür, dass Maximum-Likelihood-
Schätzwerte nicht notwendigerweise auch erwartungstreu sein müssen. Üblicherweise benutzt man den erwartungstreuen Schätzwert $var(X) = n/(n-1)\hat{\sigma}^2$,
der im übrigen auch ohne Annahmen über eine Verteilungsklasse wie die
Normalverteilung erwartungstreu ist. Jedoch ist der Unterschied bei großem n
unbedeutend. Betrachten wir hierzu ein Beispiel in R. Wir erzeugen 5 Realisationen einer standardnormalverteilten Zufallsvariablen, die wir dem Vektor x
zuweisen:

```
> set.seed(123)
> x <− rnorm(5);x
[1]  −0.56047565 −0.23017749 1.55870831 0.07050839 0.12928774
```

Wir unterstellen nun, dass die zugrundeliegenden Parameter der Normalverteilung nicht bekannt sind und berechnen die Wahrscheinlichkeit für die
vorliegenden Realisationen bei $\mu = 0.5$ und $\sigma = 1.5$:

```
> prod(dnorm(x,mean=0.5,sd=1.5))
[1]  0.0006681332
```

In unserem Beispiel finden wir die beiden ML-Schätzwerte mit

```
> mean(x);sd(x)*sqrt(4/5)
[1]  0.1935703
[1]  0.7254
```

Der Wert der Likelihood an den ML-Schätzwerten ergibt sich als

```
> prod(dnorm(x,mean(x),sd(x)*sqrt(4/5)))
[1]  0.004129775
```

Der Verlauf der Likelihoodfunktion ist in Abbildung 10.3 dargestellt.

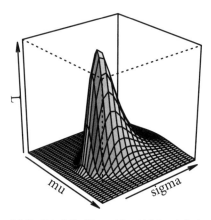

Abbildung 10.3: Die Likelihood in Abhängigkeit von μ und σ

10.3 Gütebeurteilung von ML-Schätzern

In diesem Kapitel werden Methoden vorgestellt, mit denen Aussagen über
die Güte der Maximum-Likelihood-Schätzer gemacht werden können. Hierbei
werden verschiedene konkurrierende Verfahren, die zum Teil unterschiedlich
strenge Annahmen erfordern, gegenübergestellt.

10.3.1 Likelihoodquotienten

Betrachten wir nochmals das Urnenbeispiel: Wir haben 3 Urnen mit den
Anteilen $\theta_1 = 0.2$, $\theta_2 = 0.4$ und $\theta_3 = 0.6$ roter Kugeln und 20 Ziehungen mit

Zurücklegen aus einer der drei Urnen mit $x = 9$. Damit ergibt sich $x/n = 0.45$.
Für die drei Urnen ergibt sich:

$$\text{Pr}\left(x = 9 \mid n = 20, \theta_1 = 0.2\right) = L(\text{Urne 1} \mid n = 20, x = 9) = 0.0074$$
$$\text{Pr}\left(x = 9 \mid n = 20, \theta_2 = 0.4\right) = L(\text{Urne 2} \mid n = 20, x = 9) = 0.1597$$
$$\text{Pr}\left(x = 9 \mid n = 20, \theta_3 = 0.6\right) = L(\text{Urne 3} \mid n = 20, x = 9) = 0.0710$$

Die Likelihood Werte addieren sich nicht zu 1. Sie sind eben Wahrscheinlichkeiten für diese Ziehungsergebnisse, aber nicht Wahrscheinlichkeiten
für die „Richtigkeit" der Parameter. Naheliegend ist es, die Likelihoods, also
die Mutmaßlichkeiten für die Parameter, zu vergleichen. Betrachten wir die
Relation der Likelihoods der Parameter $\theta_1 = 0.2$ und $\theta_2 = 0.4$:

$$\frac{L\,(\text{Urne 1})}{L\,(\text{Urne 2})} = \frac{0.0074}{0.1597} \approx 0.046$$

```
> dbinom(9,20,0.2)/dbinom(9,20,0.4)
[1]  0.04624408
```
Wir sehen, dass dieses Verhältnis (Likelihoodquotient) kleiner als 5% ist, bzw.
Urne 2 gut die 21-fache Mutmaßlichkeit wie Urne 1 hat. Dies spricht nun
sehr für Urne 2 und gegen Urne 1. Genaue Wahrscheinlichkeitsaussagen sind
allerdings auf diese Weise nicht möglich.

10.3.2 Eine Daumenregel für den Likelihoodquotienten

Von R.A. Fisher stammt der Vorschlag, einen Bereich für den gesuchten
Parameter zu bestimmen, so dass die darin enthaltenen Parameter eine aus-
reichende relative Mutmaßlichkeit besitzen. Nach Fisher sind Parameter mit
einem Likelihoodquotienten von weniger als 1/15 „... obviously open to grave
suspicion".
Betrachten wir die Bestimmung eines solchen Vertrauensintervalls im
Falle der Binomialverteilung für eine Realisation mit $n = 10$ und $x = 8$. Die
Berechnung der Likelihood wurde ja bereits im vorherigen Kapitel dargestellt.
Die numerische Bestimmung soll wieder über eine Grid-Search erfolgen. Unter-
und oberhalb von $\hat{\theta}$ suchen wir die Stellen, an denen die normierte Likelihood
noch mindestens den Wert 1/15 hat:

```
> x <- 8
> n <- 10
> theta  <- seq(0,1,0.01)
> like   <- dbinom(x,n,theta)
> liken  <- like/max(like)
> that   <- theta[which.max(like)]
> t.u <- min(theta[liken>=1/15])
> t.o <- max(theta[liken>=1/15])
```

Das so gefundene Vertrauensintervall mit den beiden gefundenen theta-Werten ist aufgrund der Form der Likelihoodfunktion asymmetrisch:

```
> conf.norm <- c(t.u, t.o);conf.norm
[1]  0.45  0.97
```

Das Vorgehen ist schematisch in Abbildung 10.4 dargestellt:

```
> plot(theta,liken,type='l',xlab=expression(theta),
+        lwd=2,ylab=expression(paste("L(",theta,")",sep="")))
> lines(theta,rep(1/15,length(theta)),lty=3)
> segments(t.u,-0.05,t.u,1/15,lwd=3)
> segments(t.o,-0.05,t.o,1/15,lwd=3)
```

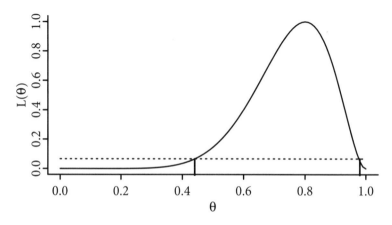

Abbildung 10.4: Vertrauensintervall für θ

Problematisch ist natürlich, dass die gewählte Grenze 1/15 theoretisch nicht begründet, sondern ein willkürlich gewählter Wert ist. Allerdings verhält sich dies bei den üblicherweise gewählten Irrtumswahrscheinlichkeiten ebenso.

10.3.3 Krümmung der Likelihood, Fisher-Information und Varianz des ML-Schätzers

Betrachten wir die Abbildung der Likelihood im vorherigen Abschnitt, dann ist intuitiv einsichtig, dass unsere ML-Schätzung umso verlässlicher ist, je stärker die Krümmung der Likelihood bzw. der Log-Likelihood am ML-Schätzer ist. Die Krümmung der Log-Likelihood wird durch die zweite Ableitung der Log-Likelihoodfunktion angegeben. Zur einfacheren Darstellung betrachten wir im Folgenden θ als Skalar. Ist θ ein Vektor mit mehreren gesuchten Parametern, gelten die nachstehenden Ausführungen analog.

Da wir das Maximum der Log-Likelihood betrachten (Rechtskrümmung, 2. Ableitung < 0), ändern wir das Vorzeichen, so dass wir einen positiven Wert der 2. Ableitung erhalten. Der Erwartungswert der negativen zweiten Ableitung der Log-Likelihood wird als *Fisher-Information* bezeichnet:

$$I(\theta) = -\mathbb{E}_\theta \left[\frac{\partial^2 \log L(\theta)}{\partial \theta^2} \right]$$

Ein nützliches Resultat ist die folgende *Bartlett-Identität*:

$$I(\theta) = -\mathbb{E}_\theta \left(\frac{\partial^2 \log L}{\partial \theta^2} \right) = \mathbb{E}_\theta \left[\left(\frac{\partial \log L}{\partial \theta} \right)^2 \right] = V(U(\theta))$$

Der negative Erwartungswert der 2. Ableitung entspricht dem Erwartungswert der quadrierten Scorefunktion und damit deren Varianz, da der Erwartungswert der Scorefunktion 0 ist. Die Inverse von $I(\theta)$ gibt die Untergrenze der Varianz des Schätzers an (*Cramér-Rao-Schranke*):

$$I(\theta)^{-1} \leq V\left(\hat{\theta}\right)$$

Je höher der Wert der Fisher-Information, desto höher ist die Verlässlichkeit des ML-Schätzers im Sinne einer geringen Varianz.

Bis auf einfache Spezialfälle ist die Fisher-Information eine Funktion, die von dem zu schätzenden Parameter θ abhängt. Zudem ist der Erwartungswert meist nicht oder nur sehr aufwendig bestimmbar, so dass anstelle des Erwartungswertes die *beobachtete Fisher-Information* als Näherung verwandt wird:

$$\hat{I}(\theta) = -\sum_{i=1}^{n} \frac{\partial^2 \log L(\theta \mid x_i)}{\partial \theta^2}$$

Bei vielen Anwendungen ist auch die Ermittlung der 2. Ableitung problematisch, so dass als weitere Alternative die Fisher-Information über das Quadrat des am ML-Schätzer ausgewerteten Vektors der Scorefunktion (an den n Beobachtungen x_i) approximiert wird:

$$\hat{I}(\theta) = \sum_{i=1}^{n} (U(\theta))^2$$

Maximum-Likelihood-Schätzer sind oft approximativ normalverteilt mit Varianz $1/I(\theta)$. Wüsste man, dass der betrachtete ML-Schätzer bei gegebenem n schon annähernd normalverteilt wäre, ließe sich, ausgehend von dem ML-Schätzer und der Fisher-Information ausgewertet an der Stelle des ML-Schätzers, ein Konfidenzintervall für den Parameter θ bestimmen, denn dann ist:

$$\Pr_\theta(\hat{\theta} - u_{1-\alpha/2} I(\hat{\theta})^{-1/2} \leq \theta \leq \hat{\theta} + u_{1-\alpha/2} I(\hat{\theta})^{-1/2}) \approx 1 - \alpha$$

10.3.4 Beispiel Binomialverteilung

Betrachten wir nun erneut das Beispiel der Binomialverteilung. Es liegt uns eine Realisation x einer binomialverteilten Zufallsvariablen mit Parameter θ und fixem n vor. Die Likelihoodfunktion, die Log-Likelihood, die Scorefunktion und die 2. Ableitung der Log-Likelihood lauten:

$$L\left(\theta \mid n, x\right) = \binom{n}{x} \theta^x \left(1 - \theta\right)^{n-x}$$

$$\log L(\theta \mid x, n) = \log \binom{n}{x} + x \log \theta + (n - x) \log(1 - \theta)$$

$$U\left(\theta\right) = \frac{x}{\theta} - \frac{n - x}{1 - \theta}, \qquad \frac{\partial^2 \log L(\theta \mid x, n)}{\partial \theta^2} = -\frac{x}{\theta^2} - \frac{n - x}{(1 - \theta)^2}$$

Der Erwartungswert der negativen zweiten Ableitung, die Fisher-Information, ist:

$$I\left(\theta\right) = -\mathbb{E}\left[\frac{\partial^2 \log L(\theta)}{\partial \theta^2}\right] = -\mathbb{E}\left[\frac{\partial U(\theta)}{\partial \theta}\right] = \frac{n}{\theta(1 - \theta)}$$

Wie zu erwarten war, erhalten wir das n-fache der Inversen der Varianz der Bernoulli-Verteilung. Einsetzen der Beispielwerte aus dem vorherigen Kapitel ($n = 10$ und $x = 8$) ergibt für unser Beispiel $I(8/10) = 62.5$. Wir benutzen R, um Graphiken der Log-Likelihood, der Scorefunktion und der Informations-Funktion zu erzeugen:

```
> x <- 8
> n <- 10
> theta <- seq(0.7,.9,0.01)
> like  <- dbinom(8,10,theta)
> liken  <- like/max(like)
> logl <- log(liken)
> score <- 8/theta-(10-8)/(1-theta)
> fisher  <- n/theta/(1-theta)
> that <- x/n
> ihat <- n/that/(1-that);ihat
[1]  62.5
> plot(theta,logl,type='l',xlab=expression(theta),lwd=2,
+       ylab=expression(paste("lnL(",theta,")")))
> segments(that,min(logl),that,max(logl))
> plot(theta,score,type='l',xlab=expression(theta),lwd=2,
+       ylab=expression(paste("S(",theta,")")))
> segments(that,min(score),that,0)
> plot(theta,fisher,type='l',xlab=expression(theta),lwd=2,
+       ylab=expression(paste("I(",theta,")")))
> segments(that,min(fisher),that,ihat)
```

Die über die ausgewertete Fisher-Information berechnete Varianz bzw. Standardabweichung ergibt sich für das Beispiel als:

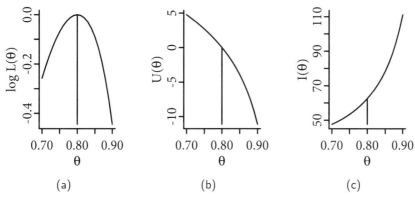

Abbildung 10.5: Log-Likelihood (a), Scorefunktion (b), Fisher-Information (c)

```
> s <- sqrt(1/ihat);s
[1]  0.1264911
```

Ein approximatives Konfidenzintervall für den Parameter θ lässt sich dann folgendermaßen berechnen:

```
> unten <- that-1.96*s;unten
[1]  0.5520774
> oben <- that+1.96*s;oben
[1]  1.047923
```

Konfidenzintervalle, die so berechnet werden, enthalten vor der Realisierung der Werte mit einer Wahrscheinlichkeit von näherungsweise 95% den gesuchten Parameter θ. Das Intervall ist nicht nur sehr groß, es geht auch über den Wert 1 hinaus. Das Konfidenzintervall umfasst somit auch unmögliche Werte.

Um ein Konfidenzintervall zu erhalten, das strikt im Intervall $[0, 1]$ liegt, kann man zunächst ein Konfidenzintervall für eine passend gewählte Funktion des Parameters θ berechnen und das Konfidenzintervall anschließend zurücktransformieren.

Wählt man $g(\eta) = \theta$ mit

$$g(\eta) := e^{\eta}/(1 + e^{\eta}) \quad \text{dann ist} \quad \eta = g^{-1}(\theta) = \log(\theta/(1 - \theta))$$

Damit ist der Definitionsbereich des Parameters η nicht mehr beschränkt. Die Likelihoodfunktion als Funktion von η ist gerade $L(g(\eta))$. Ein Konfidenzintervall für η erhält man über die entsprechende Fisher-Informationsmatrix, die in diesem Fall durch $I(\eta) = ng(\eta)(1 - g(\eta))$ gegeben ist. Ein 95%-Intervall für η ist dann

$$u(\hat{\eta}) := \hat{\eta} - u_{1-\alpha/2}I\left(\hat{\eta}\right)^{-1/2} \leq \eta \leq \hat{\eta} + u_{1-\alpha/2}I\left(\hat{\eta}\right)^{-1/2} =: o(\hat{\eta})$$

Da g strikt monoton ist, gilt

$$1 - \alpha \approx \text{Pr}_{\eta}\left(\eta \in [u(\hat{\eta}), o(\hat{\eta})]\right) = \text{Pr}_{\eta}\left(g(\eta) \in [g(u(\hat{\eta})), g(o(\hat{\eta}))]\right)$$

Nutzt man noch die Invarianz des ML-Schätzers aus, also $\hat{\eta} = g^{-1}(\hat{\theta})$, dann ergibt sich in unserem Beispiel:

```
> etahat <- log(that/(1-that))
> ieta <- n*that*(1-that)
> ueta <- etahat - 1.96/sqrt(ieta)
> oeta <- etahat + 1.96/sqrt(ieta)
> u <- exp(ueta)/(1+exp(ueta));u
[1] 0.4592849
> o <- exp(oeta)/(1+exp(oeta));o
[1] 0.9495885
```

Das Intervall respektiert jetzt zumindest die Restriktion $\theta \in [0,1]$. Allerdings ist es nur unwesentlich kürzer als die erste Variante. Auf der anderen Seite ähnelt es dem Konfidenzintervall der Likelihood-Quotientenregel aus Abschnitt 10.3.2. [2]

10.4 Übungsaufgaben

1) Betrachten Sie die Poisson-Verteilung: $\Pr(\mathbb{X} = x) = \exp(-\theta)\theta^x/x!$. Zeichnen Sie eine Graphik, die die Wahrscheinlichkeiten für $x \in \{0, 1, 2, \dots, 6\}$ und $\theta \in \{1, 2\}$ enthält.

2) Sie finden beim Lesen eines Buches viele typographische Fehler und vermuten, dass die Fehleranzahl je Seite unabhängig von der Fehlerzahl auf anderen Seiten Poisson-verteilt ist. Der Vektor x enthalte die Fehlerzahlen von n verschiedenen untersuchten Seiten. Wie lautet die Likelihood für diese Werte? Schreiben Sie eine Funktion, die Ihnen die Likelihood für gegebene Werte x und einen vorgegebenen Vektor theta zurückgibt.

   a) Zeichnen Sie die (normierte) Likelihood für die Werte $x = (0, 3, 2, 0, 0, 4, 1, 1)$.

   b) Zeichnen Sie die Log-Likelihood.

   c) Zeichnen Sie die Scorefunktion.

   d) Ermitteln Sie den ML-Schätzer für θ ausgehend von Ihrer analytischen Lösung.

3) Simulieren Sie mit je 10000 Simulationen für $n = 10, 50, 100$ und $\theta = 0.5, 0.7, 0.9$ die Überdeckungswahrscheinlichkeiten der beiden Konfidenzintervalle des letzten Abschnitts. Erzeugen Sie dazu für jede Kombination von n, θ 10000 binomialverteilte Pseudozufallszahlen und berechnen Sie die die beiden Konfidenzintervalle. Zählen Sie dann, wie oft Ihr θ in den 10000 Intervallen enthalten ist.

---

[2]Einen guten Überblick über verschiedene weitere Konfidenzintervallkonstruktionen für θ geben L.D. Brown, T.T. Cai, A. DasGupta: Interval estimation for a binomial proportion. Statistical Science 16, 2001, 101-133.

11

NUMERISCHE OPTIMIERUNG UND REGRESSION MIT BINÄR- UND ZÄHLVARIABLEN

In Rahmen statistischer Analysen treten Optimierungsprobleme insbesondere im Zusammenhang mit der Maximum-Likelihood-Schätzung auf. Im Folgenden wird der Newton-Raphson-Algorithmus dargestellt und an einem einfachen Beispiel veranschaulicht. In der Funktion optim() *sind mehrere wichtige Optimierungsverfahren implementiert. Zusätzlich besprechen wir in diesem Kapitel die Logit- und Probit-Regression mit einer binären abhängigen Variablen und die Poisson-Regression für Zählvariable.*

11.1 Numerische Optimierung

Wir betrachten zunächst ein einfaches Beispiel. Ausgehend von 1000 Beobachtungen soll eine nichtlineare Produktionsfunktion geschätzt werden. Die

Funktion habe folgende, in den Parametern nichtlineare Form:

$$Y = f(X, e) = \theta_0 X^{\theta_1} + e$$

Der Störterm e wird dabei als standardnormalverteilt angenommen. Wir erzeugen entsprechende Daten und stellen die Log-Likelihood graphisch dar.

```
> set.seed(123)
> theta <- c(1,0.8)
> n <- 1000
> x <- 1:n/1000
> e <- rnorm(n)
> y <- theta[1]*x^theta[2]+e
> loglik   <- function(theta)sum(dnorm(y-theta[1]*x^theta[2],log=T))
> t0 <- seq(0.5,1.5,0.05)
> t1 <- seq(0,3,0.05)
> t01 <- expand.grid(t0,t1)
> lik.t01   <- matrix(apply(t01,1,function(z)
+            loglik(z)),length(t0),length(t1))
> persp(t0,t1,lik.t01,phi=40,theta=40,
+        xlab="theta0",ylab="theta1",zlab="log-L")
> contour(t0,t1,lik.t01,levels=c(seq(-1480,-1420,20),-1415,
+            -1412,-1410.5),xlab=expression(theta[0]),
+            ylab=expression(theta[1]),bty="l")
```

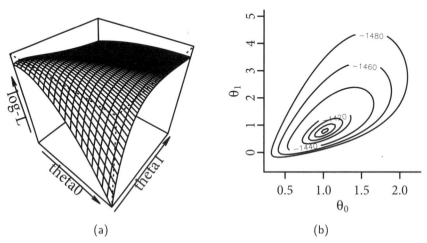

(a)   (b)

Abbildung 11.1: Log-Likelihoodfunktion (a) und deren Höhenlinien (b)

Betrachten wir die Graphik der Höhenlinien, dann kann man sich ein numerisches Optimierungsverfahren folgendermaßen veranschaulichen: Durch einen gewählten Startpunkt (θ_0^0, θ_1^0) geht genau eine Höhenlinie. Zu dieser

Höhenlinie wird die Tangente an diesem Punkt betrachtet. Läuft man in Richtung der Senkrechten zur Tangente, so bewegt man sich auf das Maximum zu. Läuft man in diese Richtung bis zum nächsten lokalen Maximum, so erreicht man wieder eine Tangente einer Höhenlinie, an der erneut senkrecht zu dieser Tangente in Richtung des Maximums weitergelaufen werden muss. Mit diesem Vorgehen kann man beliebig nahe an das Maximum gelangen und bricht das Verfahren einem gewählten Abbruchkriterium zufolge irgendwann ab. Diese intuitive Vorstellung ist jedoch noch kein implementierbares Verfahren, da noch nicht festgelegt ist, wie das lokale Maximum in Richtung der Senkrechten zur Tangente bestimmt werden soll.

Wir können aber festhalten: Da die Senkrechte zur Tangente an einem Punkt einer Höhenlinie gerade der Gradient der Funktion in diesem Punkt ist, sind die Ableitungen der Log-Likelihoodfunktion $\log L(.)$ nach den gesuchten Parametern zu bilden.

11.1.1 Der Newton-Raphson-Algorithmus

Der Newton-Raphson-Algorithmus benutzt zusätzlich zu dem Gradienten die Krümmung der Funktion, um zu einem numerischen Verfahren zu gelangen. Er beruht auf der Taylor-Reihen-Approximation 2. Ordnung. Die Log-Likelihoodfunktion $\log L(.)$ an der Stelle $\theta^t = (\theta_0, \theta_1)^t$ lässt sich approximieren durch die um die Stelle θ^0 entwickelte Funktion:

$$\log L(\theta) \approx \log L(\theta^0) + \left.\frac{\partial \log L(\theta)}{\partial \theta}\right|_{\theta^0}^t (\theta - \theta^0)$$
$$+ \frac{1}{2}(\theta - \theta^0)^t \left.\frac{\partial^2 \log L(\theta)}{\partial \theta \partial \theta^t}\right|_{\theta^0} (\theta - \theta^0)$$

Nullsetzung der Ableitung ergibt:

$$\left.\frac{\partial \log L(\theta)}{\partial \theta}\right|_{\theta^0} + \left.\frac{\partial^2 \log L(\theta)}{\partial \theta \partial \theta}\right|_{\theta^0} (\theta^1 - \theta^0) = 0$$

Nach Umstellung resultiert die Iterationsvorschrift

$$\theta^1 = \theta^0 - \left(\left.\frac{\partial^2 \log L(\theta)}{\partial \theta \partial \theta^t}\right|_{\theta^0}\right)^{-1} \left.\frac{\partial \log L(\theta)}{\partial \theta}\right|_{\theta^0}$$

Der Algorithmus konvergiert in der Regel sehr schnell, jedoch kann eine nicht positiv definite und damit nicht invertierbare Hesse-Matrix (die ausgewertete Matrix der zweiten Ableitungen) resultieren. Zudem sind die erste und zweite Ableitung der Zielfunktion nach dem Parametervektor vorzugeben. [1]

---

[1] Die analytische Bestimmung der Ableitungen kann aufwendig sein. Zudem gibt es statistische Optimierungsprobleme, bei denen entweder die zweite oder sogar die erste Ableitung nicht existieren.

Führen wir das oben begonnene Beispiel fort, dann benötigen wir zur Implementierung des Newton-Raphson-Algorithmus die Ableitungen der Log-Likelihoodfunktion nach dem Parametervektor θ:

$$\begin{pmatrix} \dfrac{\partial \log L}{\partial \theta_0} \\ \dfrac{\partial \log L}{\partial \theta_1} \end{pmatrix} = -2x^{\theta_1}(y - x^{\theta_1}\theta_0)\begin{pmatrix} 1 \\ \theta_0 \log(x) \end{pmatrix}$$

$$\begin{pmatrix} \dfrac{\partial^2 \log L}{\partial \theta_0^2} & \dfrac{\partial^2 \log L}{\partial \theta_0 \partial \theta_1} \\ \dfrac{\partial^2 \log L}{\partial \theta_1 \partial \theta_0} & \dfrac{\partial^2 \log L}{\partial \theta_1^2} \end{pmatrix}$$

$$= -2x^{\theta_1}\begin{pmatrix} -x^{\theta_1} & \log(x)(y - 2x^{\theta_1}\theta_0) \\ \log(x)(y - 2x^{\theta_1}\theta_0) & \theta_0 \log^2(x)(y - 2x^{\theta_1}\theta_0) \end{pmatrix}$$

Neben der Log-Likelihoodfunktion benötigen wir noch zwei Funktionen, die den Spaltenvektor der 1. Ableitungen (z) bzw. die Matrix der 2. Ableitungen (h) berechnen.

```
> z <- function(theta)   matrix(c(
+      -2*sum(x^theta[2]*(y-x^theta[2]*theta[1])),
+      -2*sum(x^theta[2]*theta[1]*log(x)*(y-x^theta[2]*theta[1]))
+      ))
> h <- function(theta){
+      m11 <- 2*sum(x^(2*theta[2]))
+      m22 <- -2*sum(x^theta[2]*theta[1]*log(x)^2*
+         (y-2*x^theta[2]*theta[1]))
+      m12 <- -2*sum(x^theta[2]*log(x)*(y-2*x^theta[2]*theta[1]))
+      matrix(c(m11,m12,m12,m22),2,2)}
```

Ermitteln wir nun die ersten drei Iterationen:

```
> b0 <- matrix(c(1.5,0.5))
> b.1 <- b0 - solve(h(b0))%*%z(b0);t(b.1)
      [,1]    [,2]
[1,]  0.587  0.225
> b.2 <- b.1 - solve(h(b.1))%*%z(b.1);t(b.2)
      [,1]    [,2]
[1,]  0.895  0.590
> b.3 <- b.2 - solve(h(b.2))%*%z(b.2);t(b.3)
      [,1]    [,2]
[1,]  1.004  0.754
```

Der Newton-Raphson Algorithmus soll nun in einer Schleife berechnet werden, bis ein Abbruchkriterium erfüllt ist:

```
> b0 <- matrix(c(1.5,0.5))
> crit  <- 1;i <- 0
> L0 <- loglik(b0);L0
> while (crit>0.00001&i<20){
+    if (i==0) cat('iteration=',i,'b=',b0,'L=',L0,'crit=',crit,'\n')
+    i <- i+1
+    b1 <- b0-solve(h(b0))%*%z(b0)
+    crit  <- sum(abs(b0-b1))
+    L0 <- loglik(b1)
+    cat('iteration=',i,'b=',b1,'L=',L0,'crit=',crit,'\n')
+    b0 <- b1 }
```

Für unser Beispiel erhalten wir folgenden Output:

```
iteration=  0 b = 1.500 0.500 L=-1506 crit= 1
iteration=  1 b = 0.587 0.225 L=-1433 crit= 1.19
iteration=  2 b = 0.895 0.590 L=-1412 crit= 0.674
....
iteration=  6 b = 1.020 0.782 L=-1410 crit= 1.32e-06
```

Nach der sechsten Iteration ergibt sich für die sechste Nachkommastelle keine Veränderung mehr, so dass entsprechend des gesetzten Kriteriums die Iteration abgebrochen wird.

11.1.2 Der Befehl optim()

Mit optim()steht in R ein Befehl zur numerischen Optimierung zur Verfügung. optim() minimiert eine zu übergebende Zielfunktion. Bei einem gesuchten Parametervektor ist als erstes Argument ein Vektor mit Startwerten zu übergeben. Das zweite Argument ist der Name einer Zielfunktion. Der Befehl optim() stellt verschiedene Algorithmen zur Verfügung, die mit dem method Argument ausgewählt werden können.

- Nelder-Mead: Dieser Algorithmus nutzt lediglich die Funktionswerte. Er ist damit leicht anwendbar, weil keine Ableitungen vorzugeben sind, jedoch relativ langsam.
- BFGS: Dieser Algorithmus nach Broyden, Fletcher, Goldfarb und Shanno verwendet auch den Gradienten.
- CG: Dieser Algorithmus beruht auf der konjugierten Gradientenmethode und gilt als weniger robust, ist jedoch für größere Optimierungsprobleme geeignet.
- L-BFGS-B: Dieser Algorithmus entspricht dem BFGS-Algorithmus, jedoch können hier Ungleichheitsrestriktionen angegeben werden.
- SANN: Dieser Algorithmus (Simulated Annealing) gehört zur Klasse der stochastischen globalen Optimierungsmethoden. Er benutzt lediglich die Funktionswerte und ist relativ langsam.

Das bereits eingeführte nicht-lineare Optimierungsproblem lösen wir mit Hilfe der verschiedenen in optim( ) implementierten Algorithmen. Bei dem einfachen Beispiel konvergieren die Algorithmen alle zur gleichen Lösung. Unterschiede sind erst in den Nachkommastellen der geschätzten Parameter zu finden. Da die Voreinstellung von optim( ) die Minimierung der Zielfunktion ist, schreiben wir die Log-Likelihoodfunktion mit negativem Vorzeichen (mloglik).

```
> mloglik  <- function(theta){
+                 -sum(dnorm(y-theta[1]*x^theta[2],log=T))}
> b0 <- c(1.5,0.5)
> #Nelder-Mead
> fit1  <- optim(b0,mloglik,method="Nelder-Mead");t(fit1$par)
      [,1]    [,2]
[1,]  1.02  0.782
> #BFGS, ohne Ableitung
> fit2  <- optim(b0,mloglik,method="BFGS");t(fit2$par)
      [,1]    [,2]
[1,]  1.02  0.782
> #BFGS, mit Ableitung
> fit3  <- optim(b0,mloglik,z,method="BFGS");t(fit3$par)
      [,1]    [,2]
[1,]  1.02  0.782
> #CG, ohne Ableitung
> fit4  <- optim(b0,mloglik,method="CG");t(fit4$par)
      [,1]    [,2]
[1,]  1.02  0.782
> #CG, mit Ableitung
> fit5  <- optim(b0,mloglik,z,method="CG");t(fit5$par)
      [,1]    [,2]
[1,]  1.02  0.782
> #SANN
> set.seed(123)
> fit6  <- optim(b0,mloglik,method="SANN");t(fit6$par)
      [,1]    [,2]
[1,]  1.01  0.779
```

11.1.3 Der Befehl maxLik( )

Das Paket maxLik stellt den Befehl maxLik( ) zur Verfügung, der die Arbeit mit Maximum-Likelihood-Schätzern etwas vereinfacht. So werden zusätzliche Informationen wie der Wert der Zielfunktion, die Standardfehler, t-Werte und p-Werte der geschätzten Parameter zur Verfügung gestellt. Für unser Beispiel erhält man den folgenden Output:

```
> library(maxLik)
```

```
> ml <− maxLik(loglik,start=b0)
> summary(ml)
Maximum Likelihood estimation
Newton−Raphson maximisation, 6 iterations
Return code 1: gradient close to zero
Log−Likelihood: −1410
2 free parameters
Estimates:
     Estimate  Std. error  t value  Pr(> t)
[1,]   1.0163      0.0719    14.13  < 2e−16 ∗∗∗
[2,]   0.7822      0.1289     6.07  1.3e−09 ∗∗∗
```

11.2 Verallgemeinerte Lineare Modelle

In diesem Kapitel betrachten wir Regressionsmodelle für binäre Variable und für Zählvariable. Für binäre Variable, d.h. für Variable, die lediglich zwei Ausprägungen annehmen können, verwenden wir Logit- und Probitmodelle. Für Zählvariable, d.h. Variable, die nur ganzzahlige positive Werte (einschließlich der 0) annehmen, verwenden wir ein Poisson-Modell. Diese Modelle lassen sich unter die Klasse der verallgemeinerten linearen Modelle subsumieren. Diese Modellklasse verallgemeinert das einfache Regressionsmodell, behält aber viele Eigenschaften der linearen Regression bei.

Verallgemeinerte lineare Modelle haben als wesentliche Bestandteile neben einer Verteilungsannahme einen *linearen Prädiktor* η, der eine Linearkombination der erklärenden Variablen x ist und eine *Linkfunktion* $g(\mu_x)$, die den Erwartungswert μ_x von $\mathbb{Y}$, also $\mu_x := \mathbb{E}(\mathbb{Y} \mid x)$, in den linearen Prädiktor η transformiert:

$$g(\mu_x) = \eta := b_0 + b_1 x_1 + \ldots + b_m x_m$$

Die Linkfunktion $g(.)$ ist dabei eine strikt monotone (invertierbare) und stetig differenzierbare Funktion. Wir setzen noch $h(\eta) := g^{-1}(\eta)$. Offenkundig resultiert das lineare Regressionsmodell aus der Wahl der Identität als Linkfunktion. Die in diesem Kapitel behandelten Probit-/Logit- und Poisson-Regressionen können als Spezialfälle in diesem Modellrahmen mit unterschiedlichen Verteilungsannahmen und Linkfunktionen betrachtet werden.

11.3 Logit- und Probit-Regression

Logit- und Probit-Regressionen sind spezielle Regressionsmodelle für eine dichotome abhängige Variable Y, d.h. eine Variable, die lediglich zwei Ausprägungen annehmen kann. Die Ausprägungen kodieren wir mit 0 und 1. Die Verteilung der zugehörigen Zufallsvariablen $\mathbb{Y}$ ist durch $\Pr(\mathbb{Y} = 1 \mid x) = \mathbb{E}(\mathbb{Y} \mid x) = \mu_x$ gegeben.

Eine einfache Möglichkeit der Modellierung besteht nun darin, den Erwartungswert direkt als Linearkombination der erklärenden Variablen zu betrachten

$$\mathbb{E}(\mathbb{Y} \mid x) = b_0 + b_1 x_1 + \ldots + b_m x_m =: xb$$

In der Notation der verallgemeinerten Modelle würde dies der Wahl der Identität als Linkfunktion entsprechen. Dieses lineare Wahrscheinlichkeitsmodell hat jedoch Nachteile, insbesondere den, dass die Regressionswerte nicht auf das Intervall $[0,1]$ beschränkt sind. Dies ist ungünstig, da in diesem Fall Wahrscheinlichkeiten kleiner als 0 oder größer als 1 resultieren könnten.

Dieser Nachteil kann vermieden werden, wenn nicht die Linearkombination xb sondern eine Transformation von xb auf das Intervall $[0,1]$ verwandt wird. Da wir eine strikt monotone Transformation in das Intervall $[0,1]$ benutzen möchten, bietet sich die Klasse der strikt monotonen und differenzierbaren Verteilungsfunktionen an, deren Quantilsfunktion dann als Linkfunktion dienen kann. Prinzipiell können alle möglichen Verteilungsfunktionen gewählt werden, üblich ist die Wahl der Normalverteilung (Probit)

$$\Pr(\mathbb{Y} = 1 \mid x, b) = \int_{-\infty}^{xb} \phi(t)\, dt = \Phi(xb) =: h_\Phi(xb)$$

oder der logistischen Verteilung (Logit)

$$\Pr(\mathbb{Y} = 1 \mid x, b) = \frac{e^{xb}}{1 + e^{xb}} =: h_\Lambda(xb)$$

Betrachten wir die marginalen Effekte in diesem nichtlinearen Modell:

$$\frac{\partial \mathbb{E}(\mathbb{Y} \mid x, b)}{\partial x} = \frac{\partial h(xb)}{\partial x} = \frac{\partial h(\eta)}{\partial \eta} \frac{\partial \eta}{\partial x} =: h'(xb)b$$

Hier soll $h'(u)$ für $\partial h(\eta)/\partial \eta\big|_{\eta=u}$ stehen. Offenkundig hängen die geschätzten Wahrscheinlichkeiten $\mathbb{E}(\mathbb{Y} \mid x, b) = h(xb)$ nun nichtlinear von x ab. Der Einfluss einer partiellen Änderung von x auf $h(xb)$ ist proportional zum Wert der Dichtefunktion (genauer: der Ableitung der inversen Linkfunktion nach η) am linearen Prädiktor xb.

Für das Probitmodell ergibt sich

$$\frac{\partial \mathbb{E}(\mathbb{Y} \mid x, b)}{\partial x} = \frac{\partial \Phi(xb)}{\partial x} = \phi(xb)b$$

und für das Logitmodell

$$\frac{\partial \mathbb{E}(\mathbb{Y} \mid x, b)}{\partial x} = \frac{\partial h_\Lambda(xb)}{\partial x} = h_\Lambda(xb)\,(1 - h_\Lambda(xb))\,b$$

D.h. der Einfluss einer Veränderung von x ist am höchsten, wenn die Dichte am höchsten ist.

11.3.1 Maximum-Likelihood-Schätzung

Laut Modell ist jede Beobachtung (0 oder 1) das Ergebnis eines Bernoulli-Experiments mit Erfolgswahrscheinlichkeit

$$\Pr(\mathbb{Y} = 1 \mid x) = h(xb)$$

Da die Zufallsvariablen stochastisch unabhängig sind, ergibt sich die Wahrscheinlichkeit für das Auftreten der Werte als Produkt der Einzelwahrscheinlichkeiten

$$\Pr(\mathbb{Y}_1 = y_1, \mathbb{Y}_2 = y_2, \ldots, \mathbb{Y}_n = y_n \mid X) = \prod_{i=1}^{n} \Pr(\mathbb{Y}_i = y_i \mid x_i)$$

Wir betrachten nun die Beobachtungen als gegeben und den Parametervektor b als variabel und interpretieren die Wahrscheinlichkeit für die Realisationen als Likelihood des Parametervektors. Umsortieren der Wahrscheinlichkeiten nach den Ausgängen 0 und 1 ergibt

$$L(b \mid Y, X) = \prod_{\{i \,\mid\, y_i = 0\}} [1 - h(x_i b)] \prod_{\{i \,\mid\, y_i = 1\}} h(x_i b)$$

Wegen $x^0 = 1$ und $x^1 = x$ kann die Likelihood in einem Produkt geschrieben werden:

$$L(b \mid Y, X) = \prod_{i=1}^{n} [1 - h(x_i b)]^{1-y_i} \prod_{i=1}^{n} h(x_i b)^{y_i} = \prod_{i=1}^{n} h(x_i b)^{y_i} [1 - h(x_i b)]^{1-y_i}$$

Logarithmierung führt zur Log-Likelihood

$$\log L(b) = \sum_{i=1}^{n} \left\{ y_i \log h(x_i b) + (1 - y_i) \log [1 - h(x_i b)] \right\}$$

Die Ableitung nach dem gesuchten Parametervektor b, die Scorefunktion, ist

$$U(b) = \sum_{i=1}^{n} x_i^t \left\{ y_i \frac{h_i'}{h_i} - (1 - y_i) \frac{h_i'}{1 - h_i} \right\} = \sum_{i=1}^{n} x_i^t \frac{h_i'}{h_i(1 - h_i)} \{y_i - h_i\}$$

wobei h_i abkürzend für $h(x_i b)$ steht, h_i' für $\partial h(\eta)/\partial \eta|_{x_i b}$. Bis auf den Faktor $h_i'/(h_i(1 - h_i))$ entspricht das der Schätzgleichung der linearen Regression.

Bisher haben wir eine allgemeine inverse Linkfunktion $h(.)$ verwandt. Nun betrachten wir die Verteilungsfunktion $h_\Lambda(.)$ der logistischen Verteilung. Die Scorefunktion sowie die Fisher-Information und die beobachtete Information lauten dann:

$$U(b) = \sum_{i=1}^{n} x_i^t \{y_i - h_\Lambda(x_i b)\} \qquad I(b) = \hat{I}(b) = \sum_{i=1}^{n} h_\Lambda(x_i b) [1 - h_\Lambda(x_i b)] \, x_i^t x_i$$

Fisher-Information und beobachtete Fisher-Information sind gleich, da die beobachtete Fisher-Information offenbar nicht mehr von den Zufallsvariablen $\mathbb{Y}_i$ abhängt.

Wählen wir die Verteilungsfunktion der Normalverteilung $\Phi(.)$, dann lautet die Scorefunktion

$$U(b) = \sum_{i=1}^{n} x_i^t \frac{\phi(x_i b)}{\Phi(x_i b)(1 - \Phi(x_i b))} \{y_i - \Phi(x_i b)\}$$

Vergleicht man die Scorefunktion von Logit- und Probitmodell, dann sieht man, dass die Scorefunktion im Logitmodell sich von der Schätzgleichung im linearen Regressionsmodell nur durch die Transformation des linearen Prädiktors in der Definition der Residuen $y_i - h_\Lambda(x_i b)$ unterscheidet. Dagegen hat die Scorefunktion im Probitmodell einen zusätzlichen Term. In allen verallgemeinerten linearen Modellen lässt sich immer eine Linkfunktion finden, die die entsprechende Scorefunktion auf die Form der Scorefunktion einer linearen Regression reduziert. Diese Linkfunktion nennt man *kanonische Linkfunktion*.

Für die beobachtete Fisher-Information ergibt sich

$$\hat{I}(b) = -\sum_{i=1}^{n} x_i^t \left(\frac{\partial}{\partial b} \frac{\phi_i}{\Phi_i(1 - \Phi_i)} \right) (y_i - \Phi_i) + x_i^t \frac{\phi_i}{\Phi_i(1 - \Phi_i)} \frac{\partial \Phi_i}{\partial b}$$

Bildet man den Erwartungswert, dann ist der erste Term 0, denn $\mathbb{E}(\mathbb{Y} \mid x) = \Phi(xb)$. Daher ist die erwartete Fisher-Information:

$$I(b) = \sum_{i=1}^{n} \frac{\phi(x_i b)^2}{\Phi(x_i b)(1 - \Phi(x_i b))} x_i^t x_i$$

11.3.2 Logit- und Probit-Regression mit R

Wir erzeugen uns zunächst einen Datensatz entsprechend den Modellannahmen des Probitmodells:

```
> set.seed(1)
> x <- 1:10/10−0.6;n <- length(x)
> X <- cbind(1,x)
> b <- matrix(1:2)
> eta <- X%∗%b
> y <- rbinom(n,1,pnorm(eta))
```

Der lineare Prädiktor η geht als Argument in die Verteilungsfunktion der (Standard-) Normalverteilung ein. Die so ermittelten Wahrscheinlichkeiten liegen den Realisationen der unabhängigen Binomialexperimente zugrunde, die mit Hilfe des Befehls rbinom() erzeugt werden.

Die (negative) Log-Likelihood können wir mit Hilfe der implementierten Normalverteilung als Funktion schreiben, die für einen übergebenen Parametervektor den Wert der Log-Likelihood zurückgibt:

```
> l <- function(b)  -sum(y*log(pnorm(X%*%b))+
+                         (1-y)*log(1-pnorm(X%*%b)))
```

Mit Hilfe des Befehls optim() finden wir mittels numerischer Optimierung das Maximum der Log-Likelihood. Da der Befehl optim() als Voreinstellung minimiert, wurde einfach das Vorzeichen der Log-Likelihood verändert. Statt die Log-Likelihood zu maximieren, minimieren wir also die negative Log-Likelihood. Dies führt zu demselben Ergebnis.

Wir benennen das Ergebnis der Optimierung und können so die interessierenden Unterobjekte (Parameter, Hesse-Matrix, usw.) später abrufen. Um die geschätzten Standardfehler der Parameter ausgehend von der Hesse-Matrix ermitteln zu können, muss deren Berechnung im Aufruf von optim() mit der Option hessian=T angefordert werden.

Um die Standardfehler der Parameter zu berechnen, greifen wir die Diagonalelemente der Inversen der Hesse-Matrix heraus und berechnen die Quadratwurzeln dieser Varianzen:

```
> o <- optim(1:2,l,hessian=T)
> o$par
[1] 0.3469283 1.3702499
> o$hessian
            [,1]          [,2]
[1,]   5.8829034  -0.4719711
[2,]  -0.4719711   0.4685582
> sqrt(diag(solve(o$hessian)))
[1] 0.4300332 1.5237581
```

Den geschätzten partiellen Effekt der erklärenden Variablen x auf den Erwartungswert von $\mathbb{Y}$ ermitteln wir entsprechend der oben gefundenen Ableitung:

```
> as.vector(dnorm(X%*%o$par)*o$par[2])
[1] 0.5162656 0.5357003 0.5455271 0.5452009 0.5347398
[6] 0.5147237 0.4862411 0.4507906 0.4101510 0.3662339
```

Je nach dem Wert der Dichtefunktion an der betrachteten Stelle x ergibt sich ein anderer, hier zunächst ansteigender dann fallender, Einfluss einer Veränderung von x auf den Erwartungswert von $\mathbb{Y}$.

Auf die nach dem Probitmodell generierten Daten wenden wir zur Illustration nun auch das Logitmodell an. Die Vorgehensweise ist ganz analog, nur dass wir anstelle der Verteilungsfunktion der Normalverteilung (pnorm()) nun die Verteilungsfunktion der logistischen Verteilung (plogis()) in der Definition der Log-Likelihood verwenden:

```
> l <- function(b)  -sum(y*log(plogis(X%*%b))+
+                         (1-y)*log(1-plogis(X%*%b)))
```

```
> o <- optim(1:2,l,hessian=T)
> o$par
[1]  0.5489294  2.1309884
> o$hessian
             [,1]           [,2]
[1,]    2.2054632  -0.1851227
[2,]   -0.1851227   0.1840546
> sqrt(diag(solve(o$hessian)))
[1]  0.7037254  2.4360143
```

11.3.3 Probit- und Logit-Regression mit glm()

Der Befehl glm() („generalized linear models") erweitert den lm() Befehl
für lineare Regressionen und erlaubt die Schätzung beliebiger verallgemei-
nerter linearer Modelle, behält aber gleichzeitig die Argumente zur Angabe
von Formeln und die Optionen zur Behandlung von fehlenden Werten, die
Erstellung von Diagnostiken, Graphiken und Zusammenfassungen bei. Im
Aufruf des Befehls muss der lineare Prädiktor in der gleichen Notation wie
bei dem Befehl lm() mit einer Formel spezifiziert werden (z.B. y~x1+x2).
Daneben muss die Verteilungsfamilie und die Linkfunktion benannt werden.
In unserem Beispiel der dichotomen abhängigen Variable, deren Realisationen
aus Bernoulli-Experimenten stammen, muss dementsprechend die Option
family=binomial gewählt werden. Im Falle der Probit-Schätzung, also der Wahl
der Verteilungsfunktion der Normalverteilung, muss zusätzlich die Linkfunktion genannt werden: family=binomial(link="probit"), da als Voreinstellung
immer die kanonische Linkfunktion gewählt wird.

Der Aufruf des Befehls führt zur Berechnung eines glm() Objektes, das
neben den Regressionsergebnissen weitere Unterobjekte und die Regression
charakterisierende Maßzahlen enthält. Um auf das Ergebnisobjekt zugreifen zu
können, benennen wir es:

```
> reg <- glm(y~x,family=binomial(link="probit"));reg
Call:   glm(formula=y~x,family=binomial(link="probit"))
Coefficients:
(Intercept)              x
      0.347          1.370
Degrees of Freedom: 9 Total (i.e. Null); 8 Residual
Null  Deviance:        13.46
Residual  Deviance:  12.6              AIC:  16.6
```

Der Aufruf des Ergebnisobjektes führt zu einer knappen Übersicht der Regressionsergebnisse. Mit dem Befehl summary(reg) lassen sich mehr Details der
Rechenergebnisse anzeigen:

```
> summary(reg)
Call:
```

```
glm(formula=y~x,family=binomial(link="probit"))
Deviance Residuals:
    Min       1Q    Median       3Q       Max
 −1.5217  −1.1598   0.6764    0.9761    1.3166
Coefficients:
               Estimate  Std. Error  z value  Pr(>|z|)
(Intercept)      0.3470      0.4262     0.814     0.416
x                1.3703      1.4724     0.931     0.352
− − −

    Null  deviance:   13.460   on 9   degrees  of  freedom
Residual  deviance:   12.601   on 8   degrees  of  freedom
AIC: 16.601
Number of Fisher  Scoring  iterations:    4
```

Die Devianz ist die zweifache Differenz der Log-Likelihood des geschätzten Modells und der Log-Likelihood, bei der alle Beobachtungen ihren eigenen Parameter haben, also dem Modell mit perfekter Anpassung (Logarithmus des Likelihoodquotienten zwischen den beiden Modellen). In einem Modell für binäre Variable vereinfacht sich die Devianz zu

$$2 * (\log L(Y) - \log L(\hat{b})) = -2 * \log L(\hat{b})$$

Für jede Beobachtung resultiert eine Residual-Devianz, deren Verteilung mit fünf Maßzahlen charakterisiert wird. Zudem wird das Akaike-Informationskriterium (AIC) ausgewiesen, das den zweifachen negativen Wert der Log-Likelihood ergänzt um das Zweifache der Parameterzahl angibt. Für Modellvergleiche gilt, dass das Modell mit dem geringeren Wert des Informationskriteriums vorzuziehen ist.

Die geschätzten Parameterwerte und geschätzten Standardabweichungen entsprechen den Ergebnissen, die wir auch bei der direkten numerischen Optimierung erhalten haben. Nur können mit dem glm() Befehl Regressionen sehr einfach symbolisch spezifiziert werden. Zudem werden alle Diagnostiken bereitgestellt, die für den Befehl lm() schon demonstriert wurden. Und die Behandlung fehlender Werte erfolgt genau so wie in der linearen Regression.

Um eine Logit-Regression zu berechnen, ist im glm() Befehl lediglich die Linkfunktion anders zu wählen. Da aber die Logit-Regression einer kanonischen Linkfunktion entspricht, braucht die Linkfunktion gar nicht explizit angegeben werden (link='logit' als Option geht natürlich auch):

```
> reg <− glm(y~x,family=binomial)
> summary(reg)
Call:
glm(formula=y~x,family=binomial)
Deviance Residuals:
    Min       1Q    Median       3Q       Max
 −1.5133  −1.1642   0.6965    0.9789    1.3088
```

Coefficients:

	Estimate	Std. Error	z value	Pr($>|z|$)
(Intercept)	0.5489	0.7037	0.780	0.435
x	2.1314	2.4361	0.875	0.382

$---$

    Null deviance: 13.460 on 9 degrees of freedom
Residual deviance: 12.631 on 8 degrees of freedom
AIC: 16.631
Number of Fisher Scoring iterations: 4

Auch hier entsprechen die Parameterwerte und die geschätzten Standardfehler der Parameter den Ergebnissen der Optimierung unserer selbst geschriebenen Zielfunktion (Log-Likelihood) mit Hilfe des Befehls optim().

11.4 Poisson-Regression

Im vorherigen Abschnitt haben wir uns mit einer dichotomen abhängigen Variablen beschäftigt. Nun wollen wir den Fall einer Zählvariablen betrachten. D.h. die Zufallsvariable nimmt nur ganzzahlige nicht-negative Werte an. Dabei gehen wir davon aus, dass die Zufallsvariable der Poisson-Verteilung folgt:

$$\Pr(\mathbb{Y} = y) = e^{-\lambda}\frac{\lambda^y}{y!}$$

Dann ist der Erwartungswert gerade $\mathbb{E}(\mathbb{Y}) =: \lambda$. Zusätzlich betrachten wir Kovariable x, deren Ausprägungen den Erwartungswert $\mathbb{E}(\mathbb{Y} \mid x) =: \lambda_x$ beeinflussen. Da λ_x positiv sein muss, ist eine naheliegende Linkfunktion

$$h(xb) = \lambda_x = e^{xb} \quad \text{bzw.} \quad g(\lambda_x) = \log(\lambda_x) = xb$$

Die Linkfunktion ist also der Logarithmus. Das Modell kann dann geschrieben werden als

$$\Pr(\mathbb{Y} = y \mid x) = e^{-\lambda_x}\frac{\lambda_x^y}{y!} = e^{-\exp(xb)}\frac{\exp(xb)^y}{y!}$$

Die Wahrscheinlichkeit für das Auftreten der vorliegenden Beobachtungen ergibt sich wegen der angenommenen Unabhängigkeit der Beobachtungen als

$$\prod_{i=1}^{n}\Pr(\mathbb{Y}_i = y_i \mid x_i, b) = \prod_{i=1}^{n}e^{-\exp(x_i^b)}\frac{\exp(x_ib)^{y_i}}{y_i!}$$

Die Höhe der Wahrscheinlichkeit hängt von dem unbekannten Parametervektor b ab. Betrachten wir nun die Daten als fix und b als variabel, dann geben verschiedene Vektoren b den vorliegenden Daten unterschiedliche Wahrscheinlichkeiten. Diese Wahrscheinlichkeiten betrachten wir als Likelihood für den

Vektor b. Als Schätzwert für den unbekannten Vektor b soll derjenige Vektor gewählt werden, der die höchste Likelihood hat, d.h. den beobachteten Daten die höchste Wahrscheinlichkeit des Auftretens gibt.

Wir bilden die Log-Likelihoodfunktion

$$\log L(b \mid Y, X) = -\sum_{i=1}^{n} \exp(x_i b) + \sum_{i=1}^{n} y_i x_i b - \sum_{i=1}^{n} \log(y_i!)$$

Die Scorefunktion ist dann:

$$U(b) = \sum_{i=1}^{n} x_i^t \left\{ y_i - \exp(x_i b) \right\}$$

Daher ist der Logarithmus die kanonische Linkfunktion für die Poisson-Verteilung.

Betrachten wir die zweiten Ableitungen, dann erhalten wir die Hesse-Matrix (beobachtete Information), die wiederum mit der Fisher-Information übereinstimmt, da die beobachtete Information nicht von den Zufallsvariablen $\mathbb{Y}$ abhängt:

$$I(b) = \hat{I}(b) = -\frac{\partial^2 \log L(b \mid Y, X)}{\partial b \partial b^t} = \sum_{i=1}^{n} \exp(x_i b) x_i^t x_i$$

Da die Erwartungswerte λ_x unbekannt sind, schätzen wir die Varianz mit Hilfe des geschätzten Parametervektors $\hat{b}$

$$\hat{V}(\hat{b}) = \left(\sum_{i=i}^{n} \exp(x_i \hat{b}) x_i^t x_i \right)^{-1}$$

Betrachten wir nun die Veränderung des Erwartungswertes von $\mathbb{Y}$ bei einer Veränderung von x_j. Dabei sei x_j die j-te Komponente von x: $\partial \mathbb{E}(\mathbb{Y} \mid x)/\partial x_j = b_j \exp(x_i b)$. Damit hängt die Wirkung der Veränderung von x_j vom Erwartungswert, d.h. von $\exp(xb)$ ab.

11.4.1 Poisson-Regression mit R

Wir konstruieren zunächst ein Zahlenbeispiel, das den Annahmen des Poisson-Regressionsmodells entspricht:

```
> set.seed(1)
> n <- 10;x <- 1:10/10;b <- 1:2
> eta <- b[1]+b[2]*x
> y <- rpois(n,exp(eta))
```

Nun wollen wir versuchen, den Parametervektor b mit Hilfe der Maximum-Likelihood-Methode zu schätzen. Dafür schreiben wir eine Funktion, die für jeden übergebenen Parametervektor den Wert der Log-Likelihoodfunktion berechnet. Eine einfache Möglichkeit bietet die Verwendung der in R implementierten Poisson-Verteilung. Der Befehl dpois() liefert für einen Vektor von Realisationen Y mit Erwartungswertvektor λ die Wahrscheinlichkeiten für diese Realisationen. Die Summe der logarithmierten Wahrscheinlichkeiten entspricht dem Wert der Log-Likelihood. Die Erwartungswerte werden in Abhängigkeit des übergebenen Parametervektors b (in R das Objekt b) berechnet. Zudem schreiben wir noch Funktionen für die Scorefunktion und die Hesse-Matrix (jeweils mit negativem Vorzeichen).

```
> l <- function(b)  -sum(dpois(y,exp(X%*%b),log=T))
> S <- function(b)  -as.vector(t(X)%*%(y-exp(X%*%b)))
> H <- function(b)  t(X)%*%(matrix(exp(X%*%b),n,ncol(X))*X)
```

Verwenden wir unsere Funktion, um die Log-Likelihood an dem Parametervektor $b^t = (1, 2)$ zu berechnen, erhalten wir:

```
> l(1:2)
[1]  23.43374
```

Mit Hilfe des Befehls optim() ermitteln wir nun numerisch den Maximum-Likelihood-Schätzer. Um auch Schätzer der Standardabweichungen der Parameter zu erhalten, ermitteln wir numerisch die Hesse-Matrix am Maximum-Likelihood-Schätzer.

Wir benennen das Ergebnis der Optimierung und lassen uns die ermittelten Parameter und für diese Parameter die Hesse-Matrix ausgeben:

```
> o <- optim(1:2,l,S,method="BFGS")
> o$par
[1]  1.103164  1.885072
> H(o$par)
  98.00002 68.30001
x 68.30001 54.41686
```

Um die Standardfehler der Parameter zu berechnen, greifen wir die Diagonalelemente der Inversen der Hesse-Matrix heraus und berechnen die Quadratwurzeln dieser Varianzen:

```
> sqrt(diag(solve(H(o$par))))
0.2854242 0.3830338
```

Mit den Maximum-Likelihood-Schätzern können wir den Effekt einer Veränderung von x um eine Einheit für die 10 Beobachtungen auf $\mathbb{E}(\mathbb{Y} \mid x) = \lambda_x$ ermitteln:

```
> (o$par[1]+o$par[2]*x)*o$par[2]
[1]  2.434892  2.790241  3.145591  3.500940  3.856290  4.211639
[7]  4.566989  4.922338  5.277688  5.633037
```

Eine Veränderung von x führt zu einer umso größeren Veränderung von λ_x, je größer der Wert von xb vor der betrachteten Veränderung ist.

11.4.2 Poisson-Regression mit glm()

Die Poisson-Regression kann ebenfalls mit der Funktion glm() berechnet werden. Als Verteilung ist nun die Poisson-Verteilung im Funktionsaufruf anzugeben. Als Linkfunktion ist der Logarithmus als Voreinstellung (die kanaonische Linkfunktion) festgelegt, so dass die Linkfunktion für unser Beispiel nicht spezifiziert werden muss.

```
> reg <− glm(y~x,family=poisson)
> summary(reg)
Call:
glm(formula=y~x,family=poisson(link="log"))
Deviance  Residuals:
     Min        1Q     Median        3Q         Max
 −1.0519   −0.8372   −0.2779    0.7500     1.3224
Coefficients:
              Estimate  Std.  Error  z value  Pr(>|z|)
(Intercept)     1.1032         0.2854    3.865  0.000111  ***
x               1.8851         0.3830    4.921  8.59e−07  ***
−−−
    Null  deviance:    33.8033   on 9   degrees  of  freedom
Residual  deviance:     7.4294   on 8   degrees  of  freedom
AIC: 50.728
Number of Fisher  Scoring  iterations:    4
```

Die geschätzten Parameter und Standardfehler der Parameter entsprechen denen, die wir durch die Optimierung der Log-Likelihood mittels der Funktion optim() erhalten haben.

11.5 Übungsaufgaben

1) Erzeugen Sie wie in Abschnitt 11.4.1 Poisson-verteilte Pseudozufalls-zahlen ($n = 100$) mit Erwartungswerten $\exp(-1+x-x^2)$ (kanonische Linkfunktion). Dabei sei x standardnormalverteilt. Berechnen Sie eine Poisson-Regression. Welche Bilder werden vom Befehl plot() für Ihr Regressionsergebnis erzeugt? Können Sie Splines wie im Kapitel 9.2.7 benutzen?

2) Erzeugen Sie zwei Vektoren x1 und x2 mit jeweils 20 Realisationen einer im Intervall $[0,1]$ gleichverteilten Zufallsvariablen und einen Vektor e mit 20 Realisationen einer normalverteilten Zufallsvariablen mit Erwartungswert 0 und Standardabweichung 0.5. Erzeugen Sie davon

ausgehend einen Vektor y mittels der folgenden Funktion und den
Parametern $\theta_0 = 0.5, \theta_1 = -0.5, \theta_2 = 0.6, \theta_3 = -2$:

$$y = \theta_0 + \theta_1 \log\left[\theta_2 x_1^{\theta_3} + (1 - \theta_2) x_2^{\theta_3}\right] + e$$

   a) Ermitteln Sie die ersten Ableitungen der Log-Likelihoodfunktion
      nach den Parametern.
   b) Ermitteln Sie die Schätzwerte der Parameter nach der Maximum-
      Likelihood-Methode.

3) Simulieren Sie 1000 Weibull-verteilte Pseudozufallszahlen mit den Para-
   metern shape=2 und scale=1.5. Schreiben Sie eine Funktion, die die
   Log-Likelihood zurückgibt und verwenden Sie die Funktion maxLik um
   ML-Schätzwerte und deren Standardabweichungen zu berechnen.

4) Erzeugen Sie einen Vektor x der Länge $n = 10$ der Werte $0.1, 0.2, ..., 1$.
   a) Erzeugen Sie den linearen Prädiktor η (Vektor) für den Parameter-
      vektor $b^t = \{-3, 5\}$.
   b) Erzeugen Sie die Werte der Verteilungsfunktion der Standardnor-
      malverteilung an den Stellen η.
   c) Erzeugen Sie Realisationen (set.seed(123)) der binomialverteilten
      Zufallsvariablen $\mathbb{Y}$ mit den Wahrscheinlichkeiten $\Phi(\eta)$.
   d) Schreiben Sie eine Funktion, die für einen übergebenen Para-
      metervektor den Wert der (negativen) Log-Likelihoodfunktion
      zurückgibt.
   e) Schreiben Sie eine Funktion, die für einen übergebenen Parameter-
      vektor den Wert der Ableitung der (negativen) Log-Likelihood-
      funktion nach dem Parametervektor b zurückgibt.
   f) Ermitteln Sie numerische Schätzwerte für b mit Hilfe der Funktion
      optim(). Verwenden Sie dabei einmal das Verfahren nach Nelder
      und Mead und einmal den 'BFGS'-Algorithmus.
   g) Vergleichen Sie die Ergebnisse mit den Ergebnissen, die Sie bei
      Verwendung der Funktion glm() erhalten.

5) Seien $(\mathbb{X}_1, \ldots, \mathbb{X}_r)$ r unabhängige und identisch verteilte Zufallsvariable,
   wobei $\mathbb{X}_1$ binomial-verteilt mit den Parametern n und $p = 0.6$ sei.
   Schreiben Sie eine R Funktion, die die Log-Likelihoodfunktion für den
   Parameter n berechnet. Wie würden Sie diese Funktion maximieren?
   Probieren Sie Ihr Verfahren in einer Simulation aus. Setzen Sie $r =$
   100 und $n \in \{100, \ldots, 120\}$. Erzeugen Sie dazu $10000 \times 100 \times 21$
   binomialverteilte Pseudozufallszahlen und berechnen das Maximum der
   Log-Likelihood. Stellen Sie die Verteilung der Schätzergebnisse für jedes
   n als Boxplot dar.

12

STICHPROBEN

Ein Großteil sozialwissenschaftlicher Daten wird durch Befragungen gewonnen. Wie wählt man aber zu Befragende aus? Das ist Gegenstand der Stichprobentheorie. Nach einer Darstellung der grundlegenden Überlegungen der Stichprobentheorie wird die Umsetzung mit Hilfe von R an einem konkreten, wenn auch einfachen Beispiel erläutert. Im Vordergrund steht die Verdeutlichung der grundlegenden Vorgehensweise in der Stichprobentheorie mit Hilfe von R.

12.1 Stichproben aus endlichen Grundgesamtheiten

Ausgangspunkt der Stichprobentheorie ist eine endliche Menge $\mathcal{U}$, eine Gesamtheit von N Einheiten, und eine statistische Variable $X : \mathcal{U} \to \mathcal{X}$ wie im

Kapitel 5, also eine Funktion X, die allen Einheiten $u \in \mathcal{U}$ einen Wert in $\mathcal{X}$ zuweist. Von Interesse ist die Verteilung von X oder zumindest Maßzahlen der Verteilung. Würde für alle Einheiten von U das Merkmal X bekannt sein, könnte mit den Methoden der deskriptiven Statistik der Informationsgehalt übersichtlich dargestellt werden. Ist eine Vollerhebung der Grundgesamtheit $\mathcal{U}$ aus Zeit oder Kostengründen nicht möglich, kann eine Teilmenge s aus U ausgewählt werden. Auf diese Weise lässt sich die Verteilung von X in der Stichprobe s bestimmen.

Die Stichprobentheorie beschäftigt sich mit dem Problem, dass Aussagen über die Verteilung von $X(u)$, $u \in \mathcal{U}$ interessieren, aber lediglich Angaben über $X(u)$ für Elemente u aus der Stichprobe $s \subset \mathcal{U}$ vorliegen. Die zentrale Frage lautet somit: „Was kann über die Verteilung von $X(u)$, $u \in \mathcal{U}$ auf der Basis einer Stichprobe s gesagt werden?"

Wir nehmen zunächst an: Für jede vorweg gewählte Teilmenge $s \subseteq \mathcal{U}$ und jedes Element $u \in s$ kann man den Wert $X(u)$ eindeutig feststellen. [1] Unmittelbar einsichtig ist: über sich nicht in der Stichprobe befindende Einheiten u kann auf Basis der Stichprobe nichts Definitives gesagt werden. Aber auf der Basis von Stichproben, die durch ein bestimmtes *Auswahlverfahren* gewonnen wurden, können Hypothesen über die Verteilung von X in $\mathcal{U}$ gebildet und deren Plausibilität eingeschätzt werden.

Ein bekanntes Beispiel von Wahlabenden ist etwa: Aus allen Wählern $\mathcal{U}$ wurde eine Stichprobe s gezogen und ausgezählt. Auf Basis der Auszählung der Stichprobe sollen Hypothesen über X in $\mathcal{U}$ (z.B. die Partei ... erreicht mehr als ... Prozent) eingeschätzt werden. Aber wie sehen Auswahlverfahren aus, mit denen man Hypothesen über die Verteilung von X einschätzbar machen könnte?

Zufällige Auswahlverfahren, Verfahren, bei denen die Auswahl einer Stichprobe durch einen (Pseudo-) Zufallszahlengenerator erzeugt wird, sollen eine solche Einschätzung ermöglichen. Zunächst ist klar, dass zufällige Auswahlverfahren zumindest einen Vorteil haben: Die tatsächliche Auswahl hängt nicht von den Interessen des jeweils Auswählenden ab. Mögliche, auch unbewusste, Beeinflussungen der Ergebnisse durch die Durchführenden werden ausgeschlossen. Wähler etwa werden nicht nach Aussehen, Sympathie, Wohnvierteleigenschaften, Alter etc. ausgewählt, sondern durch ein Verfahren, das vollständig von allen Eigenschaften der Wähler unabhängig ist.

Aber das ursprüngliche Problem bleibt natürlich auch bei Zufallsstichproben erhalten: Wird z.B. aus einer Gesamtheit mit 5 Frauen und 4 Männern eine einfache Zufallsstichprobe vom Umfang $n = 4$ gezogen, können wir nur den Anteil der Frauen der vier Stichprobeneinheiten bestimmen, über das Geschlecht der 5 nicht in die Stichprobe gelangten Personen können wir nichts sagen. Es können aber sicher Stichproben zustande kommen, die nur Männer oder nur Frauen

---

[1] Bei Befragungen kann das nicht zutreffen, denn manche zuvor ausgewählte Befragte können nicht angetroffen werden oder verweigern die Beantwortung der Fragen.

enthalten. Entsprechend würden wir dann zu ziemlich schlechten Vermutungen über den Anteil der Frauen in der Gesamtheit gelangen. Tatsächlich beschäftigt sich die Stichprobentheorie nicht mit dem unlösbaren Problem, über $N - n$ nicht in der Stichprobe befindliche Einheiten Aussagen zu machen. Vielmehr findet eine Problemverschiebung statt.

12.1.1 Die grundlegende Problemverschiebung

Wir bezeichnen mit S die Menge aller möglichen Stichproben, die in Betracht kommen sollen. Aus der Menge aller möglichen Stichproben S wird bei der konkreten Stichprobenziehung eine Stichprobe s ausgewählt. [2] Die Überlegungen der Stichprobentheorie setzen nun an der Menge S aller möglichen Stichproben an. Die Grundannahme ist, dass die Stichprobe s mit einem Zufallsverfahren erzeugt wurde, so dass die Wahrscheinlichkeiten aller möglichen Stichproben in S angegeben werden können. Dann aber kann man auch die Verteilung des Frauenanteils über alle Stichproben S berechnen, zumindest, wenn ihr Anteil in der Gesamtheit U bekannt ist.

Wohlgemerkt: Es geht nun nicht mehr um die Verteilung der Frauen (ihren Anteil) in der Gesamtheit U. Stattdessen interessiert man sich für die Verteilung des Frauenanteils in den Stichproben, die durch das Stichprobenziehungsverfahren erzeugt werden. Man kann dann etwa nach den Verfahren fragen, die „gute" durchschnittliche Eigenschaften haben. Man spricht also über Eigenschaften eines Ziehungsverfahrens und verzichtet darauf, über einzelne Stichproben und ihre Ergebnisse Aussagen zu treffen. Das ist die wesentliche Problemverschiebung der klassischen Stichprobentheorie.

12.1.2 Stichprobendesign

Sei nun S die Menge aller Stichproben $\{s \subset U\}$, über deren Ziehung man nachdenken möchte. Das *Stichprobendesign* legt das Stichprobenverfahren fest. Genauer: es legt die Wahrscheinlichkeitsverteilung $\Pr(s)$ auf S fest, also die Wahrscheinlichkeit, mit der eine Stichprobe s aus allen betrachteten Stichproben S ausgewählt wird. Das eigentliche Ziehungsverfahren besteht dann darin, mit Verfahren wie Ziehen aus Urnen oder mit Pseudozufallszahlen mit den durch das Stichprobendesign vorgegebenen Wahrscheinlichkeiten eine Stichprobe $s \in S$ auszuwählen.

Wie in den vorhergehenden Abschnitten ist es vorteilhaft, die Situation durch das Konzept einer Zufallsvariablen zu beschreiben. Sei also Ω ein Wahr-

---

[2]Die Menge der Stichproben ist also maximal die Potenzmenge $\mathcal{P}(U)$ der Gesamtheit U, der Menge aller Teilmengen von U. Wir schließen aber die leere Menge immer aus, um nicht immer wieder über den Ausnahmefall, in dem gar keine Daten vorliegen, reden zu müssen. Die Grundmenge der Stichproben ist also maximal $\mathcal{P}(U) \setminus \{\emptyset\}$. Da U immer endlich ist, ist auch die Menge aller Stichproben immer endlich und höchstens vom Umfang $2^N - 1$.

scheinlichkeitsraum mit einem zugrundeliegenden Wahrscheinlichkeitsmaß Pr(.). Sei die Zufallsvariable, die das Stichprobendesign beschreiben soll, durch

$$\mathbb{S} \colon \Omega \to \mathcal{S}$$

gegeben. Damit ist $\mathbb{S}(\omega)$ eine Stichprobe $s \subseteq \mathcal{U}$ für jedes ω. Und die Wahrscheinlichkeit, eine bestimmte Stichprobe s zu erhalten, ist $\Pr(\mathbb{S} = s) := \Pr(\{\omega \in \Omega \mid \mathbb{S}(\omega) = s\})$ und ergibt sich somit als Wahrscheinlichkeit all derjenigen ω des Wahrscheinlichkeitsraumes Ω, die die Stichprobe s erzeugen.

12.1.3 Der Inklusionsindikator

Betrachten wir als Beispiel den Mittelwert einer statistischen Variablen X. Er ist wie in Abschnitt 5 definiert: $M(X) = 1/N \sum_{u \in \mathcal{U}} X(u)$. Wird nun eine Stichprobe s gewählt, dann ist der Mittelwert in der Stichprobe s vom Umfang $n = |s|$

$$M(X; s) = \frac{1}{n} \sum_{u \in s} X(u)$$

Was ist nun die Beziehung zwischen $M(X)$, dem interessierenden Mittelwert in der Gesamtheit $\mathcal{U}$ und den vielen möglichen Werten von $M(X; s)$? Für jede einzelne Stichprobe wird man keine Antwort erwarten dürfen. Denn die würde von den Werten der statistischen Variablen $X(u)$ für $u \notin s$ abhängen. Das gilt ja selbst dann, wenn die Stichprobe s alle Elemente von $\mathcal{U}$ bis auf eines enthält: Diese eine Beobachtung kann immer noch zu beliebigen Unterschieden zwischen $M(X; s)$ und $M(X)$ führen.

Verschiebt man aber die Problemstellung wie angedeutet, dann kann man sich von der Frage nach einzelnen Stichproben lösen und etwa den Durchschnitt von $M(X; s)$ über alle Stichproben nach einem gegebenen Stichprobendesign $\mathbb{S}$ untersuchen.

Dazu muss man den Erwartungswert der Stichprobenmittelwerte bezüglich des Stichprobendesigns berechnen. Hier interessiert also ein Durchschnitt über alle möglichen Stichproben. Symbolisch schreibt man den Erwartungswert bezüglich der Zufallsvariablen $\mathbb{S}$:

$$\mathbb{E}(M(X; \mathbb{S})) = \mathbb{E}\left(\frac{1}{n(\mathbb{S})} \sum_{u \in \mathbb{S}} X(u) \right)$$

In der Darstellung werden die Werte $X(u)$ als fix angenommen. Wenn man den Erwartungswert berechnen will, muss man offenbar sogar die Werte $X(u)$ für alle u kennen, die in wenigstens einer Stichprobe auftauchen. Es scheint, als habe man ein unlösbares Problem durch ein anderes, ebenfalls praktisch unlösbares Problem ersetzt. Zumindest wird es schwierig sein, konkrete Aussagen über solche Erwartungswerte zu formulieren.

Ein wichtiger Formulierungstrick hilft hier aber weiter: Ist $\mathbb{1}_u(s)$ der Indikator, der angibt ob die Einheit u in der Stichprobe s ist, also die Funktion

$$\mathbb{1}_u(s) = \begin{cases} 1 & \text{falls } u \in s \\ 0 & \text{sonst} \end{cases}$$

dann lässt sich der Mittelwert für eine Stichprobe wieder als Summe über alle Einheiten $u \in \mathcal{U}$ schreiben:

$$M(X; s) = \frac{1}{\sum_{u \in \mathcal{U}} \mathbb{1}_u(s)} \sum_{u \in \mathcal{U}} \mathbb{1}_u(s) X(u)$$

Das funktioniert, weil für die Elemente u, die nicht in der Stichprobe sind, der Wert 0 ($\mathbb{1}_u(s)X(u)$) zugewiesen wird. Der wesentliche Punkt aber ist, dass die Mittelwerte der Stichproben, aufgefasst als Funktionen der zufälligen Stichprobenziehungen, nur noch von den Indikatoren $\mathbb{1}_u(\$)$ abhängen. Alle anderen Größen sind im Modell zufälliger Stichproben aus einer gegebenen Gesamtheit fix.

Betrachtet man nur Stichproben mit fixer Stichprobengröße n, so dass $\Pr(n(\$) \neq n) = 0$ gilt, dann ist

$$\mathbb{E}\left(M(X; \$)\right) = \frac{1}{n} \sum_{u \in \mathcal{U}} \mathbb{E}(\mathbb{1}_u(\$)) X(u)$$

Nur noch der Term $\mathbb{E}(\mathbb{1}_u(\$))$ hängt dann vom Stichprobendesign ab und für viele praktisch relevante Designs lässt sich diese Größe explizit berechnen. Wir schreiben in Übereinstimmung mit dem Großteil der Literatur

$$\pi(u) := \mathbb{E}(\mathbb{1}_u(\$)) = \sum_{s \in \mathcal{S}} \mathbb{1}_u(s) \Pr(\$ = s) = \Pr(\$ \ni u)$$

und nennen $\pi(u)$ die *Inklusionswahrscheinlichkeit* der Einheit u in die möglichen Stichproben $\mathcal{S}$.

Eine erste Konsequenz folgt sofort aus dieser Formulierung: Sind alle Inklusionswahrscheinlichkeiten gleich, etwa $\pi = \pi(u)$, dann ist

$$\mathbb{E}\left(M(X; \$)\right) = \frac{1}{n} \sum_{u \in \mathcal{U}} \mathbb{E}(\mathbb{1}_u(\$)) X(u) = \frac{\pi}{n} \sum_{u \in \mathcal{U}} X(u) = \frac{N\pi}{n} M(X)$$

Bemerkenswert ist: Wir erhalten einen Zusammenhang zwischen dem Erwartungswert der $M(X; \$)$ und dem Wert von $M(X)$, ohne irgendeine Annahme über die Verteilung der Werte von $X(u)$ getroffen zu haben. Der Erwartungswert (der gewichtete Durchschnitt) der Mittelwerte in den Stichproben ist bei gleichen Inklusionswahrscheinlichkeiten gerade ein fixes Vielfaches des Mittelwerts der Gesamtheit, ganz unabhängig von der Struktur der Gesamtheit. Wir werden gleich sehen, dass in der Tat Gleichheit gilt, der Erwartungswert (über das Design) aller Stichprobenmittelwerte also immer genau den Mittelwert über die Gesamtheit liefert, wenn nur alle Inklusionswahrscheinlichkeiten gleich sind. Wir werden weiter sehen, dass selbst bei beliebiger Wahl eines Designs oder selbst bei Vorgabe nur der Inklusionswahrscheinlichkeiten viele allgemeine Aussagen getroffen werden können, die unabhängig von den Werten $X(u)$, die ja zum größten Teil unbekannt sind, getroffen werden können. Das ist der große Vorteil der Problemverschiebung von einzelnen Stichproben und deren Beziehung zu Gesamtheiten hin zu Eigenschaften der Verteilung solcher Stichproben. [3]

12.1.4 Inklusionswahrscheinlichkeiten

Die Inklusionswahrscheinlichkeit $\pi(u)$ gibt an, mit welcher Wahrscheinlichkeit die Einheit u in einem Stichprobendesign in eine Stichprobe gelangt. Sie ist also eine Funktion des Stichprobendesigns. Auf der anderen Seite bestimmen die Werte $\pi(u)$, $u \in \mathcal{U}$ nicht eindeutig ein Design. Betrachtet man etwa alle Stichproben aus der Menge $\{u_1, u_2, u_3\}$, dann gibt es $2^3 - 1 = 7$ verschiedene Stichproben. Man muss also 6 Wahrscheinlichkeiten angeben, um das Design zu bestimmen (die letzte ergibt sich, weil sich Wahrscheinlichkeiten zu 1 addieren müssen). Aber es gibt nur drei Inklusionswahrscheinlichkeiten $\pi(u_i)$. [4]

Zu beachten ist, dass im Falle $\pi(u) = 0$ mit einer Stichprobe nichts über $X(u)$ herausgefunden werden kann. Solche Designs schließen von vornherein bestimmte Elemente der Gesamtheit aus der Betrachtung aus. Daher wird man als ein Qualitätsmerkmal eines Designs sicher fordern, dass $\pi(u) > 0$ für alle $u \in \mathcal{U}$ gilt.

Werden die Inklusionswahrscheinlichkeiten $\pi(u)$ für alle $u \in \mathcal{U}$ summiert, ergibt sich

$$\sum_{u \in \mathcal{U}} \pi(u) = \sum_{u \in \mathcal{U}} \sum_{s \in \mathcal{S}} \mathbb{1}_u(s) \Pr(\$ = s) = \sum_{s \in \mathcal{S}} \Pr(\$ = s) \left(\sum_{u \in \mathcal{U}} \mathbb{1}_u(s) \right)$$

In der ersten Gleichung wird die Definition von $\pi(.)$ eingesetzt, die zweite ordnet die Summenbildung um. Zudem wird $\Pr(\$ = s)$ ausgeklammert, der

---

[3] Da das ursprüngliche Problem, auf der Grundlage einiger Werte auf die der Gesamtheit zu „schließen", in diesem Ansatz gar nicht behandelt wird, entstehen leicht Missverständnisse und Interpretationsprobleme, weil man oft versucht ist, die Optimalitätsergebnisse der Stichprobentheorie doch als Antworten auf das Problem zu sehen, Aussagen über die Gesamtheit zu treffen. Die wichtigsten Konsequenzen der Problemverschiebung für die Interpretation der Resultate der Stichprobentheorie werden später wieder aufgegriffen.
[4] Die Frage, wie man aus gegebenen Inklusionswahrscheinlichkeiten alle Stichprobendesigns zurückerhält, die diese Inklusionswahrscheinlichkeiten haben, wird u.a. in Huang T. Nguyen: An Introduction to Random Sets, Chapman & Hall 2006, Kapitel 3.2, diskutiert.

Wert hängt ja nicht von u ab. Nun zählt die innere Summe auf der rechten Seite die Elemente der Stichprobe s. Also ist

$$\sum_{u \in \mathcal{U}} \pi(u) = \sum_{s \in \mathcal{S}} \Pr(\mathbb{S} = s) n(s) = \mathbb{E}\left(n(\mathbb{S})\right)$$

und die Summe der Inklusionswahrscheinlichkeiten über die Gesamtheit ergibt gerade die durchschnittliche Stichprobengröße. Hat man insbesondere nur Stichproben mit festem Stichprobenumfang n zugelassen, dann ist $\sum_u \pi(u) = n$. Ein Stichprobendesign, in dem alle Inklusionswahrscheinlichkeiten gleich sind, wird *selbstgewichtend* genannt. Für ein selbstgewichtendes Design mit fester Stichprobengröße ist offenbar $\pi(u) = n/N$. Es folgt, dass in diesem Fall für den Erwartungswert über die Stichprobenmittelwerte gilt:

$$\mathbb{E}\left(\mathrm{M}(X; \mathbb{S})\right) = \frac{N\pi}{n} \mathrm{M}(X) = \mathrm{M}(X)$$

Man sagt auch, der Stichprobenmittelwert ist *erwartungstreu* für den Mittelwert der Gesamtheit bezüglich dieses Stichprobendesigns.

Nun kann man auch fragen, mit welcher Wahrscheinlichkeit ein festes Paar u und u' gemeinsam in eine Stichprobe gelangt. Man erhält Inklusionswahrscheinlichkeiten zweiter Ordnung.

$$\pi(u, u') := \mathbb{E}\left(\mathbb{1}_u(\mathbb{S}) \mathbb{1}_{u'}(\mathbb{S})\right) = \sum_{s \in \mathcal{S}} \mathbb{1}_u(s) \mathbb{1}_{u'}(s) \Pr(\mathbb{S} = s) = \Pr(\mathbb{S} \ni u \cap \mathbb{S} \ni u')$$

Offenbar ist die Reihenfolge der Argumente irrelevant, $\pi(u, u') = \pi(u', u)$. Außerdem ist $\pi(u, u) = \pi(u)$, also gerade die einfache Inklusionswahrscheinlichkeit.

Die Definition der Inklusionswahrscheinlichkeiten durch Erwartungswerte von Indikatoren bzw. von deren Produkten deutet eine enge Verwandtschaft mit den Momenten und Kovarianzen an (vgl. Abschnitt 6.4). In der Tat entsprechen Inklusionswahrscheinlichkeiten zweiter Ordnung den rohen gemischten Momenten $\mathbb{E}(\mathbb{X}\mathbb{Y})$ und können ebenso wie die entsprechenden Komponenten der Kovarianz interpretiert werden. Das folgende Design (systematisches Ziehen mit zufälligem Start) illustriert einen wesentlichen Punkt: Man ordnet die Elemente von $\mathcal{U}$ als $(u_1, u_2, \ldots, u_N)$. Dann gibt man eine Zahl k vor und zieht jedes k-te Element, ausgehend von einem zufällig gewählten Startwert $a \in \{1, \ldots, k\}$. Zieht man etwa jedes 10. Element aus einer Gesamtheit mit 100 Elementen und startet bei dem 5. Element, dann ist die Stichprobe $u_5, u_{15}, \ldots, u_{95}$. Dieses Design hat eine feste Stichprobengröße, wenn k N teilt. Es ist selbstgewichtend mit $\pi(u) = 1/k$, wenn der Startwert gleichverteilt in $\{1, \ldots, k\}$ gewählt wird. Denn da jedes Element in genau einer der k Stichproben enthalten ist und jede dieser Stichproben mit Wahrscheinlichkeit $1/k$ gewählt wird, ist die Inklusionswahrscheinlichkeit $\pi(u) = 1/k$ für alle u.

Ist $k > 1$ (mit $k = 1$ erhält man die Gesamtheit), dann muss $\pi(u_i, u_{i+1}) = 0$ sein, denn welcher Startwert auch immer gewählt wird, zwei aufeinanderfolgende Elemente der Gesamtheit können niemals in eine Stichprobe kommen. Solche Ausschlüsse bestimmter Kombinationen von Elementen der Gesamtheit führen ebenso wie der Ausschluss einzelner Elemente zu Problemen zumindest bei der Berechnung zweiter Momente von Stichprobenzusammenfassungen. [5] Stichproben, bei denen $\pi(u, u') > 0$ für alle Paare $u, u' \in \mathcal{U}$ gilt, heißen *messbar*.

12.2 Einfache Stichprobenziehung mit R

Im Folgenden betrachten wir ein Beispiel einer Grundgesamtheit von vier Werten, aus der eine Stichprobe vom Umfang 2 gezogen werden soll. Das ist zwar weit von den Stichprobenumfängen der Praxis entfernt, aber wir können alle theoretischen Begriffsbildungen mit elementaren Methoden nachvollziehen. Wir werden in diesem Abschnitt zunächst einfache Stichproben in R einführen und anschließend Schichten- und Klumpenstichproben betrachten. Aus didaktischen Gründen führen wir für einfache Beispiele jeweils eine vollständige Aufzählung aller möglichen Stichproben durch.

12.2.1 Gesamtheit und mögliche Stichproben

Wir erzeugen zunächst eine Gesamtheit $\mathcal{U}$ mit $N = 4$ Elementen und eine statistische Variable X:

```
> U <- 1:4
> X <- c(1,5,11,23)
> N <- length(U); n <- 2
```

Wir verwenden U hier einfach als Indexmenge für X. Dann entspricht dem Wert der Funktion $X(u)$ gerade die R-Konstruktion X[u].

Ein Stichprobendesign, bei dem alle Stichproben genau n Elemente enthalten und in der alle Stichproben die gleiche Wahrscheinlichkeit haben, wird *einfache Zufallsauswahl* genannt. Das Design kann mit dem Befehl sample() realisiert werden. Als erstes Argument wird die Grundgesamtheit, als zweites der Stichprobenumfang angegeben. Eine einfache konkrete Zufallsstichprobe erhalten wir mit folgendem Befehl:

```
> set.seed(1)
> s <- sample(U,n,replace=F);s
```

---

[5] Systematische Zufallsauswahlen sind in der Praxis immer noch sehr verbreitet. Ein Grund ist sicherlich, dass die tatsächliche Ziehung der Stichproben aus Datenschutzgründen oft nicht von der ursprünglich interessierten Organisation durchgeführt werden kann. Wird aber die Durchführung an die Organisationen delegiert, die über entsprechende (Teil-) Listen der Gesamtheit verfügen (Einwohnermeldeämter, Studierendensekretariate, Kliniken etc.), kann man diesen Organisationen i.d.R. keine aufwendigen Auswahlverfahren vorschreiben.

[1] 2 4

Natürlich ist nicht die Indexmenge U von Interesse, sondern die zugehörigen Werte von X. Man kann zwar für die Werte der statistischen Variablen nun schreiben: X[s], alternativ kann man aber auch direkt aus den Werten von X ziehen:

```
> set.seed(1)
> s.X <- sample(X,n,replace=F);s.X
[1]  5 23
```

Um alle möglichen Stichproben zu ermitteln, verwenden wir den Befehl combn(), der im Paket combinat implementiert ist. Dieser Befehl zählt alle Kombinationen aus den Elementen des ersten Arguments im Umfang des zweiten Arguments auf. Übergeben wir den Vektor U, erhalten wir die Stichproben

```
> library(combinat)
> sp <- combn(U, n);sp
      [,1]  [,2]  [,3]  [,4]  [,5]  [,6]
[1,]    1     1     1     2     2     3
[2,]    2     3     4     3     4     4
```

Die Spalten von sp enthalten die möglichen Stichproben vom Umfang $n = 2$. Analog kann man sich auch wieder die zugehörigen Werte von X angeben lassen:

```
> sp.X <- combn(X, n);sp.X
      [,1]  [,2]  [,3]  [,4]  [,5]  [,6]
[1,]    1     1     1     5     5    11
[2,]    5    11    23    11    23    23
```

Die Zahl der möglichen Stichproben $|\mathcal{S}|$ ist nun die Anzahl der Spalten von sp.X und ist in diesem Fall gerade $\binom{4}{2} = 6$.

12.2.2 Ermittlung der Inklusionswahrscheinlichkeiten

In der einfachen Zufallsauswahl kommt jedes u in genau $\binom{N-1}{n-1}$ Stichproben vor: Zieht man zunächst u, dann bleiben $N-1$ Elemente übrig. Zieht man aus den verbliebenen Elementen eine Stichprobe mit $n-1$ Elementen und fügt u hinzu, hat man eine Stichprobe vom Umfang n, die u enthält. Offenbar kann man so alle Stichproben erzeugen, die u enthalten. Aus $N-1$ Elementen kann man aber gerade $\binom{N-1}{n-1}$ verschiedene Stichproben vom Umfang $n-1$ wählen. Die einfache Zufallsauswahl ist selbstgewichtend, denn alle u sind in der gleichen Anzahl von Stichproben enthalten und alle Stichproben haben die gleiche Wahrscheinlichkeit. Also ist die Inklusionswahrscheinlichkeit für alle u: $\pi(u) = \binom{N-1}{n-1}/\binom{N}{n} = n/N$.

Wir rechnen das für unser Beispiel nach. Zunächst machen wir uns eine Version des Inklusionsindikators

```
> I.u.s  <- function(u,s) as.numeric(u %in% s)
```

und probieren sie aus:

```
> l.u.s(U[3],sp[,1])
[1]  0
> l.u.s(U[3],sp[,4])
[1]  1
```

Da es $\binom{4}{2}$ = 6 Stichproben gibt (entsprechend hat sp 6 Spalten) und alle Stichproben die gleiche Wahrscheinlichkeit haben sollen, ist $Pr(\$ = s) = 1/6$ für alle s. Wir erhalten zunächst die Indikatoren von U[3] für alle Stichproben als

```
> apply(sp,2,function(s)l.u.s(U[3],s))
[1]  0  1  0  1  0  1
```

Wir können die Inklusionswahrscheinlichkeit von U[3] damit direkt aus der Definition nachrechnen:

```
> ns <- ncol(sp.X)
> sum(apply(sp,2,function(s)l.u.s(U[3],s))/ns)
[1]  0.5
```

Unsere Funktion l.u.s() erlaubt als erstes Argument auch einen Vektor. Wir erhalten also alle Indikatoren durch

```
> Ind<- apply(sp,2,function(s)l.u.s(U,s));Ind
      [,1]  [,2]  [,3]  [,4]  [,5]  [,6]
[1,]    1     1     1     0     0     0
[2,]    1     0     0     1     1     0
[3,]    0     1     0     1     0     1
[4,]    0     0     1     0     1     1
```

Jede Zeile entspricht den Inklusionsindikatoren des entsprechenden Elements von U. Alle Inklusionswahrscheinlichkeiten erhält man also mit

```
> pi.u  <- rowSums(Ind/ns);pi.u
[1]  0.5  0.5  0.5  0.5
```

In analoger Weise werden die Inklusionswahrscheinlichkeiten zweiter Ordnung $\pi(u, u')$ ermittelt. Es wird für jede Kombination u, u' und jede Stichprobe überprüft, in welcher Stichprobe beide Elemente enthalten sind. Da wir schon die Inklusionsindikatoren kennen, brauchen wir nur die entsprechenden Produkte der Matrix Ind bilden. Denn zwei Elemente u1 und u2 sind gleichzeitig Element einer Menge, wenn das Produkt ihrer Indikatoren 1 ist. Dazu erstellen wir zunächst ein entsprechendes Array mit drei Dimensionen für die beiden Elemente und die Stichproben und tragen dann die Produkte ein.

```
> Indu1u2 <- array(0,dim=c(N,N,ncol(sp)))
> for(s in 1:ncol(sp)) Indu1u2[, , s] <- Ind[,s]%o%Ind[,s]
```

Die einzige Besonderheit, die wir benutzen, ist das äußere Produkt %o%, das aus zwei Vektoren x und y die Matrix mit Einträgen x[i]*y[j] in der i−ten Zeile und j−ten Spalte erzeugt.

Wir erhalten die N × N Inklusionswahrscheinlichkeiten, indem wir die Einträge in diesem Array mit den entsprechenden Wahrscheinlichkeiten der

Stichproben (hier 1/6) multiplizieren und dann die Summe über alle Stichproben bilden.

```
> pi.u1u2  <- apply(Indu1u2/ns,c(1,2),sum);pi.u1u2
          [,1]        [,2]        [,3]        [,4]
[1,]   0.5000000  0.1666667  0.1666667  0.1666667
[2,]   0.1666667  0.5000000  0.1666667  0.1666667
[3,]   0.1666667  0.1666667  0.5000000  0.1666667
[4,]   0.1666667  0.1666667  0.1666667  0.5000000
```

Das Ergebnis ist wenig erstaunlich, denn der Stichprobenumfang ist 2 und jede der Kombinationen von verschiedenen Elementen kommt genau ein mal vor, hat also die Wahrscheinlichkeit 1/6.

12.2.3 Horvitz-Thompson-Schätzer

Einheiten mit kleinen Inklusionswahrscheinlichkeiten gelangen nur mit geringer Wahrscheinlichkeit in eine Stichprobe. Andersherum gelangen Einheiten mit großen Inklusionswahrscheinlichkeiten mit großer Wahrscheinlichkeit in eine Stichprobe. Somit „repräsentieren" in die Stichprobe gelangte Einheiten mit kleinen Inklusionswahrscheinlichkeiten einen größeren Anteil von Elementen der Gesamtheit als Stichprobenelemente mit großen Inklusionswahrscheinlichkeiten. Daher liegt es nahe, die Elemente mit kleinen Inklusionswahrscheinlichkeiten stärker als Elemente mit großen Inklusionswahrscheinlichkeiten zu gewichten. Eine solche Gewichtung kann z.B. mit den Kehrwerten der Inklusionswahrscheinlichkeiten erfolgen. Schätzer, die dieser Idee folgen, werden als Horvitz-Thompson-Schätzer bezeichnet. Das Prinzip erlaubt die Konstruktion erwartungstreuer Schätzfunktionen in allen Fällen, in denen sich die Schätzfunktionen als Summen von Funktionen der einzelnen $X(u)$ darstellen lassen. Das ist natürlich insbesondere der Mittelwert, aber auch viele andere Verfahren der Statistik lassen sich in dieser Form ausdrücken. Betrachten wir wieder Mittelwerte. Der Horvitz-Thompson-Schätzer ist dann

$$\widehat{\mathrm{M}}(X;s) := \frac{1}{N} \sum_{u \in \mathcal{U}} \frac{\mathbb{1}_u(s)X(u)}{\pi(u)}$$

Es ist klar, dass dies ein erwartungstreuer Schätzer für den Mittelwert der Gesamtheit ist, ganz unabhängig von der genauen Form des Stichprobendesigns, denn

$$\mathbb{E}\left(\widehat{\mathrm{M}}(X;\$)\right) = \frac{1}{N} \sum_{u \in \mathcal{U}} \frac{\mathbb{E}(\mathbb{1}_u(\$))X(u)}{\pi(u)} = \mathrm{M}(X)$$

Zur Ermittlung der Schätzwerte müssen demnach die Stichprobenwerte durch ihre Inklusionswahrscheinlichkeiten geteilt werden. Danach bildet man die Summe der gewichteten Werte über die Stichprobe und teilt durch den Umfang der Gesamtheit. Will man das für alle Stichproben in unserem Beispiel gleichzeitig machen, bildet man zur Matrix sp aller Stichproben (in den Spalten) eine korrespondierende Matrix der durch die Inklusionswahrscheinlichkeiten geteilten Werte von X.

```
> XdurchPi <- apply(sp,2,function(i)X[i]/pi.u[i])
> XdurchPi
      [,1]  [,2]  [,3]  [,4]  [,5]  [,6]
[1,]    2     2     2    10    10    22
[2,]   10    22    46    22    46    46
```

Die 6 möglichen Schätzwerte sind die Spaltensummen dieser Matrix, geteilt durch den Umfang der Gesamtheit. Wir erhalten

```
> mdach <- colSums(XdurchPi)/N;mdach
[1]   3   6  12   8  14  17
```

Wir überprüfen die Erwartungstreue:

```
> mean(X)==mean(mdach)
[1]  TRUE
```

12.2.4 Die Varianz des Horvitz-Thompson-Schätzers

Um die Güte eines Schätzers bzw. die Güte eines Designs zu beurteilen, kann die mittlere quadrierte Abweichung von der zu schätzenden Größe für alle Stichproben betrachtet werden. Im Fall von erwartungstreuen Schätzern entspricht dies gerade der Varianz.

In unserem Beispiel ist die Berechnung der Varianz dagegen ganz einfach, weil wir bereits die Werte des Horvitz-Thompson-Schätzers für alle Stichproben ausgerechnet haben. Da alle Stichproben gleiche Wahrscheinlichkeiten haben, können wir einfach die Funktion var() benutzen:

```
> var(mdach)
[1]  27.6
```

Hier wird durch $n(s) - 1$ geteilt. Die Variante, bei der der Mittelwert der quadrierten Abweichungen benutzt wird, ergibt:

```
> var(mdach)*5/6
[1]  23
```

Im Allgemeinen wird man die Varianz aber auf Grundlage der Werte der $X(u)$ in der Gesamtheit berechnen müssen. Für den Horvitz-Thompson-Schätzer ist das

$$V\left(\widehat{M}(X;\$)\right) = \frac{1}{N^2} \sum_{u \in \mathcal{U}} \frac{X(u)^2}{\pi(u)^2} V(\mathbb{1}_u(\$))$$

$$+ \frac{1}{N^2} \sum_{\substack{u',u \in \mathcal{U} \\ u \neq u'}} \frac{X(u)X(u')}{\pi(u)\pi(u')} \text{cov}(\mathbb{1}_u(\$), \mathbb{1}_{u'}(\$))$$

$$= \frac{1}{N^2} \sum_{u \in \mathcal{U}} \frac{X(u)^2}{\pi(u)^2} \pi(u)(1 - \pi(u))$$

$$+ \frac{1}{N^2} \sum_{\substack{u',u \in \mathcal{U} \\ u \neq u'}} \frac{X(u)X(u')}{\pi(u)\pi(u')} (\pi(u,u') - \pi(u)\pi(u'))$$

Der Ausdruck vereinfacht sich nur leicht, wenn das Design einen festen Stichprobenumfang hat. Dann kann man schreiben:

$$\mathrm{V}\left(\widehat{\mathrm{M}}(X;\$)\right) = \frac{1}{2N^2} \sum_{\substack{u',u \in \mathcal{U} \\ u \neq u'}} \left(\frac{X(u)}{\pi(u)} - \frac{X(u')}{\pi(u')}\right)^2 \left(\pi(u)\pi(u') - \pi(u,u')\right)$$

12.2.5 Schätzung der Varianz

Die letzten beiden Formeln sind nur von theoretischer Bedeutung. Sie zeigen aber, dass sich die Varianz nur berechnen lässt, wenn entweder die Werte der Mittelwerte für alle möglichen Stichproben und deren Wahrscheinlichkeiten bekannt sind, oder wenn, wie in den letzten Formeln, die Werte aller $X(u)$ bekannt sind. Daher muß die unbekannte Varianz geschätzt werden. Für die Schätzung auf Basis der Stichprobe sind in der Literatur verschiedene Schätzer vorgeschlagen worden. Eine Variante, die ebenfalls der Horvitz-Thompson-Idee folgt, ist

$$\mathrm{var}_1\left(\widehat{M}(X;s)\right) := \frac{1}{N^2} \sum_{u',u \in s} \frac{1}{\pi(u,u')} \left(\frac{\pi(u,u')}{\pi(u)\pi(u')} - 1\right) X(u)X(u'),$$

die für den Fall strikt positiver Inklusionswahrscheinlichkeiten zweiter Ordnung ($\pi(u,u') > 0$, messbares Design) erwartungstreu ist. Die Erwartungstreue erzwingt aber, dass für manche Stichproben negative Varianzschätzer resultieren können.

Um alle Varianzschätzer der Stichproben im kleinen Zahlenbeispiel zu berechnen, gehen wir von den bereits ermittelten Horvitz-Thompson-Schätzern aus. Dazu können wir die obige Formel fast direkt in R Code kopieren

```
> Vdach <- function(s){  1/N^2*sum(
+       1/pi.u1u2[s,s]*
+       (pi.u1u2[s,s]/(pi.u[s]%o%pi.u[s])−1)*
+       (X[s]%o%X[s]))}
```

Vdach() ist also eine Funktion, die als Argument die Indizes einer Stichprobe nimmt und daraus den Varianzschätzer berechnet. Wir berechnen als Beispiel den Varianzschätzer für die erste Stichprobe, deren Indizes der Stichprobenelemente in der ersten Spalte der Matrix sp stehen:

> Vdach(sp[,1])
[1] 2

Wenden wir die Funktion auf alle Stichproben an, d.h. auf alle Spalten der Matrix sp, dann erhalten wir

> S <− apply(sp,2,Vdach);S
[1]   2.0 12.5 60.5   4.5 40.5 18.0

Wir überprüfen noch die Erwartungstreue:

> mean(S)
[1] 23

Wir untersuchen noch eine Variante, die aus der letzten Formel des letzten Abschnitts folgt. Wir unterstellen also einen festen Stichprobenumfang. Dann kann man eine empirische Version der letzten Gleichung des letzten Abschnitts als

$$\text{var}_2\left(\widehat{M}(X;s)\right) := \frac{1}{2N^2} \sum_{u,u' \in s} \frac{\pi(u)\pi(u') - \pi(u,u')}{\pi(u,u')} \left(\frac{X(u)}{\pi(u)} - \frac{X(u')}{\pi(u')}\right)^2$$

schreiben. Dieser Varianzschätzer wird oft nach *Yates, Grundy* und *Sen* benannt. Er ist ebenfalls erwartungstreu, hat aber den offensichtlichen Vorteil, immer nicht negative Werte zu liefern. Wir programmieren auch diesen Varianzschätzer:

> Vdach2 <− function(s){ 1/(2*N^2)*sum((pi.u[s]%o%pi.u[s]−
+   pi.u1u2[s,s])/pi.u1u2[s,s]*
+   (outer(X[s]/pi.u[s],X[s]/pi.u[s],"−"))^2)}
> Vdach2(sp[,1])
[1] 2
> S2 <− apply(sp,2,Vdach2);S2
[1]   2.0 12.5 60.5   4.5 40.5 18.0
> mean(S2)
[1] 23

In der Funktion Vdach2() haben wir den R Befehl outer() benutzt, der den Befehl %o% verallgemeinert: Er wendet auf alle möglichen Paare von Werten der ersten beiden Argumente die Funktion an, die als drittes Argument übergeben wird. Das Ergebnis ist wieder eine Matrix in der gleichen Anordnung wie beim %o% Befehl.

Das Ergebnis zeigt, dass im Fall einfacher Zufallsauswahl beide Varianzschätzer gleiche Ergebnisse liefern. In einfachen Designs, in denen sich die Inklusionswahrscheinlichkeiten als Funktionen von n und N schreiben lassen, ist es auch möglich, die Varianzschätzer nicht als Funktion der Werte $X(u)$ (oder direkt den Horvitz-Thompson-Schätzern der Stichproben) zu schreiben, sondern auch als Funktion von „Varianzen" der $X(u)$. Im Fall der einfachen Zufallsauswahl ist der Yates-Grundy-Sen-Varianzschätzer

$$\left(1 - \frac{n}{N}\right) \frac{1}{n}\text{var}(X;s)$$

wobei var$(X; s)$ die Varianz der $X(u)$ in der Stichprobe ist:

$$\text{var}(X; s) := \frac{1}{n-1} \sum_{u \in s} (X(u) - M(X; s))^2$$

In dieser Formulierung erscheint der Varianzschätzer der Stichprobentheorie ganz ähnlich zu entsprechenden Versionen des klassischen statistischen Modells mit unabhängig und identisch verteilten Zufallsvariablen zu sein. Der einzige Unterschied ist der Faktor $1 - n/N$, die so genannte „Endlichkeitskorrektur". Diese Ähnlichkeit ist aber irreführend. Der Charme der Stichprobentheorie besteht gerade darin, die Werte $X(u)$ (die Eigenschaften, die Befragten zukommen) als feste Größen zu betrachten. Diese Werte haben keine Variabilität. Sie werden für jede Person u einfach festgestellt. Variabel sind nur die Stichproben, weil man sie explizit durch ein Zufallsverfahren auswählt. Dagegen wird im klassischen statistischen Modell unabhängiger, identisch verteilter Zufallsvariabler X als Realisation von Zufallsvariablen interpretiert und man kann sich für deren Varianz interessieren. Ein Schätzer dieser Varianz ist var$(X; s)$. Diese Variabilität hat aber nichts mit der Variabilität zu tun, die entsteht, wenn man die möglichen Ergebnisse verschiedener zufälliger Stichproben in Betracht zieht.

Die hier gefundene große Variabilität der Varianzschätzer auf Basis der einzelnen Stichproben zeigt sich auch bei in der Praxis üblichen deutlich größeren Stichprobenumfängen aus großen Grundgesamtheiten. Insbesondere bei sehr ungleichen Inklusionswahrscheinlichkeiten muss mit einer hohen Variabilität der Horvitz-Thompson-Schätzer und einer hohen Variabilität der zugehörigen Varianzschätzer gerechnet werden. Zudem zeigt ein Blick auf den Horvitz-Thompson-Schätzer, dass im Fall von Stichproben mit variablem Stichprobenumfang offensichtlich nicht die Größe der tatsächlich gezogenen Stichprobe berücksichtigt wird. Der tatsächliche Informationsgehalt einer Stichprobe wird somit durch Horvitz-Thompson-Schätzer nicht immer in vollem Umfang berücksichtigt.

In R steht das Paket survey zur Verfügung, in dem Schätzfunktionen für verschiedene Stichprobendesigns implementiert sind. In einem ersten Schritt muss mit der Funktion svydesign() ein survey Objekt erzeugt werden. Mit Hilfe verschiedener Befehle wird das Stichprobendesign angegeben. Mit id= werden die Identifizierer der primären Auswahleinheiten festgelegt. ~1 gibt an, dass keine Klumpenstichprobe vorliegt. Mit fpc=rep(n/N,n) geben wir an, dass wir ohne Zurücklegen n aus N Objekten gezogen haben. Werden keine Gewichte (weights=), oder Ziehungswahrscheinlichkeiten (props=) angegeben, dann wird von einer einfachen Zufallsauswahl ausgegangen. Mit data= wird ein Dataframe benannt, der die Stichprobe enthält. Die als survey Objekt spezifizierte Stichprobe übergeben wir der Funktion svymean() und legen mit dem ersten Argument ~x fest, dass für die Variable x das arithmetische Mittel

der Grundgesamtheit und die Standardabweichung des Mittelwertschätzers
geschätzt werden sollen:

```
> library(survey)
> u <- sp[,1];x <- sp.X[,1];f <- rep(n/N,n)
> d <- data.frame(u,x,f)
> ds <- svydesign(id=~u,data=d,fpc=~f)
> svymean(~x,ds)
    mean      SE
x      3 1.4142
```

Wir sehen, dass die Ergebnisse mit den weiter oben von Hand berechneten
übereinstimmen.

12.3 Schichtenverfahren

12.3.1 Mittelwert- und Varianzschätzung

Voraussetzung für die Anwendung des Schichtenverfahrens (stratified sampling) ist die Kenntnis über ein Schichtungsmerkmal (z.B. Bundesland, Nationa-
lität, o.ä.). Das Schichtenverfahren führt meistens zu einer Verringerung der
Varianz der Schätzer. Je enger das Untersuchungsmerkmal mit dem Schichtungsmerkmal korreliert ist, desto größer ist der Effekt der Varianzminderung.

Die Grundgesamtheit $\mathcal{U}$ wird in H Schichten $\mathcal{U}_1, \ldots, \mathcal{U}_h, \ldots, \mathcal{U}_H$ eingeteilt,
so dass

$$\mathcal{U} = \bigcup_{h \in \{1,\ldots,H\}} \mathcal{U}_h \quad \text{und} \quad \mathcal{U}_h \cap \mathcal{U}_{h'} = \emptyset \text{ falls } h \neq h'$$

Aus jeder Schicht $\mathcal{U}_h$ wird dann eine Stichprobe s_h gezogen. Hierbei ist die Ziehung in einer Schicht unabhängig von den Ziehungen in den anderen Schichten.
Die gesamte Stichprobe resultiert aus der Zusammenfassung der Schichtenstichproben $s = \cup_{h \in \{1,\ldots,H\}} s_h$. Wegen der Unabhängigkeit der Ziehung der
Schichtenstichproben gilt $\Pr(\mathbb{S} = s) = \prod_{h \in \{1,\ldots,H\}} \Pr(\mathbb{S}_h = s_h)$. Der Umfang
der Schicht h wird mit N_h bezeichnet, analog der Umfang der Stichprobe aus
Schicht h mit n_h. Dann ist $N = \sum_{h=1}^{H} N_h$ und $n = \sum_{h=1}^{H} n_h$.

Der Mittelwert der Gesamtheit $\mathcal{U}$ lässt sich schreiben als

$$M(X) = \frac{1}{N} \sum_{h=1}^{H} N_h M(X; \mathcal{U}_h)$$

Der π-Schätzer des Mittelwerts ergibt sich dann als gewichteter Durchschnitt
der π-Schätzer in den Schichten:

$$\widehat{M}(X; s) = \frac{1}{N} \sum_{h=1}^{H} N_h \widehat{M}(X; s_h) = \frac{1}{N} \sum_{h=1}^{H} \sum_{u \in s_h} \frac{X(u)}{\pi(u)}$$

Die Varianz der Schätzung des Mittelwerts ergibt sich als

$$V(\widehat{M}(X;s)) = \frac{1}{N^2} \sum_{h=1}^{H} N_h^2 V(\widehat{M}(X;s_h))$$

Die Varianzen der einzelnen Schichten ergeben sich aber gerade aus der Anwendung der schon bekannten Varianzformeln auf jede einzelne Schicht.

Bei einfacher Zufallsauswahl in den Schichten wird in jeder Schicht ein Anteil $f_h = n_h/N_h$ an Einheiten gezogen. Die Varianzformel vereinfacht sich dann zu

$$V(\widehat{M}(X;s)) = \frac{1}{N^2} \sum_{h=1}^{H} N_h^2 \frac{1-f_h}{n_h} \mathrm{var}(X;\mathcal{U}_h)$$

12.3.2 Schichtenverfahren in R

Wir betrachten beispielhaft eine Grundgesamtheit mit N=10 Elementen, die drei Schichten H=3 angehören.

```
> U1 <- 1:3;U2 <- 4:7;U3 <- 8:10
> U <- 1:10
> X1 <- c(1,2,6);X2 <- c(1,15,17,28);X3 <-c(8,40,62)
> X <- c(X1,X2,X3);X
[1]  1  2  6  1  15  17  28  8  40  62
```

Aus jeder Schicht h mit N_h Elementen werden n_h zufällig ausgewählt. Die beiden Vektoren Nh und nh enthalten die Anzahl an Elementen in den Schichten in der Grundgesamtheit bzw. in der Stichprobe.

```
> H <- 3
> N <- length(U)
> N1 <- length(U1);N2 <- length(U2);N3 <- length(U3)
> n1 <- 2;n2 <- 3;n3 <- 2
> n <- n1+n2+n3
> Nh <- c(N1,N2,N3);Nh
[1]  3  4  3
> nh <- c(n1,n2,n3);nh
[1]  2  3  2
```

Hieraus resultieren M mögliche Stichproben:

```
> M1 <- choose(N1,n1);M2 <- choose(N2,n2);M3 <- choose(N3,n3)
> M <- M1*M2*M3;M
[1]  36
```

Wir ziehen nun eine geschichtete Zufallsstichprobe:

```
> set.seed(1)
> x1 <- sample(X1,n1);x2 <- sample(X2,n2);x3 <- sample(X3,n3)
> x <- c(x1,x2,x3);x
[1]  1  6  17  28  1  62  40
```

Einen Vektor, der die Schichten indiziert, erhalten wir über

```
> h <- rep(1:3,nh);h
[1] 1 1 2 2 2 3 3
```

Der Schätzwert für den Mittelwert der Grundgesamtheit ergibt sich als mit den relativen Schichtenumfängen der Grundgesamtheit gewichteten Mittelwerte der Schichten. Wir schreiben zwei Funktionen für die Schätzung von Mittelwert und Varianz, die jeweils als Argumente die Stichprobenwerte und einen Schichtenindikator benötigen.

```
> f.yq  <- function(x,h) sum(tapply(x,h,mean)*Nh)/N
> f.yq(x,h)
[1] 22.48333
> f.v.yq  <- function(x,h) sum(tapply(x,h,var)*
+                 (1-nh/Nh)/nh*Nh^2)/N^2
> f.v.yq(x,h)
[1] 6.275278
> sqrt(f.v.yq(x,h))
[1] 2.505050
```

Anstelle der selbstgeschriebenen Funktionen können wir alternativ den Befehl svymean() verwenden, müssen dafür jedoch zunächst ein survey Objekt erzeugen. Hierfür definieren wir einen Identifikationsvektor u und einen Vektor f, der für die einzelnen Elemente der Stichprobe den Auswahlsatz der betreffenden Schicht enthält:

```
> u <- 1:7
> f <- rep(c(n1/N1,n2/N2,n3/N3),nh)
> d <- data.frame(u,x,h,f)
> ds <- svydesign(id=~u,data=d,strata=~h,fpc=~f)
> svymean(~x, ds)
      mean     SE
x 22.483  2.5051
```

Offenkundig führt die Funktion svymean() zu den Resultaten, die wir auch mit den selbstgeschriebenen Funktionen ermittelt haben.

Da wir in unserem selbstkonstruierten Beispiel die Grundgesamtheit kennen, können wir die Varianz des Mittelwertschätzers bei freier Zufallsauswahl in den Schichten, aber schichtenspezifischen Auswahlsätzen, leicht berechnen. Hierzu kann die Varianzformel direkt in R ausgedrückt werden.

```
> vh <- 1/N^2*sum(Nh^2*(1-nh/Nh)/nh*tapply(X,rep(1:3,Nh),var))
> vh
[1] 12.80389
```

Zum Vergleich berechnen wir zusätzlich die Varianz des Mittelwertschätzers bei einer einfachen ungeschichteten Zufallsstichprobe gleichen Umfangs. Um den Code etwas übersichtlicher zu machen, definieren wir uns eine eigene Varianzfunktion (dvar), die die deskriptive Varianz berechnet:

```
> dvar <− function(x) var(x)*(length(x)-1)/length(x)
> vfz <− 1/n*dvar(X)*(N−n)/(N−1);vfz
[1]  17.18095
> vh/vfz*100−100
[1]  −25.47626
```

Es zeigt sich, dass durch die Schichtung eine Verminderung der Varianz um gut 25% gegenüber der einfachen Zufallsauswahl resultiert.

12.4 Klumpenverfahren

12.4.1 Mittelwert- und Varianzschätzung

In der Praxis werden Klumpenverfahren (cluster sampling) häufig angewendet, weil die Kosten durch das Klumpenverfahren gesenkt werden sollen. Die Untersuchungseinheiten werden zu Klumpen zusammengefasst und nur ein Teil der so gebildeten Klumpen gelangt in die Stichprobe. Bei räumlicher Zusammenfassung von Einheiten zu Klumpen müssen vom Erhebungspersonal geringere Wege zurückgelegt werden. Das Klumpenverfahren hat allerdings den Nachteil, dass meistens Homogenität in den Klumpen herrscht und dadurch die Varianz der Schätzfunktionen erhöht wird.

Die Grundgesamtheit wird in N_I Klumpen $\mathcal{U}_1, \ldots, \mathcal{U}_i, \ldots, \mathcal{U}_{N_I}$ eingeteilt, wobei die Klumpen vereinfacht symbolisiert werden durch $1, \ldots, i, \ldots, N_I$, ihre Nummern. Aus jedem Klumpen i, der in die Stichprobe gelangt, werden alle Einheiten dieses Klumpens erfasst. Es gilt $\mathcal{U} = \cup_{i=1}^{N_I} \mathcal{U}_i$ und $N = \sum_{i=1}^{N_I} |\mathcal{U}_i|$.

Aus den N_I Klumpen werden nun n_I Klumpen nach dem Stichprobendesign $\Pr(\$_I = .)$ ausgewählt. s_I repräsentiert die gezogenen Klumpen mittels einer Menge von Klumpenindizes. Eine Stichprobe s besteht aus den gezogenen Klumpen $\mathcal{U}_i$ mit $i \in s_I$, also $s = \cup_{i \in s_I} \mathcal{U}_i$. Der Stichprobenumfang ergibt sich aus der Summe der Elemente in den n_I Klumpen $n(s) = \sum_{i \in s_I} |\mathcal{U}_i|$.

Selbst wenn die Klumpenanzahl n_I vorher festgelegt wird, ist die Anzahl der Elemente in der Stichprobe $n(s)$ von der realisierten Stichprobe abhängig, falls die Anzahl der Elemente in den Klumpen variiert. Die Inklusionswahrscheinlichkeiten für die Klumpen i werden durch das Design $\Pr(\$_I = .)$ festgelegt. Die Inklusionswahrscheinlichkeiten erster Ordnung der Klumpen sind $\pi_I(i) = \sum_{s_I \ni i} \Pr(\$_I = s_I)$, die zweiter Ordnung $\pi_I(i,j) = \sum_{s_I \ni i, s_I \ni j} \Pr(\$_I = s_I)$.

Da alle Elemente eines gezogenen Klumpens in die Stichprobe gelangen, ist die Inklusionswahrscheinlichkeit für ein Element u gleich der Inklusionswahrscheinlichkeit des gesamten Klumpens i, in dem sich u befindet

$$\pi(u) = \Pr(\$ \ni u) = \Pr(\$_I \ni i) = \pi_I(i) \quad \text{für } i : u \in \mathcal{U}_i$$

Für die Inklusionswahrscheinlichkeiten zweiter Ordnung muss unterschieden werden, ob die Elemente u und u' im gleichen Klumpen sind

$$\pi(u, u') = \Pr(\$ \ni u \cap \$ \ni u') = \Pr(\$_I \ni i) = \pi_I(i) \quad \text{für } i : u \in \mathcal{U}_i \wedge u' \in \mathcal{U}_i$$

oder in zwei unterschiedlichen Klumpen $i \neq j$

$$\pi(u, u') = \Pr(\mathbb{S}_I \ni i \cap \mathbb{S}_I \ni j) = \pi_I(i, j)$$

Die statistischen Eigenschaften einer Klumpenstichprobe sind daher identisch mit denen des Auswahlverfahrens für die Klumpen. Nur die Merkmalswerte müssen durch die der Klumpen ersetzt werden. Der Mittelwert der Gesamtheit z.B. ist

$$\mathrm{M}(X) = \frac{1}{N} \sum_{i=1}^{N_I} |\mathcal{U}_i| \mathrm{M}(Y; \mathcal{U}_i) =: \frac{1}{N} \sum_{i=1}^{N_i} t_i$$

wobei t_i die Merkmalssumme des Klumpens i bezeichnet. Der π-Schätzer des Mittelwerts der Gesamtheit $\mathcal{U}$ ist daher

$$\widehat{\mathrm{M}}(X; s_I) = \frac{1}{N} \sum_{i \in s_I} \frac{|\mathcal{U}_i| \mathrm{M}(X; \mathcal{U}_i)}{\pi_I(i)} = \frac{1}{N} \sum_{i \in s_I} \frac{t_i}{\pi_I(i)} =: \frac{1}{N} \sum_{i \in s_I} \hat{t}_i$$

D.h. die Merkmalssummen der Klumpen werden mit ihren Inklusionswahrscheinlichkeiten hochgerechnet. Zu beachten ist, dass die Merkmalssummen der erhobenen Klumpen t_i nicht geschätzt werden müssen, da alle Elemente in den Klumpen befragt werden.

Die Varianz der Schätzung der Merkmalssumme ergibt sich als

$$\mathrm{V}(\widehat{\mathrm{M}}(X; s_I)) = \frac{1}{N^2} \sum_{i=1}^{N_I} \sum_{j=1}^{N_I} \mathrm{cov}(\mathbb{1}_i(s_I), \mathbb{1}_j(s_I)) t_i t_j$$

Die Schätzung der Varianz auf Basis einer Stichprobe erfolgt dann mittels inverser Inklusionswahrscheinlichkeiten hochgerechneter Kovarianzen der Klumpen in der Stichprobe. Es resultiert der Schätzer

$$\hat{\mathrm{V}}(\widehat{\mathrm{M}}(X; s_I)) = \frac{1}{N^2} \sum_{i \in s_I} \sum_{j \in s_I} \frac{\pi_I(i, j) - \pi_I(i)\pi_I(j)}{\pi_I(i, j)} \hat{t}_i \hat{t}_j$$

Bei fixer Anzahl n_I Klumpen in der Stichprobe lässt sich der Varianzausdruck vereinfacht schreiben als

$$\mathrm{V}(\widehat{\mathrm{M}}(X; s_I)) = \frac{1}{2N^2} \sum_{i=1}^{N_I} \sum_{j=1}^{N_I} \left(\pi_I(i)\pi_I(j) - \pi_I(i, j) \right) \left(\hat{t}_i - \hat{t}_j \right)^2$$

Als Schätzer für die Varianz bei fixer Anzahl n_I Klumpen in der Stichprobe resultiert unter Verwendung der expandierten Kovarianzen

$$\hat{\mathrm{V}}(\widehat{\mathrm{M}}(X; s_I)) = \frac{1}{2N^2} \sum_{i \in s_I} \sum_{j \in s_i} \frac{\pi_I(i)\pi_I(j) - \pi_I(i, j)}{\pi_I(i, j)} \left(\hat{t}_i - \hat{t}_j \right)^2$$

D.h. bei sehr ähnlichen Klumpen und gleichen Auswahlwahrscheinlichkeiten ergibt sich eine geringe Varianz. Bei unterschiedlichen Klumpen sollten die Inklusionswahrscheinlichkeiten der Klumpen möglichst proportional zu deren Merkmalssummen sein. Hieraus resultiert eine geringe Varianz. In der Praxis sind die Klumpen jedoch oftmals heterogen. In Verbindung mit konstanten Inklusionswahrscheinlichkeiten resultiert dann eine hohe Varianz.

Bei einfacher Zufallsauswahl der Klumpen ($\pi_I(i) = n_I/N_I$) kann der Schätzer des Mittelwerts auch folgendermaßen geschrieben werden:

$$\widehat{M}(X; s_I) = \frac{1}{N} \sum_{i \in s_I} \frac{t_i}{n_I/N_I} = \frac{N_I}{N} \frac{1}{n_I} \sum_{i \in s_I} \frac{t_i}{n_I} = \frac{N_I}{N} M(T; s_I)$$

wobei T die statistische Variable der Klumpen ist, die jedem Klumpen seine Merkmalssumme zuweist. Als ein Vielfaches eines Mittelwerts einer Klumpenstatistik vereinfacht sich die erwartungstreu geschätzte Varianz wie schon bei einfacher Zufallsauswahl zu

$$\hat{V}(\widehat{M}(X; s_I)) = \frac{N_I^2}{N^2} \frac{1 - f_I}{n_I} \text{var}(T; s_I) \quad \text{mit} \quad f_I = \frac{n_I}{N_I}$$

12.4.2 Klumpenverfahren in R

Wir betrachten eine Grundgesamtheit $\mathcal{U}$, die aus NI=4 Klumpen besteht. Die Merkmalswerte der Klumpen X1 bis X4 werden als Liste zur Grundgesamtheit X zusammengefasst. Zudem wird mit N die Zahl der Grundgesamtheitselemente, mit NI die Zahl der Klumpen in der Grundgesamtheit und mit nI die Zahl der Klumpen in der Stichprobe festgelegt. Der Vektor NIv enthält die Anzahl der Elemente von allen NI Klumpen.

```
> X1 <- c(1,3,10);X2 <- c(2,8);X3 <- c(5,11,12);X4 <- c(6,8,12,18)
> X <- list(X1,X2,X3,X4)
> N <- length(unlist(X));NI <- 4; nI <- 2
> NIv <- unlist(lapply(X,length))
```

Den Mittelwert der Gesamtheit $\mathcal{U}$ bezeichnen wir mit yq. Zur Berechnung ist die Liste mit Klumpen zunächst mit einem unlist Befehl in einen Vektor umzuwandeln.

```
> yq <- mean(unlist(X));yq
[1] 8
```

Die Zahl M der möglichen Stichproben der Ziehung von nI aus NI Klumpen wird als Kombination ohne Zurücklegen ermittelt:

```
> M <- choose(NI,nI);M
[1] 6
```

Wir betrachten nun eine Stichprobe mit den Klumpen $i = 1$ und $i = 4$. Für diese Stichprobe ermitteln wir die Zahl der Beobachtungen nx in der Stichprobe (hier 7), die bei unterschiedlichen Klumpengrößen zufällig ist. Zudem erzeugen wir einen Vektor nr, der die Zugehörigkeit der Beobachtungen zu den Klumpen anzeigt.

```
> x <- c(X1,X4);nx <- length(x)
> nr <- rep(1:nl,c(length(X1),length(X4)))
```

Die im Vorabschnitt dargestellten Schätzfunktionen für Mittelwert (f.yq) und Varianz (f.v.yq) können wir unter Verwendung des tapply() Befehls, der eine gruppenweise Auswertung ermöglicht, direkt in R schreiben:

```
> f.yq   <- function(a,b) sum(tapply(a,b,function(z) sum(z)))/nl*Nl/N
> f.v.yq   <- function(a,b){
+      tq   <- mean(tapply(a,b,sum))
+      sum(tapply(a,b,function(z) (sum(z)-tq)^2))/
+            (nl-1)*Nl^2/nl*(1-nl/Nl)/N^2}
```

Beide Funktionen benötigen als Argumente zwei Vektoren, den Vektor der Stichprobenwerte und den Vektor der Klumpenzugehörigkeit. Wir wenden beide Funktionen auf die Stichprobe an:

```
> f.yq(x,nr)
[1]  9.666667
> f.v.yq(x,nr)
[1]  12.5
```

Alternativ verwenden wir wieder die Funktion svymean() und erzeugen hierfür zunächst ein survey Objekt. Neben dem Klumpenidentifizierer nr und den Stichprobenwerten x benötigen wir einen Vektor (f), der den Auswahlsatz der Klumpen (nl/Nl) enthält:

```
> f <- rep(nl/Nl,n)
> d <- data.frame(nr,x,f)
> ds <- svydesign(id=~nr,data=d,fpc=~f)
> svymean(~x,ds)
      mean      SE
x 8.2857  2.1935
```

Wir sehen, dass sich die Ergebnisse von denen unterscheiden, die aus unseren selbst programmierten Schätzfunktionen resultierten. Dies liegt daran, dass in der Funktion svymean() eine andere Schätzfunktion programmiert ist. Ausgehend von den Auswahlwahrscheinlichkeiten der Klumpen (nl/Nl) wird mit den Individualwerten das mit den Auswahlwahrscheinlichkeiten gewichtete arithmetische Mittel berechnet. Diese Schätzfunktion ist im Gegensatz zu der von uns programmierten nicht erwartungstreu, hat aber in der Regel eine wesentlich geringere Varianz. Dies ist darauf zurückzuführen, dass bei unserer Schätzfunktion die unterschiedliche Klumpengröße nicht berücksichtigt wird, da die Funktion auf den Merkmalssummen der Klumpen und nicht auf deren Mittelwerten basiert.

Da wir wiederum die Grundgesamtheit kennen, können wir die Varianz unserer Schätzfunktion für den Mittelwert berechnen. Hierzu gehen wir in drei Schritten vor. Wir konstruieren zunächst einen Klumpenindex für die Grundgesamtheit (knr), dann ermitteln wir die mittlere Merkmalssumme der NI Klumpen (tq) und berechnen schließlich mit Hilfe eines tapply() Befehls die Varianz:

```
> knr <- rep(1:NI,NIv)
> tq <- mean(tapply(unlist(X),knr,sum))
> v.yq <- sum(tapply(unlist(X),knr,function(z) (sum(z)-tq)^2))/
+                (NI-1)*NI^2/nI*(1-nI/NI)/N^2;v.yq
[1]  6.592593
```

Wir führen auch hier einen Vergleich mit einer freien Zufallsziehung durch. Es zeigt sich, dass die Varianz der Klumpenstichprobe um rund 350% über der der freien Zufallsauswahl liegt.

```
> vfz <- 1/n*dvar(unlist(X))*(N-n)/(N-1);vfz
[1]  1.450216
> v.yq/vfz*100-100
[1]  354.5937
```

Die hier aus Platzgründen nicht vorgeführte vollständige Aufzählung aller möglichen Stichproben zeigt, dass die von uns vorgestellten Schätzfunktionen für Mittelwert und Varianz des Mittelwertschätzers zwar erwartungstreu sind, die alternativen in svymean() implementierten auf den individuellen Beobachtungen basierenden Schätzfunktionen hingegen einen Bias aufweisen. Für die hier vorgeführte Grundgesamtheit liegt die Varianz der von uns programmierten erwartungstreuen um 88% über der nicht erwartungstreuen in svymean() implementierten Schätzfunktion. Für beide Schätzfunktionen ist der varianzerhöhende Klumpeneffekt in unserem Beispiel beachtlich.

12.5 Übungsaufgaben

1) Aus einer Grundgesamtheit mit 100 Elementen soll mittels einfacher Zufallsauswahl eine Stichprobe vom Umfang $n = 10$ gezogen werden. Wieviele verschiedene Stichproben gibt es? *Hinweis:* Verwenden Sie die Funktion choose().

2) Aus einer Gesamtheit mit 80 Mio. Elementen soll mittels einfacher Zufallsauswahl eine Stichprobe vom Umfang $n = 1000$ gezogen werden. Wieviele verschiedene Stichproben gibt es? *Hinweis:* Verwenden Sie die Funktion lchoose().
   a) Wieviele (Dezimal-) Stellen hat diese Zahl?
   b) Könnte ein solches Stichprobenverfahren auf einem Computer simuliert werden?

3) Wir betrachten eine Gesamtheit mit $N = 3$ Elementen und den Werten einer statistischen Variablen $X(u_1) = 1, X(u_2) = 2, X(u_3) = 5$ und interessieren uns für die Merkmalssumme in der Gesamtheit, die wir auf Basis einer Stichprobe vom Umfang $n = 2$ schätzen wollen.

Das Auswahlverfahren sei durch den Stichprobenraum $\mathcal{S} = \{s_1, s_2, s_3\}$ mit $s_1 = \{u_1, u_2\}$; $s_2 = \{u_1, u_3\}$; $s_3 = \{u_2, u_3\}$ und Auswahlwahrscheinlichkeiten $\Pr(\mathbb{S} = s_1) = 0.5$; $\Pr(\mathbb{S} = s_2) = 0.3$; $\Pr(\mathbb{S} = s_3) = 0.2$ definiert.

a) Wie lauten die Schätzwerte $\sum_{u \in s} X(u)/\pi(u)$ der Merkmalssumme für die drei möglichen Stichproben?

b) Zeigen Sie numerisch, dass $\sum_{u \in s} X(u)/\pi(u)$ eine erwartungstreue Schätzfunktion für $\sum_{u \in \mathcal{U}} X(u)$ ist.

c) Welche Varianz hat $\sum_{u \in s} X(u)/\pi(u)$?

d) Wie lauten die Varianzschätzer für die drei möglichen Stichproben? Benutzen Sie beide Varianten der Varianzschätzer mit entsprechenden Modifikationen.

e) Zeigen Sie numerisch, dass diese Varianzschätzer erwartungstreu sind.

4) Ein berühmtes Beispiel von D. Basu [6] verweist auf grundlegende Probleme des Horvitz-Thompson-Schätzers zumindest dann, wenn sehr unterschiedliche Inklusionswahrscheinlichkeiten vorliegen.

Ein Zirkus besitzt 50 Elefanten und muss sie für die nächste Vorstellung über eine größere Entfernung transportieren. Die Transportgesellschaft rechnet nach Gewicht ab, nur ist es zur Abschätzung der Kosten viel zu aufwendig, tatsächlich alle 50 Elefanten auf die Waage zu stellen. Der Zirkusdirektor möchte höchstens einen Elefanten wiegen. Denn vor zwei Jahren sind schon einmal alle Elefanten gewogen worden. Damals hatte der Elefant Sambo etwa das mittlere Gewicht. Der Vorschlag des Direktors ist, Sambo noch einmal zu wiegen und das Ergebnis, multipliziert mit 50, als Schätzung des Gesamtgewichts zu nehmen. Der Zirkusdirektor befragt aber zuvor noch seinen Zirkusstatistiker. Der ist entsetzt, weil die feste Wahl von Sambo keine Zufallsauswahl (genauer: keine Zufallsauswahl mit $\pi(u) > 0$ für alle Elefanten) ist. Um dem Direktor entgegen zu kommen, schlägt er eine Stichprobe vom Umfang 1 mit den Inklusionswahrscheinlichkeiten 99/100 für Sambo und 1/100/49=1/4900 für alle anderen Elefanten vor. Als Schätzer des Gesamtgewichts soll der Horvitz-Thompson-Schätzer $X(u)/\pi(u)$ benutzt werden.

a) Was ist der Wert des Horvitz-Thompson-Schätzers, wenn tatsächlich Sambo durch das Auswahlverfahren gewählt wird?

b) Was ist der Wert, wenn der schwerste Elefant zufällig gewählt wird?

c) Gibt es irgendeine Verbindung zwischen diesen Zahlen und dem vermuteten Durchschnittsgewicht der Elefanten? Ist dieser Zusammenhang hilfreich für den Zirkusdirektor? Gibt es bessere Stichprobenpläne mit Stichprobenumfang 1?

---

[6] D. Basu: An essay on the logical foundations of survey sampling. In: V.P. Godambe/D.A. Sprott (Hgs.): Foundations of Statistical Inference, Holt, Rinehart and Winston, 1971, 203–242.

13

ANSPRECHENDE GRAPHIKEN

Wir haben bisher zwar schon viele Graphiken und entsprechende R Befehle kennengelernt. Aber wir haben vermieden, Details der Graphikbefehle zu diskutieren. Insbesondere in der täglichen Arbeit mit R aber kommt der Produktion von ansprechenden (und funktionierenden) Graphiken eine zentrale Bedeutung zu. Dabei sind viele Details zu beachten: Die Graphik sollte der Art der Verwendung entsprechen, man wird also zwischen Graphiken für Präsentationen und Graphiken für Artikel unterscheiden. Dann müssen Ausgabeformate zur Weiterverarbeitung, Größe der Graphiken, passende Fonts für die Beschriftung und deren Kodierung, Farben, Achsen und Achsenbeschriftungen etc. festgelegt werden. Wir stellen in diesem Kapitel die wichtigsten Möglichkeiten, die R bietet, zusammen. Im Unterschied zu den bisherigen Kapiteln konzentriert sich die Darstellung nicht auf statistische Aspekte, sondern folgt den technischen Anforderungen. Daher muss man nicht der Gliederung des Textes folgen, sondern kann die Abschnitte weitgehend unabhängig voneinander lesen oder sie als erste Orientierung in der täglichen Arbeit benutzen.

13.1 Die Elemente der Standardgraphik

Bisher haben wir Befehle für die Erzeugung von Graphiken nicht genauer beschrieben. Wir haben uns darauf beschränkt, die Grundformen der Befehle zu dokumentieren, sind aber nicht näher auf Optionen und Alternativen eingegangen. Die effektive Kommunikation von Ergebnissen statistischer Analysen erfordert aber auch die effektive Produktion ansprechender und informativer Graphiken. Die Voreinstellungen des Pakets graphics, mit dem auch die Mehrheit der Graphiken dieses Buches erstellt wurden, sind ein guter Kompromiss zwischen verschiedenen Erfordernissen. Sie sind aber sicher nicht gleichzeitig optimal für die tägliche Arbeit, eine Präsentation, einen Bericht oder eine Veröffentlichung. Man sollte daher die wesentlichen Elemente einer Graphik an den jeweiligen Kontext anpassen. Dazu sollte man sich einen Überblick über die wichtigsten Parameter verschaffen, mit denen das Aussehen einer Graphik beeinflusst werden kann.

In der Standardgraphik von R gibt es eine große Vielfalt an Möglichkeiten, das Aussehen einer Graphik zu gestalten und zu verändern. Daher besprechen wir hier nur die aus unserer Sicht wichtigsten Elemente. [1]

Die Standardversion der Graphikerstellung beschreibt eine Graphik in zwei Schritten. Zunächst werden die Elemente einer Graphik zusammengestellt: Ein Koordinatensystem einschließlich entsprechender Achsen, die einzutragenden Punkte, Linien, Symbole, Legenden und Beschriftungen sowie deren relative Größen. Erst im zweiten Schritt wird die Ausgabe all dieser Elemente in ein entsprechendes Format (Bildschirm, Datei einer bestimmten Graphikbeschreibungssprache etc.) durchgeführt. Erst in diesem Schritt werden Angaben zur physischen Größe der Graphik, den zu verwendenden Schriftfonts und deren Größen, die Aufteilung auf möglicherweise mehrere logische Seiten und ähnliche Fragen relevant.

Die diversen Voreinstellungen vermitteln einen anderen, möglicherweise irreführenden ersten Eindruck. Nach Spezifikation der Graphikelemente wird etwa nach dem plot() Befehl immer auch eine Bildschirmausgabe vorgegebener Größe etc. gestartet. Unter Windows-Betriebssystemen haben diese Fenster zudem ein Menü, das Ausgaben in unterschiedlichen Dateiformaten zu wählen erlaubt. Anfängern erscheint das oft so, als sei der erste Schritt der Graphikerstellung identisch mit der Produktion von Graphiken, auch solchen, die in andere Dokumente eingebunden werden sollen. Das ist nicht der Fall: Die mit den Voreinstellungen produzierten Graphiken reichen zwar sicher für die tägliche Arbeit mit der Ausgabe am Bildschirm, erzeugen aber erstens je nach Ausgabeformat sehr unterschiedliche Ergebnisse, die stark von den Möglichkeiten und Eigenschaften des Ausgabeformats abhängen. Und zweitens sind die Dateiausgaben, die über das Menü erzeugt werden, an die Vorgaben (etwa die Ausgabegrößen etc.) der Bildschirmausgabe gekoppelt. Würde man die so erzeugten Graphiken in Dokumente oder Präsentationen direkt einfügen, dann würde man gezwungen sein, deren Größen an die Dokumentvorgaben

---

[1] Paul Murrells Buch „R Graphics" (Chapman & Hall, 2006) enthält sehr viele Details sowie einen ausführlichen Teil über die Komponenten eines zweiten Graphiksystems in R (Grid Graphics), das wir später nur sehr verkürzt vorstellen.

anzupassen. Diese nachträgliche Bearbeitung der Graphiken verzerrt aber wichtige Parameter wie das Verhältnis von Höhe zu Breite, die Fontgröße und viele andere wichtige Parameter wie Farben und Kontraste. Kaum etwas ist in Präsentationen störender als beliebig gestauchte Beschriftungen in verschiedenen Fonts oder unklare Größenverhältnisse. Es ist nicht empfehlenswert, die Ergebnisse eines plot() (oder boxplot() etc.) Befehls über das Menü des Graphikfensters direkt in Dokumente oder Präsentationen einzufügen. Man sollte immer die möglichen Parameter des Ausgabemediums, mindestens aber die Höhe und Breite sowie die Fontgröße explizit für das Ausgabemedium festlegen. Wir besprechen die notwendigen Angaben für einige der verschiedenen Ausgabeformate zwar erst in einem späteren Unterabschnitt. Nur muss schon hier für praktische Anwendungen betont werden, dass die zunächst beschriebenen Graphikelemente ganz unterschiedliche Ergebnisse in verschiedenen Ausgabeformaten erzeugen können.

13.1.1 Der Befehl plot()

Der grundlegende Befehl zur Erzeugung einer Graphik ist der plot() Befehl. Es ist eine generische Funktion, also ein Befehl, der je nach der Klasse des übergebenen ersten Elements entscheidet, wie die Graphik aufzubauen ist. Übergibt man die Koordinaten von Punkten in zwei Dimensionen, erhält man einen Scatterplot (oder linear interpolierte Linien der Punkte). Übergibt man einen Dichteschätzer, erhält man den Graphen der geschätzten Dichte (vgl. die Beispiele in Abschnitt 5.3.2). Übergibt man das Ergebnis einer Regression, dann erhält man diagnostische Graphiken (vgl. die Beispiele in Abschnitt 9.2.4).

Der plot() Befehl erzeugt ein (zweidimensionales) Koordinatensystem. Dann werden entsprechende Achsen und deren Beschriftungen sowie Titel, Untertitel, Achsenbenennungen und die Aufteilung der Graphik in den eigentlichen Darstellungsbereich und die Annotationen (Titel, Achsenbeschriftung etc.) festgelegt. Technisch wird als erstes der Befehl plot.new() ausgeführt. Dieser Befehl erzeugt immer eine Bildschirmausgabe, ist also für den Eindruck verantwortlich, der plot() Befehl erzeuge direkt eine lesbare Graphik. Der Effekt des Befehls ist, dass entweder zunächst der Inhalt eines vorhandenen Graphikfensters gelöscht wird und dann in dieses Fenster gemalt wird oder dass ein Graphikfenster neu erstellt wird. Anschließend wird der plot.windows() Befehl aufgerufen, der für alle folgenden Operationen das Benutzerkoordinatensystem festlegt.

Wird als erstes und zweites Argument des plot() Befehls ein Vektor übergeben (und haben die Vektoren gleiche Länge), dann werden sie als x bzw. y Koordinaten von Punkten in Benutzerkoordinaten interpretiert. Wird als erstes Argument eine Matrix oder ein Dataframe übergeben, werden die ersten beiden Spalten als Koordinaten interpretiert (ganz unabhängig von den Namen der Spalten). Man kann auch eine Liste mit zwei Elementen oder eine Formel der Form yvar~xvar angeben. Wird nur ein x Vektor als erstes Argument angegeben und fehlt ein y Argument als zweites Argument, dann erhält man eine Graphik mit 1:n als x Achse. Die y Koordinaten werden aus dem ersten Argument gebildet. In all diesen Fällen wird als „Methode" der Befehl plot.default() ausgeführt. In allen anderen Fällen entscheidet R auf Grund des Klassen-Attributs des ersten Arguments, welche spezielle plot-Funktion ausgeführt wird. Deswegen ergeben sich unterschiedliche Ergebnisse, wenn statt Vektoren oder Matrizen Dichte-Objekte oder Modelle übergeben werden.

13.1.2 Optionen des plot() Befehls

Optionen des plot() Befehls definieren oder verändern bestimmte weitere Aspekte einer Graphik. Die Optionen main="", sub="", xlab="", ylab="", geben die Beschriftungen der Graphik mit Titeln, Untertiteln und Benennungen der Achsen an. Grenzen des Darstellungsbereichs werden durch xlim=c(0,1) bzw. durch ylim=c(0,10) angegeben. Die Elemente der Werte (ein Vektor der Länge 2) sind die unteren und oberen Grenzen des Darstellungsbereichs der Daten in Benutzerkoordinaten. Daten außerhalb dieses Bereichs werden nicht dargestellt. Im obigen Beispiel werden nur Punkte (oder Linien, Symbole, Legenden,...) dargestellt, deren x-Koordinatenwerte zwischen 0 und 1 liegen und deren y-Koordinatenwerte zwischen 0 und 10 liegen. Daher sind die Optionen über die Grenzen der x bzw. y Achsen insbesondere dann wichtig, wenn später weitere Elemente zusätzlich zu den Argumenten des plot() Befehls hinzugefügt werden sollen (andere Daten, neue Funktionsverläufe, eine Legende, weitere Beschriftungen etc.). Denn nach einem ersten Aufruf der Funktion plot() ist der Darstellungsbereich für alle weiteren Elemente fest vorgegeben.

Ob Punkte, Linien, beides oder Stufenfunktionen gezeichnet werden, wird im plot() Befehl durch die Option type="p" festgelegt ("p" wie points ist die Voreinstellung). Die wichtigsten Wahlmöglichkeiten sind "l" (linear interpolierte Linien der angegebenen Datenpunkte), "b" (Punkte und Linien), "o" (Punkte und Linien ohne zusätzliche Abstände), und "s" und "S" für zwei Versionen von Stufenfunktionen. Die Angabe "n" plottet nichts, es wird aber das Benutzerkoordinatensystem definiert.

Wenn Linien gezeichnet werden sollen, dann gibt die Option lty=2 den Typ der Linien an (eine Liste der Möglichkeiten findet sich in der Hilfe des Pakets graphics unter dem Punkt par). Die Linienbreite wird durch lwd angegeben. Die Form von Punkten wird durch den Parameter pch gewählt, dessen Varianten ebenfalls in der Hilfe zum Paket graphics unter dem Punkt points aufgeführt sind.

Zusätzliche Graphikelemente

Zusätzliche Elemente können durch Befehle wie lines(), points(), legend() zu einer Graphik hinzugefügt werden. In den Befehlen für Punkte und Linien können ebenfalls die Optionen für Linienart, Punktsymbole und Linienbreite benutzt werden. Für eine Legende werden als die ersten beiden Argumente die Benutzerkoordinaten der linken oberen Ecke angegeben. Dann folgt der Text der Legende als Character-Vektor. Was vor diese Texte gesetzt wird, entscheidet sich an Hand der folgenden weiteren Elemente des Befehls. Wird etwa fill=c("blue","red") angegeben, dann erhält man entsprechend gefärbte Boxen vor dem Eintrag. Benutzt man etwa lwd=c(1,2,3), dann werden entsprechend breite Linien gesetzt, benutzt man lty=c(2,4,6), dann die entsprechenden Linientypen. Die Option pch=c(1,10,20) erzeugt die entsprechenden Symbole. Wichtig ist zudem, die Abstände zwischen den Zeichen in der x Richtung und insbesondere in die y Richtung beeinflussen zu können. Denn verschiedene Ausgabemedien oder Formate werden selbst bei gleicher Entwurfsgröße verschiedene Ergebnisse erzeugen. Das wird durch die Optionen x.intersp bzw. y.intersp bzw. erreicht.

Wir demonstrieren die Effekte der Standardbefehle und Optionen in den zwei Graphiken in Abbildung 13.1. Sie sind mit den folgenden Befehlen erzeugt worden:

```
> set.seed(12)
> x1 <- rnorm(5);x2 <- rnorm(5)
> plot(x1,type="p",ylim=c(-3,3),bty="l",ylab="x",main="")
> points(x2,pch=3)
```

Für die zweite Graphik wurde lediglich hinzugefügt:

```
> legend(2.8,3.2,c("1.Simulation","2.Simulation"),pch=c(1,3),
+        y.intersp=4,x.intersp=4,bty="n")
```

Wir haben dabei im legend() Befehl noch die Option bty="n" benutzt, dessen Voreinstellung "o" einen Kasten um die Legende zeichnen würde. Im Plotbefehl selber bewirkt die bty Option "l" (kleines L) eine Linie an der unteren und linken Seite, die Voreinstellung "o" eine Linie an allen Seiten der Plotregion. Die Namen der anderen möglichen Optionen orientieren sich an der Form der entsprechenden Zeichen "7", "u","c" und "]". Der Wert "n" unterdrückt einrahmende Linien ganz.

Neben Punkten und Linienzügen lassen sich die folgenden Elemente hinzufügen, die in der Plotregion gezeichnet werden:

abline()	Eine Gerade, die durch Steigung und Achsenabschnitt definiert wird.
arrows()	Die ersten vier Argumente geben die Startkoordinaten und die Zielkoordinaten an. Andere Optionen beeinflussen hauptsächlich die Form des Pfeilkopfes.
grid()	Ein Gitter, wobei nur die Anzahl der Einteilungen angegeben werden muss.
polygon()	Die ersten beiden Argumente geben die Vektoren der Koordinaten der Eckpunkte. Ein Polygon wird immer

geschlossen, indem das letzte Element der Koordinaten mit dem ersten Element verbunden wird. Daher kann man Polygone nutzen, um Bereiche zu färben.

segments( )   Liniensegmente. Sie haben im Unterschied zu lines( ) eine Richtung, sind aber im Unterschied zu polygon( ) nicht geschlossen.

symbols( )   Kreise, Quadrate, Rechtecke, Sterne, Thermometer oder Boxplots, denen sowohl Benutzerkoordinaten als auch verschiedene Formparameter übergeben werden können.

text( )   Text. Das erste Argument (oder die ersten beiden Argumente) geben die Position in Nutzerkoordinaten an, dann folgt der Text (oder mehrere Texte) als Character-Vektor. In der Voreinstellung wird der Text an der Position des ersten Arguments zentriert. Die Optionen adj, pos und offset erlauben verschiedene Variationen der Positionierung relativ zu den Koordinaten.

Zudem kann man Annotationen außerhalb der Plotregion hinzufügen. Insbesondere kann man Achsen definieren, deren Beschriftung ändern oder Texte in die Marginalien der Graphik eintragen. Die letzte Aufgabe lässt sich problemlos mit dem Befehl mtext( ) umsetzen. Hinzufügen von Hinweisen zur Position von Punkten auf der x-Achse wird durch den Befehl rug( ) erleichtert.

Änderungen der Achsen, Achsenbeschriftungen, Tickmarks etc. sind aber deutlich aufwendiger, wenn sie mehr als nur die Länge der Tickmarks, die Position der Tickmarkbeschriftungen und die Abstände der Beschriftungen von der Plotregion betreffen. Die letzteren Änderungsmöglichkeiten beschreiben wir im nächsten Abschnitt. Will man aber eigene Achsen definieren, Tickmarks, Tickmarkbeschriftungen und Achsenbeschriftungen an anderen Stellen erzeugen oder eine weitere Achse in anderen Maßeinheiten hinzufügen, dann muss man im plot( ) Befehl zunächst mit der Option axes=F die automatische Erzeugung von Achsen unterdrücken. [2] Neue Achsen erhält man dann mit dem axis( ) Befehl. Das erste Argument gibt die Seite der Plotregion an, für die eine Achse gezeichnet werden soll. Die Angabe erfolgt durch Nummern im Uhrzeigersinn um die Plotregion: 1 steht für den unteren Rand der Plotregion, 2 für den linken, 3 für den oberen, 4 für den rechten Rand (die gleiche Konvention wird bei der Platzierung von anderen Marginalien benutzt). Will man also zwei Achsen (für die x- und y-Achse) produzieren, dann müssen zwei Aufrufe des axis( ) Befehls benutzt werden. Als zweites Argument können (optional) die Stellen für Tickmarks angegeben werden (in Benutzerkoordinaten). Man kann sowohl die Bezeichnungen der Tickmarks wählen als auch die Position der Achsen im Verhältnis zur Plotregion ändern. All diese Angaben

---

[2] Man kann auch wahlweise nur eine der Achsen unterdrücken. Die entsprechenden Optionen sind xaxt bzw. yaxt. Ist deren Wert "n", wird die entsprechende Achse nicht ausgegeben.

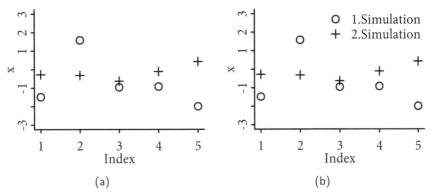

Abbildung 13.1: Einfache Graphikelemente: a) Punkte und Achsenbeschriftung, b) zusätzliche Legende.

sind aber optional, die Voreinstellungen der Wahl der Tickmarks ist i.d.R. zufriedenstellend, die Bezeichnungen und deren Beschriftungen hängen aber stark vom Ausgabemedium, der am Schluss gewählten Ausgabegröße und den gewählten Fonts ab. Deswegen müssen hier manchmal Änderungen vorgenommen werden. Für Veröffentlichungen muss man dann oft tatsächlich die verschiedenen Kombinationen von Optionen des axis() Befehls ausprobieren. Für Präsentationen, Poster etc. reicht es aber oft auch, die relativen Größen der Beschriftungen mit den cex Angaben, die im nächsten Abschnitt beschrieben werden, leicht zu ändern, um durchaus befriedigende Ergebnisse zu erzielen.

13.1.3 Stilparameter par()

Wenn Sie die Befehle des Beispiels im letzten Abschnitt auf ihrem Rechner einfach kopieren, werden Sie recht unterschiedliche Ergebnissen zu den beiden Abbildungen 13.1 erhalten. Das liegt zum einen an den vielen zusätzlichen Möglichkeiten, die Form von Graphiken zu ändern. Zudem aber auch an den Übersetzungen der ursprünglichen Beschreibung der Graphik in verschiedene Graphikformate. Die wesentlichen Elemente wie Linienbreite, Art von Symbolen, Beschriftungen, Fonts, Tickmarkgrößen, Abstände zwischen Beschriftungen und Symbolen sowie die relative Größe der Elemente lassen sich nicht nur durch die entsprechenden Angaben in den Befehlen ändern, die einzelne Elemente zu einer Graphik hinzufügen. Zudem sind einige Gestaltungselemente wie die Platzierung der Achsen, die Lage der Tickmarks auf den Achsen und die Wahl der Abstände zwischen Beschriftungen sowie die Aufteilung zwischen Plotregion und Marginalien mit bestimmten Werten vorbelegt. Man erhält eine (relativ knappe, aber vollständige) Zusammenfassung dieser Voreinstellungen durch den Aufruf von par(). Einzelne Optionswerte können durch par("Optionsname") abgefragt werden.

Entsprechend kann man alle Werte dieser Voreinstellungen durch einen Aufruf der Form par(option=wert) ändern. Die Änderungen gelten ab der Stelle des Aufrufs von par(). Es gibt aber keine Möglichkeit, die Voreinstellung automatisch wiederherzustellen. Das ist bei der Vielzahl der Optionen und deren unterschiedlichen Auswirkungen bei verschiedenen Formaten gerade für Anfänger sehr verwirrend, weil das Experimentieren mit verschiedenen Kombinationen der Optionen durch frühere Einstellungen beeinflusst wird. Man kann sich behelfen, indem man als einen der ersten Befehle im Arbeitsskript die Standardparameter in einer Variablen speichert, etwa durch origpar < − par(). Man erhält dann die ursprünglichen Größen durch par(origpar) zurück.

Aufteilung der Graphikregion

Die wichtigsten Optionen des par() Befehls betreffen zunächst die Aufteilung der gesamten zur Verfügung stehenden Fläche eines Graphikmediums in ein oder mehrere Teilflächen für die Ergebnisse von (mehreren) plot() Aufrufen. Damit kann man erreichen, dass mehrere Graphiken in einer Ausgabedatei (oder dem Bildschirm) arrangiert werden. Die beiden par() Optionen mfrow und mfcol teilen die Fläche zeilen- oder spaltenweise in gleich große Teile, in die dann die Ergebnisse von plot() Aufrufen in der entsprechenden Reihenfolge (Zeilen- oder Spaltenorientiert) eingetragen werden. Die Werte der Optionen sind Vektoren der Länge 2, die die Anzahl der Zeilen und Spalten (und damit die Gesamtzahl der Graphiken) festlegen. Der Unterschied zwischen beiden Optionen ist die Reihenfolge, in der die erzeugte Aufteilung der Graphikfläche gefüllt wird. [3] Es gibt drei Alternativen, noch flexibler Aufteilungen zu erzeugen. Dies sind keine Optionen des par() Befehls, sondern eigenständige Befehle: layout(), lcm() oder split.screen() (alle drei sind inkompatibel mit den Optionen mfrow oder mfcol). I.d.R. benutzt man die Möglichkeit, mehrere plot() Aufrufe in einem Fenster oder einer Graphikdatei unterzubringen nur für spezielle Aufgaben, etwa wenn man für einen Teil eines Dataframes die Matrix der Scatterplots jeder Variablen gegen jede andere darstellen möchte. [4] Dann sollten natürlich die für die einzelnen Graphiken verwandten plot() Funktionen in ihren formalen Parametern identisch sein. Will man dagegen Graphiken für einen Vortrag oder eine Veröffentlichung kombinieren, ist es fast immer vorteilhafter, einzelne Graphiken in R zu produzieren und die Kombination der Graphiken dem Text- oder Präsentationsprogramm zu überlassen.

---

[3] Man muss bei der Verwendung von mehr als zweizeiligen Anordnungen beachten, dass dann in der Voreinstellung Annotationen kleiner gesetzt werden. Man kann die entsprechenden Größen durch die weiter unten beschriebenen Optionen cex, cex.main etc. verändern.

[4] Das kann man mit der pairs() Funktion erreichen. Der Code dieser Funktion liefert auch ein Beispiel für etwas komplexere Verwendungsmöglichkeiten des par() Befehls. Da pairs() generisch ist und zudem zum Namespace des Pakets graphics gehört, muss man graphics::pairs.default angeben, um das Quellprogramm zu sehen.

Als nächstes gibt es Optionen, die die Aufteilung der Graphikregion in einen äußeren Rand, den Platz für Marginalien und die Plotregion beeinflussen. Die Sprechweise in der R-Dokumentation ist „device region" für die gesamte Fläche einer Graphik, „outer margin" für den äußeren Rand, „figure region" für die Vereinigung der Plotregion(en) und der Fläche(n) für Marginalien. Die Plotregion ist natürlich „plot region".

Die Ausgangsgröße der Graphikregion der Bildschirmausgabe wird auf Windows-Betriebssystemen durch windows(height=7,width=7) angegeben. Dabei sind die Größenangaben in inch, also 2.54 cm. [5] Man kann die Größe durch par("pin") abfragen. Der Parameter fin gibt die Größe der Graphik ohne die äußeren Ränder in inch, in der Form c(Breite,Hoehe) an. Die Option fig leistet das gleiche, die Angabe erfolgt aber durch den Anteil an der gesamten Graphikfläche (ein Vektor der Länge vier für den unteren Rand, den linken, den oberen und den rechten Rand). Beide Angaben werden eher selten genutzt. In der Praxis ist es oft einfacher, die Größen von äußerem Rand und den Platz für Marginalien festzulegen. Bei fast allen Graphiken, die man für Texte oder Präsentationen benutzen möchte, dient der äußere Rand nur dazu, zusätzlichen Abstand zwischen umgebende Elemente und der Graphik zu erzeugen. Das ist aber eine Aufgabe des Textverarbeitungsprogramms und sollte nicht durch Graphikparameter beeinflusst werden. Die Größen der äußeren Ränder werden durch die drei Optionen oma, omi, omd beeinflusst. Die erste Variante gibt die Größe der Ränder in Linien in der gegenwärtigen Schriftgröße an, erfordert also eine Angabe wie par(oma=c(0,0,0,0)), um alle äußeren Ränder auf eine Breite von 0 zu setzen. omi ist die entsprechende Version, in der inches als Einheit benutzt werden. Und omd benutzt Anteile an der Gesamtgröße der Graphik. Es ist vermutlich in fast allen Anwendungsbereichen sicher, einen dieser Parameter auf den Null-Vektor c(0,0,0,0) zu setzen. Das ist auch die Voreinstellung, die in den meisten (aber eben nicht allen) Befehlen benutzt wird, die auf dem plot() Befehl aufbauen.

Wichtiger sind die Befehle, die die Größe der Plotregion bzw. äquivalent die der Marginalienbereiche ändern. Man kann entweder durch die Option plt die Anteile der Plotregion an der Region von Marginalien zusammen mit der Plotregion angeben. Häufiger wird man aber die Optionen mai oder mar benutzen, die die Größe der Marginalienbereiche für alle vier Seiten entweder in inch (mai) oder in Zeilen Text (mar) festlegt. Denn während plt für eine korrekte Skalierung in verschieden großen Ausgabemedien sorgt, möchte man in den meisten Fällen den Platz der Marginalien für Achsenbeschriftungen, die Achsen und deren Tickmarks etc. nicht im gleichen Maß wie die gesamte Graphik skalieren, sondern in allen benötigten Graphikgrößen die Lesbarkeit der Marginalien sicherstellen.

---

[5] Auf Linux-Systemen benutzt man entsprechend x11(width=7,height=7). Die Befehle sollten also nicht in Programmen verwandt werden, die von mehreren Personen mit unterschiedlichen Betriebssystemen benutzt werden sollen. Das gilt generell für alle Befehle, die die Bildschirmausgabe manipulieren.

Lage der Beschriftungen

Die Lage von Titel und Achsenbeschriftung, der Tickmarkbeschriftungen und der Achsen wird durch die Option mgp bestimmt. Der Vektor der Länge drei gibt die drei Positionen in den Marginalien in Zeilen an. Daher bietet es sich an, auch die Größe der Marginalienbereiche in Zeilen zu wählen, also besser mar an Stelle von mai zu benutzen. Zwei Beispiele für mögliche Wahlen sind in Abbildung 13.2 wiedergegeben. Das erste benutzt einen äußeren Rand von einer Zeilenbreite an allen Rändern, Achsenbezeichnungen und Achsen an den Voreinstellungen. Das zweite Beispiel unterdrückt die Ränder, minimiert die Breite der Marginalien und setzt die Achsenbeschriftungen und die Beschriftungen der Tickmarks näher an die Plotregion.

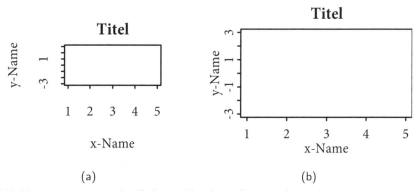

Abbildung 13.2: Unterschiedliche Wahlen für äußere Ränder und Marginaliengröße sowie Abstände von der Plotregion bei gleichen Graphikgrößen. a) Zusätzlicher äußeren Rand von je einer Zeile an allen Seiten sowie die Voreinstellungen von mgp. b) Keine äußeren Ränder und engere Achsenbeschriftung sowie kleinerer Abstand der Tickmarkbeschriftungen.

```
> par(mar=c(4,4,3,2),mfrow=c(1,1),mgp=c(3,1,0),oma=c(1,1,1,1))
> plot(x1,type="n",ylim=c(-3,3),ylab="y-Name",xlab="x-Name",
+      main="Titel")

> par(mar=c(3,2,2,0),mfrow=c(1,1),mgp=c(1,0.2,0),oma=c(0,0,0,0))
> plot(x1,type="n",ylim=c(-3,3),ylab="y-Name",xlab="x-Name",
+      main="Titel")
```

Größe der Beschriftungen

Die nächste Gruppe von Optionen betrifft die Größenverhältnisse der verschiedenen möglichen Annotationen, also Titel, Achsenbeschriftungen und Achsen. Der allgemeine Faktor, der gleichzeitig alle Größenangaben um einen Faktor verändert, ist cex. Will man selektiv nur einzelne Größen verändern, stehen cex.main (für Titel), cex.sub (für Untertitel), cex.lab (für Achsenbeschriftungen) und cex.axis für die Achsen selber zur Verfügung. Nun sollte man die Schriftgrößen nur in seltenen Fällen durch cex ändern. Denn zumindest in Publikationen sollten alle Beschriftungen eine einheitliche Größe haben und weder in Größe noch Font stark vom Text abweichen. In Präsentationen kann man etwas großzügiger verfahren, aber auch hier würden starke Unterschiede in den Beschriftungsgrößen eher störend wirken. Auf der anderen Seite kann man oft durch relativ kleine Änderungen der Tickmarkbeschriftungen eine bessere Aufteilung erreichen, ohne gezwungen zu sein, selbst eine Achsenbeschriftung angeben zu müssen. Die Größenwahl einzelner Plotelemente wie Punkte sollte in den entsprechenden Befehlen wie points() geschehen. Dabei sollte man gleich die erwartete Größe des endgültig verwandten Mediums benutzen. Nachträgliches Vergrößern oder Verkleinern kann die Qualität der erzeugten Graphik nur beeinträchtigen.

Die Ausrichtung der Tickmarkbeschriftung wird durch die Option las bestimmt. Der Wert 0 (die Voreinstellung) setzt Tickmarkbeschriftungen parallel zu den Achsen. Die restlichen möglichen Werte setzen sie entweder immer horizontal (1) oder senkrecht zu den Achsen (2) oder immer vertikal (3). Die Tickmarklänge kann man entweder mit tcl oder tck bestimmen.

Man kann auch global Textstrings und einzelne Buchstaben rotieren (durch die Optionen srt bzw. crt). Aber dazu sollte man besser die entsprechenden Optionen der textzeichnenden Befehle wie text() oder mtext() benutzen. Gleiches gilt für die angebbaren Eigenschaften von Linien (Optionen lheight, ljoin, lmitre, lwd und lty), die besser im Befehl lines() statt global gesetzt werden sollten.

Fontauswahl

Es gibt noch zwei globale Fontauswahlbefehle. Die Option family setzt aber nur global, ob man eine serifen oder serifenlose Schrift oder eine Schrift fixer Breite als Grundschrift wählen möchte. Zudem kann ein Symbolfont gewählt werden. Die Wahl der tatsächlichen Fonts wird erst mit dem Ausgabemedium und den zugehörigen Befehlen durchgeführt. Gleiches gilt für die Option ps, durch die die Schriftgröße (in Punkten, also zumeist in 1/72 je inch) festgelegt wird. Die endgültige Festlegung der Schriftgröße erfolgt erst bei der Angabe des entsprechenden Ausgabemedien. Die Angabe im par() Befehl beeinflusst nur die Berechnung von Stringlängen, die man häufig in den Texterzeugungsbefehlen auch direkt angeben kann. Die Option font mit Werten zwischen 1-5 wählt zwischen der Standardschrift (1), der fetten Variante (2), kursiv (3), fett kursiv (4) und dem Symbolfont (5). Diese Angaben gibt es natürlich auch in den texterzeugenden Befehlen und sie sollten auch dort (und nicht global) verändert werden. Allerdings kann die Wahl des Fonts 5 als Vorgabe im par() Befehl dazu benutzt werden, um die Auswahl an Symbolen für Punkte fast beliebig zu erweitern. Die Hilfe zum points() Befehl enthält im Abschnitt „Examples" eine sehr hilfreiche Funktion, die die möglichen Symbole eines gegebenen Fonts auf einem gegebenen Rechner zumindest für den Bildschirm ausgibt. Das vorherige Beispiel der Hilfe zeigt auch, wie man dann die entsprechenden zusätzlichen Symbole ansprechen kann. Zudem kann man einige der spezielleren font Befehle wie font.main, font.sub, font.lab und font.axis dazu verwenden, die Beschriftungen einheitlich zu wählen.

Darstellungsbereich

Die Option xpd — die letzte Option, die wir hier besprechen wollen — beeinflusst den Bereich, in dem Ausgaben von Plotbefehlen wie points() überhaupt sichtbar sind. Die Voreinstellung (xpd=FALSE, die wir schon erwähnt haben), beschränkt den Bereich auf den Plotbereich. Alles mit Koordinaten außerhalb des Bereichs wird ignoriert. Falls xpd=TRUE, können alle Koordinaten der Plotregion und der Marginalien beschrieben werden und bei xpd=NA der gesamte Graphikbereich einschließlich der äusseren Ränder.

13.1.4 Mathematische Annotation

Oft möchte man in Achsenbeschriftungen oder Text mathematische Notation verwenden. Die Texterzeugungsbefehle unterstützen das mit einer eigenen Syntax. Diese Syntax wird natürlich nicht in den „normalen" Character-Vektoren erkannt, denn deren Buchstaben werden ja, wenn überhaupt möglich, in die entsprechenden Zeichen/Buchstaben des Ausgabefonts übersetzt. Statt eines Character-Vektors übergibt man daher eine expression. [6] Die Schreibweisen zur Erzeugung mathematischer Symbole ist grob an die LᴬTEX Schreibweise angelehnt. Man erhält Super- und Subskripte durch x^2 bzw. x[3], griechische Buchstaben durch ihre Namen, also alpha, beta, Sigma etc. Die einfachen binären arithmetischen Operationen ebenso wie Vergleichsoperatoren können direkt wie x+y, a==b, c<d etc. angegeben werden. Einige weitere binäre Operatoren werden mit % von diesen unterschieden: x%+-%y für $x \pm y$, A %subset% B für $A \subset B$ etc. Für andere häufige Operatoren gibt es kurze Funktionsschreibweisen wie sum(a[i],i==1,n) $\sum_{i=1}^{n} a_i$, Brüche erhält man durch frac(x,y), Integrale durch integral(f(u)du,a,b). Die Größe der Symbole lässt sich durch displaystyle(x), textstyle(x), scriptstyle(x) und scriptscriptstyle(x) (in absteigender Größe) angeben. Akzente auf Symbolen erhält man durch hat(x), bar(x) etc. Fonts wählt man durch bold(x), italic(x)

---

[6]Eine expression ist in R die formale Darstellung eines (nicht ausgewerteten) Funktionsaufrufs mit seinen (ausgewerteten) Argumenten in der Form einer Liste. Das Klassenattribut der Liste ist expression. Im Allgemeinen wird diese Klasse benutzt, um Funktionen zu schreiben, die ihrerseits Funktionen erzeugen. Die texterzeugenden Befehle benutzen diese Sprachkonstruktion nur, um Character-Vektoren von mathematischer Notation zu unterscheiden und dennoch den Inhalt des Arguments nicht zu ändern oder umzuinterpretieren.

etc. symbol("m") spricht das entsprechende Symbol im Symbolfont einer Schrift an, in diesem Fall also μ. Eine komplette Liste der zur Zeit definierten Befehle findet sich unter dem Hilfeeintrag plotmath im Paket grDevices. Die Hilfeseite gibt insbesondere weitere Hinweise darauf, wie man Symbole in verschiedenen Kodierungen ansprechen kann und verweist auf Listen von Symbolen mit ihren Codes.

Abstände zwischen Formelelementen können minimal durch phantom(x) verändert werden. Die Angabe erzeugt zwar keine Ausgabe ihres Arguments, lässt aber den Platz ihres Arguments frei. Wichtig sind noch Gruppierungsmöglichkeiten. Eine Folge von Symbolen erhält man durch paste(a,d,f), eine durch Komma getrennte Liste durch list(x,y,z). Gruppierungen bei Operatoren werden durch x^{a+b} erreicht, will man aber die Klammern explizit setzen, kann man x^(a+b) verwenden. Andere Gruppierungssymbole muss man explizit setzen, indem man x*group("{",a+b,"}") schreibt. Die Variante bgroup() skaliert die Klammern je nach der Druckgröße des zweiten Arguments.

Ein Beispiel

Die letzten zwei Abschnitte haben zwar versucht, die wichtigsten Optionen und Möglichkeiten der Standardgraphik in R zusammenzufassen. Wir haben uns auch bemüht, sie in einem Zusammenhang zu präsentieren, der nicht nur den formalen Kriterien etwa des Hilfesystems von R folgt. Dennoch ist klar, dass sich niemand an all den verschiedenen Argumenten und Optionen von Funktionen in dieser abstrakten Weise orientieren kann, ohne wenigstens die meisten Elemente einmal im Zusammenhang einer Aufgabe betrachtet zu haben. Nachfolgend sind die Befehle zur Konstruktion der Abbildung 13.3 angegeben:

```
> set.seed(123)
> x <- sort(rchisq(1000,10))
> par(mar=c(2.8,2.5,0.5,0.5)+0.1,mgp=c(1.2,0.5,-0.5),
+       tcl=c(-0.4),ps=10,las=1)
> hist(x,nclass=20,main="",prob=T,xlim=c(0,30),ylim=c(0,0.12),
+       col="grey80",ylab="")
> lines(density(x),lwd=1.5)
> lines(x,dnorm(x,mean(x),sd(x)),lty=3,lwd=2)
> mx <- round(mean(x),2)
> sx <- round(sd(x),2)
> legend(15,0.10,c("Kerndichtesch\"atzung","Normalverteilung"),
+        lty=c(1,3),lwd=c(1.5,2),bty="n")
> text(24,0.05,expression(f(x)==frac(1,sigma*sqrt(2*pi))
+      ~~ e^{frac(-~(x-mu)^2,2*sigma^2)}),cex=1.2)
> text(18.9,0.074,bquote(mu==.(mx)))
> text(21.9,0.074,bquote(sigma==.(sx)))
```

Die letzten beiden Zeilen demonstrieren die Möglichkeit, wie berechnete Werte in eine Graphik integriert werden können.

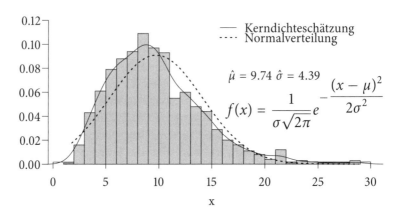

Abbildung 13.3: Graphik mit Annotationen

13.1.5 Farben

Bevor wir aber die tatsächliche Ausgabe der Graphiken besprechen, gehen wir noch auf die Angabe und die Wahl von Farben ein. Fast alle Graphikbefehle geben die Möglichkeit, die von ihnen erzeugten Graphikelemente zu färben. In der Regel heißt die entsprechende Option col. In manchen Befehlen, in denen unterschiedliche Graphikelemente gleichzeitig erzeugt werden, haben die Farboptionen abweichende Namen. So ist im legend() Befehl die col Option für die Farbe der Zeichen vor den Legendentexten reserviert. Die Farbe des Rahmens wird durch box.col, die des Textes durch text.col festgelegt.

Farben können auf mehrere Weisen angegeben werden. Die einfachste Variante ist die Angabe eines Farbnamens. Einen Überblick über die definierten Farbnamen gibt der Befehl colors() (oder colours()), der einen Vektor der definierten Farbnamen zurückgibt. Die andere Möglichkeit besteht in der Angabe eines Punktes in einem Farbraum. Traditionell hat man das additive RGB Modell benutzt, in dem Anteile von Rot, Grün und Blau angegeben werden. Die Angabe in R (etwa als Wert der col Option) erfolgt durch den Befehl rgb(), in dem die ersten drei Argumente die Anteile der drei Primärfarben sind. Als viertes Argument kann die Transparenz (der alpha Wert) angegeben werden. Ein weiteres Argument ist maxColorValue mit der Voreinstellung 1. Mit der Voreinstellung werden die ersten vier Argumente als Anteile interpretiert, also als Zahlen zwischen 0 und 1. Eine häufig genutzte Alternative sind ganzzahlige Werte zwischen 0 und 255. Dazu kann man maxColorValue=255 wählen. Dann werden die ersten vier Zahlen zunächst in ganze Zahlen transformiert und dann die entsprechenden Farbwerte konstruiert. Das ist etwas effizienter als die Voreinstellung, weil es den Farbmodellen der meisten Ausgabeformate entspricht.

Andere Farbräume werden ebenfalls unterstützt. Insbesondere können Farben im HSV-System (Hue, Saturation, Value) oder im HCL-System (Hue, Chroma, Luminance) angegeben werden. Insbesondere das letzte System entspricht weit besser der menschlichen Farbwahrnehmung als das an den Ausgabeformaten orientierte RGB-System. Die entsprechenden Befehle heißen hsv() bzw. hcl(). Etliche Beispiele in den Hilfeseiten der Funktionen (im Paket grDevices) zeigen die Unterschiede sowie Vor- und Nachteile der Farbräume.

Farbpaletten

Nun möchte man aber zumeist gar nicht einzelne Farben benennen. Vielmehr ist die Aufgabe oft, passende Farben für mehrere Linien zu finden, die deren Unterschiedlichkeit hervorheben. Oder für Kuchendiagramme Farben anzugeben, so dass benachbarte Farben „ähnlich" sind. Diese Überlegungen führen zur Konstruktion von Paletten, einer bestimmten Anzahl von Farben, die entweder Unterschiede hervorheben oder Nähe entlang eines Kontinuums repräsentieren sollen. Die im Basispaket grDevices enthaltenen Paletten sind heat.colors(), topo.colors(), rainbow(), terrain.colors() und cm.colors().Das erste Argument dieser Funktionen ist immer die Anzahl der zu erzeugenden Farben. Im einfachsten Fall kann man zunächst eine Graphik erzeugen und dann etwa Linien mit den entsprechenden Farbangaben einfügen. Man würde also schreiben:

```
> farbe  <− rainbow(4)
> lines(x,y1,col=farbe[1])
> lines(x,y2,col=farbe[2])
```

Die beiden erzeugten Linien haben dann die ersten beiden Farben des Farbvektors farbe, der aus vier Werten der rainbow() Palette besteht.

Alternative Farbpaletten

Die Farbwahl dieser fünf Standardpaletten ist in vieler Hinsicht unbefriedigend. Die Standardpaletten sind einfach Schnitte durch den HSV-Farbraum. Sie berücksichtigen kaum solche Aspekte wie physiologische Unterscheidungsfähigkeiten (es gibt mindestens 10% farbenblinde Personen), Unterschiede der Farbdarstellung verschiedener Geräte (eine bestimmte Farbkombination lässt sich gut am Bildschirm erkennen, aber Projektionen oder Ausdrucke können gleichzeitig kaum erkennbare Farbkontraste zeigen) oder den Zweck der Farben (Hervorhebung von Unterschieden gegen Ähnlichkeiten entlang eines Kontinuums etc.).[7] Daher gibt es mehrere Zusatzpakete, die bessere

---

[7]Eine gute Diskussion der wichtigsten Aspekte, die bei der Farbwahl berücksichtigt werden sollten, ist Achim Zeileis, Kurt Hornik und Paul Murrell: Escaping RGBland: Selecting colors for statistical graphics. Computational Statistics & Data Analysis, 53, 2009, 3259–3270. Ein Preprint ist unter der Adresse http://statmath.wu-wien.ac.at/~zeileis/papers/Zeileis+Hornik+Murrell-2009.pdf erhältlich.

oder erweiterte Lösungen vorschlagen.[8] Zu nennen sind insbesondere die
Pakete RColorBrewer, colorRamps und colorspace. Die ersten beiden Pakete
stellen im Vergleich zum Basispaket deutlich erweiterte Paletten zur Verfügung. In colorRamps sind das die Paletten blue2yellow( ), cyan2yellow( ) und
magenta2green( ), die einen stetigen Übergang von „kalten" zu „warmen" Farben liefern. Einziges Argument der Befehle ist die Anzahl der zu erzeugenden
Farben. Außerdem gibt es die Paletten blue2green, blue2red und green2red,
die etwa in der Mitte der erzeugten Farben einen scharfen Bruch zwischen
„kalten" und „warmen" Farben liefern und damit die mittleren Farbwerte
hervorheben.

Das Paket RColorBrewer ist noch etwas flexibler und stellt 18 sequentiel-
le Paletten, 9 divergierende und 8 qualitative Paletten zur Verfügung. Die
sequentiellen Paletten sind zur Darstellung geordneter Werte geeignet, die
divergierenden betonen Gegensätze und die qualitativen Paletten unterscheiden
unterschiedliche Werte. Der Befehl ist brewer.pal( ), dessen erstes Argument
die Anzahl der Farben ist, das zweite Argument der Name der entsprechenden
Palette. Eine Einschränkung ist die mögliche Anzahl von wählbaren Farben.
Das Minimum ist immer 3, das Maximum liegt je nach Palette zwischen 8 und
11. Der Befehl display.brewer.all( ) zeigt alle Paletten in einem Graphikfenster
an.

Am flexibelsten ist das Paket colorspace, in dem die verschiedenen Farbraum-
Systeme als R-Klassen implementiert sind. Entsprechend gibt es Klassen, die die
verschiedenen Systeme ineinander überführen können. Implementiert sind für
das HCL-System Funktionen, die divergente Paletten (diverge_hcl( )), sequenti-
elle Paletten (sequential_hcl( )) und drei Varianten heat_hcl( ), terrain_hcl( )
sowie rainbow_hcl( ) bereitstellen. Als Argumente kann man jeweils neben der
Anzahl der gewünschten Farben die Start- und Endpunkte eines Schnitts durch
den HCL-Farbraum angeben. Zudem kann man gamma Werte angegeben.[9]
Und zusätzlich kann man die Form der Kurve durch den HCL-Farbraum
wählen. Die Hilfe zu all diesen Befehlen enthält im Abschnitt Examples eine Funktion, mit der man Bildschirmdarstellungen der gewählten Paletten
erzeugen kann.

Welches System zur Wahl von Farben man auch wählt, es bleibt immer zu
beachten, dass Farbangaben bei verschiedenen Ausgabemedien sehr unterschiedliche Effekte haben. Insbesondere haben Beamer sehr viel geringere
Farbkontraste als LCD-Monitore. Farbdrucker haben i.d.R. einen begrenzteren
Farbraum. Dagegen sind im Vierfarbdruck größere Farbräume darstellbar als
sie durch RGB beschrieben werden können. Bereitet man also eine Präsentation

---

[8]Mit dem Paket dichromat kann man zudem den Effekt verschiedener Formen der Farben-
blindheit ausprobieren.

[9]Der gamma Wert eines Ausgabegeräts (eines Bildschirms, eines Druckers, eines Projektors,...)
beschreibt die Beziehung zwischen Anteilen im RGB-Farbraum und den zur Darstellung auf
dem Ausgabegerät notwendigen Anteilen. Der Wert beeinflusst Helligkeitsstufen. Unterschiede
der Ausgabegeräte in den Farbkontrasten können dadurch nicht ausgeglichen werden.

mit Beamer vor, oder plant farbige Graphiken für Veröffentlichungen, dann sollte man die Ergebnisse der Farbwahl nicht nur am Monitor überprüfen, sondern auch auf dem geplanten Ausgabemedium.

13.1.6 Ausgabeformate und Devices

In Rs Standardgraphik ist die Konstruktion der Elemente einer Graphik von der Übersetzung in ein Ausgabeformat getrennt. Wir haben bisher nur die Erzeugung von Graphikelementen besprochen, nicht aber die Übersetzung in Bildschirmdarstellungen oder bestimmte Graphikformate. Dieser Schritt ist natürlich entscheidend für das Endprodukt. R stellt verschiedene „Devices" zur Verfügung, um Ausgaben auf dem Bildschirm oder in verschiedenen Graphikformaten zu erzeugen und zu verwalten. Erst in diesem Schritt wird die endgültige Größe einer Graphik festgelegt, ebenso wie die tatsächlichen Fonts für Annotationen.

Zu beachten ist, dass unabhängig von den Größenangaben der Ausgabegraphik die Fontgrößen von Texten erhalten bleiben. Das muss man natürlich bei Beschriftungen berücksichtigen. Man braucht ein solches Verhalten, um lesbare Annotationen in verschiedenen Ausgabeformaten zu gewährleisten. Nur entspricht dieses Verhalten nicht der Logik vieler Graphikbearbeitungsprogramme, in denen auch Beschriftungen entsprechend skaliert werden. Benutzt man überhaupt Annotationen wie Titel, Untertitel, Achsenbeschriftungen etc., dann wird man auch die Resultate für verschiedene Ausgabeformate überprüfen müssen. Denn die Angabe von Fontgrößen und Längen ist nicht einheitlich für alle Ausgabemedien. Für die praktische Arbeit heißt das, dass die Standardausgabe am Bildschirm nicht mit dem Endprodukt übereinstimmt. Man muss daher ein Programm benutzen, das das Resultat im endgültigen Ausgabemedium anzeigt.[10]

Deviceverwaltung

Es gibt nun verschiedene Arbeitsweisen, um Graphiken in passenden Ausgabeformaten zu produzieren. Arbeitet man interaktiv, ist es wohl am Einfachsten, zunächst ein einziges Ausgabefenster auf dem Bildschirm zu erstellen. Das passiert ohne weitere Angaben automatisch mit jedem plot() Aufruf. Hat man ein ansprechendes Ergebnis erhalten, kopiert man es mit dem Befehl dev.copy()

---

[10]Manche Graphikprogramme, u.a. acroread, blockieren den Zugriff auf die eingelesene Datei. Die Folge ist, dass nach dem Aufruf von acroread für eine in R erzeugte Ausgabedatei im pdf Format interaktive Änderungen nicht mehr möglich sind. Es gibt aber etliche Graphikprogramme, die ihre dargestellten Dateien nicht blockieren. Für pdf und postscript Formate bietet sich ghostscript (http://www.ghostscript.com/) und gsview (http://pages.cs.wisc.edu/~ghost/gsview/index.htm) an. gsview ist ein GUI für ghostscript. Es dient zur schnellen Bildschirmdarstellung von pdf oder postscript Dateien.

im endgültigen Ausgabeformat in eine Datei und legt dabei Graphikgröße, Font-größe und Fonts fest. Beim Kopieren wird ein neues Device im gewünschten Ausgabeformat geöffnet, das man anschließend wieder schließt. Der nächste plot() Aufruf löscht den Inhalt der gegenwärtigen Bildschirmausgabe, erstellt eine neue Graphik und man kann eine weitere Kopie im gewünschten Ausgabeformat erstellen. Bei diesem Vorgehen braucht man sich um die interne Behandlung von Devices in R kaum kümmern. Manchmal aber möchte man mehrere Bildschirmausgaben haben, etwa um Ergebnisse verschiedener Prozeduren in verschiedenen Graphiken zu erzeugen und sie dann am Bildschirm zu vergleichen. Oder man möchte in längeren Programmen (oder beim Rechnen auf entfernten Rechnern mit langsamen Verbindungen) die Bildschirmausgabe ganz unterdrücken. Zudem kann es sein, dass Fehler in längeren Programmen dazu führen, dass eine Vielzahl von Devices noch offen ist. In all diesen Fällen ist es hilfreich, ein wenig über die Verwaltung von Devices in R zu wissen.

In jeder R Sitzung kann man mehrere (bis zu 63) Devices öffnen und mit ihnen arbeiten. Es gibt immer ein NULL Device mit der Nummer 1, das nicht geschlossen werden kann. Zu jeder Zeit gibt es genau ein aktives Device, in dem der Output von Graphikbefehlen dargestellt wird. Eine Liste aller zur Zeit definierten Devices erhält man durch dev.list(). Der Befehl dev.cur() gibt die Nummer des aktiven Devices zurück. Devices kann man mit dev.off(Nummer des Devices) schließen. dev.set(Nummer des Devices) setzt die Nummer des aktiven Devices. dev.prev() und dev.next() wählen das vorhergehende bzw. das nachfolgende Device in der Liste der Devices (die Liste ist unter Ausschluss des NULL Devices zirkulär organisiert). graphics.off() schließt alle offenen Devices. Mit dev.new() kann man ein neues Device öffnen. Allerdings öffnen viele andere Befehle wie plot(), windows() oder die entsprechenden Befehle für bestimmte Ausgabeformate als Nebeneffekt ebenfalls neue Devices. I.d.R. wird man diese Befehle (und nicht dev.new()) nutzen, weil die Optionen der Ausgabeformate (und nur diese) direkt angegeben werden können. Zudem wird dann deren Konsistenz geprüft, was mit dev.new() nur indirekt erfolgt.

Ausgabeformate

Bei den Ausgabeformaten unterscheidet man zwischen Bildschirmausgaben, Raster- und Vektorgraphiken. Bildschirmausgaben hängen vom Betriebssystem ab. Auf MS-Windows-Systemen wird als Device-Typ windows() benutzt, auf Unix-Systemen x11()und auf MacOS quartz(). Alle diese Bildschirmausgaben erlauben die Wahl der Größe der Bildschirmausgabe und der Position auf dem Bildschirm. Man kann auch Fonts und Fontgrößen angeben, aber i.d.R. wird man diese Wahl erst bei der Angabe des Ausgabeformats (und dem zugehörigen Device) treffen wollen und die Bildschirmausgabe nur als Näherung der Graphik im Zielformat betrachten.

Rastergraphiken (etwa Graphiken in den Formaten bmp, png, jpeg etc., aber auch Containerformate wie tiff oder wmf (Windows Meta File)) speichern Graphiken als Matrizen von Farb- oder Grauwerten an einem Gitter von Stellen. Dabei geht natürlich jede Information über Schriften oder Linien verloren. Nur das Endergebnis, das Bild wird mehr oder weniger erhalten. Daher ist eine Weiterverarbeitung nur begrenzt möglich und anschließende Größenänderungen verändern auch die Schriftgrößen von Texten. Zudem ist es schwierig, gleichzeitig befriedigende Ergebnisse für Präsentationen und Publikationen zu erzeugen. Sie haben aber den Vorteil, von fast allen Präsentations- und Textverarbeitungsprogrammen verarbeitet werden zu können. Auch die meisten Browser können diese Bildformate wiedergeben. Zudem kann man sie relativ einfach zu Animationen kombinieren.

Die entsprechenden Befehle bmp(),png(), jpeg() und tiff() (und wmf() auf Windows-Betriebssystemen) öffnen ein neues Device und erzeugen eine Datei, deren Name als erstes Argument der Befehle angegeben werden kann. [11] Die Voreinstellung des Dateinamens ist Rplotxxx.bmp (die Endung hängt vom Ausgabeformat ab). Dabei wird xxx durch die „Seitennummer" der Graphik ersetzt und eine Datei dieses Namens im Arbeitsverzeichnis abgelegt. I.d.R. wird man sowohl den Namen als auch das Verzeichnis, in dem die Graphikdatei gespeichert werden soll, selbst wählen. Die weiteren Argumente dieser Befehle legen die Größe der Ausgabegraphik fest (height und width in Pixel). Für die Auflösung wird immer von 72 dpi (dots per inch) ausgegangen. Die Fontgröße wird durch pointsize in in 1/72 inch, also big points, angegeben. Manche Rastergraphiken (bzw. Programme, die sie anzeigen), insbesondere png(), erfordern auch die Angabe einer Hintergrundfarbe durch die Option bg. Die Standardhintergrundfarbe wird sonst oft als schwarz interpretiert. Solange das Device geöffnet ist, ist die zugehörige Datei für andere Programme blockiert. [12]

Das Standardpaket grDevices stellt für Vektorgraphiken die Formate pdf und postscript zur Verfügung. [13] Vektorgraphiken speichern die Bildinhalte in

---

[11]Nicht alle R Installationen unterstützen alle diese Ausgabeformate. Der Befehl capabilities() listet die Möglichkeiten einer Installation.

[12]Ist ghostscript installiert, dann kann man mit den Befehlen bitmap() bzw. dev2bitmap() eine ganze Reihe weiterer Rastergraphikformate erzeugen. Die Befehle erzeugen zunächst die Graphik als postscript bzw. pdf Datei und rufen dann ghostscript auf, um die Rastergraphik zu erzeugen. Neben der großen Anzahl an möglichen Rasterformaten ermöglicht der Ansatz, zumindest annähernd ähnliche Qualitäten bei unterschiedlichen Ausgabegrößen zu erhalten. Das freie Programm Imagemagick (www.imagemagick.org) ermöglicht ebenfalls die Übersetzung von verschiedenen Graphikformaten ineinander. Zudem sind diverse hilfreiche Transformationen möglich.

[13]Ist die Cairo-Bibliothek installiert, dann gibt es noch die Varianten cairo_pdf, cairo_ps und svg. svg (Scalar Vector Graphics) ist ein W3C Standard für die Verwendung von Vektorgraphiken im Internet. Allerdings muss die R-Installation die Verwendung von Cairo unterstützen bzw. mit der entsprechenden Option kompiliert sein. Beides ist in den meisten aktuellen Linux-Distributionen und deren R-Paketen der Fall, auf Windows-Betriebssystemen allerdings nicht. Alternativen für Windowsnutzer diskutieren wir etwas später.

einer Beschreibungssprache, die Fontinformationen, Punkte und Linienelemente geometrisch beschreiben. Sie können daher unterschiedlich skaliert werden, ohne an Qualität einzubüßen. Sie können auch deutlich einfacher durch Bildverarbeitungsprogramme verändert werden. Und sie erlauben eine einfachere Auswahl und Manipulation von Fonts. Sie sind daher als Ausgabeformate insbesondere für Präsentationen und Veröffentlichungen gegenüber Rastergraphiken vorzuziehen.

Die entsprechenden Befehle heißen postscript() bzw. pdf(). Die Argumente sind ein Dateiname als erstes Argument (mit Voreinstellung Rplots.pdf, wenn nur eine Graphik erzeugt wird, bzw. Rplotxxx.pdf, falls mehrere Graphiken erzeugt werden.) Die Optionen height und width geben die (Device-) Größe in inch an, pointsize die Fontgröße. Die Optionen family und fonts regeln, welche Fonts tatsächlich in der Graphik verwandt werden. Beide Devices betten die Fonts aber nicht in die Graphik ein, sondern benutzen nur die entsprechenden Größeninformationen. Die Darstellung hängt daher von den installierten Fonts eines Rechners und den vom Betrachtungsprogramm vorgegebenen Ersatzfonts ab. Will man insbesondere bei Präsentationen nicht böse Überraschungen erleben, sollte man Fontinformationen immer in den Dateien speichern. Wie man Fontinformationen in den Ausgabedateien speichert und damit sicherstellt, dass die Ausgabe unabhängig von Rechnern und Graphikprogrammen ist, beschreiben wir etwas später in diesem Abschnitt.

Sowohl postscript als auch pdf beschreiben den Inhalt einzelner Seiten. Daher kann man auch die Papiergröße wählen. Die Voreinstellung der Option paper ist "special", so dass die Angaben von width und height als „Papiergröße" benutzt werden. Für die Einbindung in Präsentationen oder Veröffentlichungen sollte diese Option gewählt werden. Für einzelne Graphiken kann man aber auch die Papiergrößen "a4", "letter", "legal" oder "executive" wählen und erhält dann eine Graphik, die auf dem entsprechenden Seitenformat plaziert wird. Die Voreinstellung von pagecentre ist TRUE, so dass die Graphik auf der entsprechenden Ausgabeseite zentriert ist.

Bei Vektorgraphiken (die ja Seitenbeschreibungssprachen sind) kann man eine oder mehrere Graphiken in einer Datei speichern. Will man die Graphiken weiterverarbeiten, sollte man immer nur eine Graphik pro Datei speichern. Bei den Devices pdf und postscript kann man die Option onefile=F setzen. Dann wird pro Graphik nur eine Datei angelegt. Produziert man allerdings mehrere Graphiken und benutzt nur einen eindeutigen Namen für die Ausgabedatei zusammen mit dieser Option, dann wird nur die letzte Graphik tatsächlich gespeichert. Man kann die Namensangabe aber wie in der Voreinstellung schreiben, also file="Dateiname%03d.pdf" benutzen, um mehrere Dateien mit automatisch durchnumerierten Namen zu erhalten. Diese Variante ist bei der Produktion von Animationen zu empfehlen. In allen anderen Fällen sollte ein eindeutiger Namen für jede Graphik gewählt werden.

Setzt man in den Befehlen pdf() bzw. postscript() die Optionen onefile=F, paper="special", dann erhält man in beiden Formaten Dateien, die passende

Größenangaben („bounding boxes") enthalten. Zudem sind am Schluss der Dateien alle möglicherweise veränderten pdf- oder postscript-Parameter (die internen Beschreibungsparameter von pdf bzw. postscript, nicht Rs Graphikparameter) wieder auf die Voreinstellungen zurückgesetzt. Die Dateien können daher problemlos in andere postscript- oder pdf-Dateien eingeschlossen werden. [14]

Arbeiten mit mehreren Devices

Man kann nun in zwei Weisen vorgehen: Entweder man öffnet zunächst ein Zielausgabedevice, erzeugt die gewünschten Graphikelemente, schließt das Device anschließend (es ist sonst blockiert und man kann nicht mit anderen Programmen darauf zugreifen). Dann kann man sich das Ergebnis in einem entsprechenden Programm anzeigen lassen und die Schritte so lange wiederholen, bis das Ergebnis befriedigt.

```
> pdf("../pics/test.pdf",width=5,height=4,onefile=F,
+     paper="special",pointsize=10)
> coplot(lat~long|depth,data=quakes)
> dev.off()
```

Dieses Beispiel erzeugt eine pdf Datei mit dem Namen test.pdf im Verzeichnis pics parallel zum gegenwärtigen Arbeitsverzeichnis (das Verzeichnis muss existieren). Die Größe der Graphik ist 5 inch × 4 inch und die Fontgröße 10 big points. Genauer gesagt: Die Ausgangsgröße der benutzten Fonts wird festgelegt. Sie kann durch entsprechende cex Optionen in den Plot-Befehlen geändert werden.

Die andere, und wohl häufiger benutzte Vorgehensweise produziert zunächst eine Bildschirmausgabe, ändert die Graphikbefehle, bis das Ergebnis befriedigt, und „kopiert" dann das Ergebnis auf das Zielausgabedevice:

```
> coplot(lat~long|depth,data=quakes)
> dev.copy(pdf,file="../pics/test2.pdf",width=5,height=4,
+          pointsize=10,onefile=F,paper="special")
> dev.off()
```

Das erste Argument von dev.copy() ist der Name eines Devices, dann folgen die weiteren Parameter wie in den Aufrufen der verschiedenen Devices. Das Wort „kopieren", das auch in der Dokumentation von R benutzt wird, ist leicht irreführend. Denn in der Tat müssen bei anderen Wahlen der Ausgabegröße oder der pointsize von den Bildschirmgrößen Abstände, Achsenbeschriftungen, Tickmarks etc. neu berechnet werden. Ähnlichkeiten zwischen der Bildschirmausgabe und dem im Zielformat erzeugten Bild kann man nur dann erwarten, wenn man die Parameter der Bildschirmausgabe in etwa so wählt wie im Zielformat (mit expliziten Aufrufen von windows(), x11() oder quartz()). Das

---

[14] Eine mit diesen Optionen erzeugte postscript-Datei entspricht den Mindestanforderungen an eine encapsulated postscript-Datei (die oft mit der Endung eps versehen wird). OpenOffice und LaTeX können solche Dateien (ebenso wie svg Dateien) direkt einbinden.

ist nicht nur umständlich, sondern nicht einmal besonders hilfreich, weil viele Aspekte des Zielformats in der Bildschirmausgabe gar nicht oder nur annähernd wiedergegeben werden können. Man kann sich daher nicht auf die Bildschirmausgabe allein verlassen, wenn man Graphiken konstruiert. Man muss sie immer mit einem entsprechenden Programm, das das Zielformat interpretiert, direkt kontrollieren. In die andere Richtung, bei der Angabe von Eigenschaften des Devices im Befehl dev.copy(), sollte man etwas mehr Arbeit investieren. Denn Angaben, die man in dem Befehl nicht macht, werden entweder aus den Voreinstellungen des Devices ergänzt oder aus den Einstellungen der Bildschirmausgabe kopiert. Letzteres kann natürlich zu Überraschungen führen, wenn man die Bidschirmausgabe zwischen zwei Sitzungen leicht ändert und dabei als Nebeneffekt andere Graphikergebnisse in einem Skript produziert. Daher sollte man möglichst alle Argumente eines Devices in einem dev.copy() Befehl aufführen. Das ist der einzige, aber wichtige Nachteil dieser Methode im Vergleich zur ersten, in der ja gar nichts „kopiert" wird, also auch keine Voreinstellungen überschrieben werden können.

13.2 Sprachen, Encodings und Fonts

13.2.1 Sprachen und Encodings

Wir haben schon auf die Möglichkeiten mathematischer Annotation hingewiesen. Wie aber schreibt man Umlaute und Akzente, gar ganze Beschreibungen in anderen Sprachen? Die Möglichkeiten hängen stark von der Kodierung von Fonts durch das Betriebssystem, den installierten Fonts und deren Kodierung ab. Die meisten neueren Linux-Distributionen kodieren Texte als UTF−8 (Unicode Transformation Format, das Symbole in 1-4 bytes ablegt). Sie können daher praktisch alle Symbole aller Sprachen sowie viele mathematische Zeichen darstellen. Auf neuen Windows-Betriebssystemen wird wird eine Variante von UTF−16 verwandt (1-2 Zeichen mit jeweils 2 byte), aber oft werden in Deutschland noch die 8-bit Kodierungen Latin1 (auch als iso−8859−1 oder, in einer Variante mit dem €-Symbol als iso−8859−15 bezeichnet) oder Microsofts Variante von Latin1, Codepage 1252 (cp1252, die neben dem €-Symbol einige weitere Zeichen zu Latin1 ergänzt) verwandt.

Welches Kodierungssystem benutzt wird, kann man in R durch den Befehl l10n_info() abfragen. Das Ergebnis des Aufrufs gibt in drei logischen Variablen an, ob das System Kodierungen in mehreren Bytes unterstützt (MBCS) und ob entweder UTF−8 oder Latin1 benutzt wird.

In UTF−8 Umgebungen kann man relativ leicht Texte verschiedener Sprachen und auch mathematische Formeln schreiben. Eine Gedichtzeile von Nâzım Hikmet im türkischen Original wäre etwa:

```
> plot.new();plot.window(c(0,10),c(5,1))
> text(5,1,"Yaşamak bir ağaç gibi tek ve hür ve bir orman gibi kardeşçesine
```

```
+        \n Nâzım Hikmet")
```

Kann man die entsprechenden Buchstaben nicht über die Tastatur erzeugen oder im Editor wählen, kann man immer noch die entsprechenden $UTF-8$ Codes direkt angeben. Für unser Beispiel sind das \u00e2 für „â", \u00e7 für „ç", \u0131 für „ı", u011f für „ğ" und \u015f für „ş". Der text() Aufruf würde also so aussehen: [15]

```
> text(5,1,"Ya\u015famak   bir   a\u011fa\u00e7   gibi   tek
+        ve  h\u00fcr  ve  bir  orman  gibi   karde\u015f\u00e7esine
+        \n  N\u00e2z\u0131m  Hikmet")
```

Das ist aber hässlich und wenig übersichtlich. Zudem gibt es in $UTF-8$ Betriebssystemen zumindest für natürliche Sprachen einfachere Möglichkeiten der Eingabe. Für die mathematischen Symbole in $UTF-8$ allerdings ist man entweder auf diese Form der Eingabe angewiesen oder muss sich auf die Fähigkeiten seines Editors verlassen. Hier ist ein Beispiel:

```
> text(1,4,"\u2200   \u03b5 > 0 \u2203 \u3b4 > 0:
+        \u2200 x,x\u2032  mit  |x−x\u2032|   <
+        \u03b4 \u21d2 |f(x)−f(x\u2032)|     < \u03b5")
```

ergibt [16]

$$\forall \epsilon > 0 \, \exists \delta > 0 \, \forall x, x' \text{ mit } |x - x'| < \delta \Rightarrow |f(x) - f(x')| < \epsilon$$

Auf Windows-Betriebssystemen (oder Linux-Systemen, die nicht $UTF-8$ benutzen) mit einfacher 8-bit Kodierung von Zeichen muss man etwas mehr Aufwand treiben. [17] Nehmen wir als Beispiel ein XP System mit einer deutschen Sprachwahl. Der Befehl Sys.getlocale() zeigt einem die im Betriebssystem installierte bzw. die von R benutzte Konfiguration. Der Befehl l10n_info() fasst die Information zusammen.

```
> Sys.getlocale("LC_CTYPE")
[1]  German_Germany.1252
> l10n_info()
$MBCS
[1]  FALSE
$'UTF-8'
[1]  FALSE
```

---

[15] Eine Liste der wichtigsten $UTF-8$ Codes findet sich auf Paul Murells Seite http://www.stat.auckland.ac.nz/~paul/R/CM/AdobeSym.html. Auf die ersten 256 $UTF-8$ Codes kann man zugreifen, wenn man encoding="PDFDoc" in den pdf() oder postscript() Devices wählt. Allerdings gehören die Zeichen „ı", „İ", „ğ", „Ğ" sowie „ş" und „Ş" nicht dazu.

[16] Diese Variante kann man immer noch nicht durch pdf() etc. in eine Vektorgraphik verwandeln, weil pdf() die 8-bit Fontbelegung von Adobe mit anderer Belegung der Zeichen benutzt. Das Device cairo_pdf hilft hier weiter.

[17] Informationen über Codepages und Sprachdarstellungen für Windowssysteme findet man auf http:/msdn.microsoft.com/en-us/goglobal/default.aspx. Etwas übersichtlicher ist http:/www.i18nguy.com/unicode/codepages.html#msftwindows.

```
$'Latin-1'
[1] TRUE
$codepage
[1] 1252
```

Nun enthält die Codepage cp1252 aber weder ı noch ş oder ğ oder deren große Varianten. Man kann den Text also in dieser Codepage gar nicht darstellen. Daher muss man zunächst die gerade benutzte Zuordnung von Codes zu Zeichen ändern. Microsofts Version für die türkische Sprache ist Codepage cp1254, eine Variante von iso−8859−9 (Latin9). Man kann sie aus R heraus durch Sys.setlocale(category="LC_CTYPE",locale="turkish") wählen. Am Schluss aber sollte man die Einstellung der „locale" wieder zurücksetzen.

Aber wie erzeugt man eine entsprechende Graphikdatei? Für die Bitmap-Formate gibt es kein Problem, weil sie die Fontinformationen nur indirekt benutzen. Aber postscript(), pdf() und svg() benutzen die Fontinformationen für ihre Textdarstellungen. Schreibt man also bevor man die locale zurücksetzt:

```
> dev.copy(pdf,file="test.pdf")
> dev.off()
```

dann sind in der erzeugten Datei die türkischen Schriftzeichen durch die entsprechenden Zeichen des Standardzeichensatzes ersetzt (oder durch Auslassungszeichen gekennzeichnet). Man kann in dem Befehl dev.copy() bzw. dem entsprechenden pdf() Befehl zwar die Option encoding="CP1254" setzen, aber man erhält eine Fehlermeldung, weil diese Codepage im Verzeichnis R_HOME/library/grDevices/enc nicht enthalten ist. Es gibt nur die Varianten cp1250 (Ost- und Mitteleuropäisch, eine Variante von iso−8859−2 bzw. Latin2), cp1251 (Kyrillisch, eine Variante von iso−8859−5), cp1252 (Westeuropäisch, eine Variante von iso−8859−15 bzw. Latin9), cp1253 (Griechisch, eine Variante von iso−8859−7) und cp1257 (baltisch, eine Variante von iso−8859−13 bzw. Latin7).[18] Die Codepage für türkische Schriftzeichen, cp1254, fehlt also, ebenso die Variante Latin5. Da die Encodings fest vorgegeben sind, kann man auch nicht einfach eine entsprechende Codepage hinzufügen. Hier hilft aber das Paket Cairo weiter:[19]

```
> library(Cairo)
```

---

[18]Es können auch die großen asiatischen Sprachen (die als CJK-Sprachen zusammengefasst werden) dargestellt werden. Diese Fonts für Chinesisch in zwei Varianten, Japanisch (4 Varianten) und Koreanisch (2 Varianten) sind anders als die europäischen Sprachen in so genannten CID Formaten abgelegt. Auf arabische Schriftzeichen und viele Sprachvarianten kann man nur in UTF−8 Umgebungen zugreifen.

[19]Auf Windows-Betriebssystemen benutzt das Paket für die Fonts die windowsinternen Fontzuordnungen. Die benutzen aber seit Windows2000 bzw. Windows XP intern nicht die eingeschränkte 8-bit Kodierung, sondern eine Variante von Unicode. Das Paket Cairo hilft also auf allen Windows-Betriebssystemen ab Windows XP. Dieses Paket und seine Devices beschreiben wir im nächsten Kapitel.

Die Devices pdf() und postscript() dagegen sind auf Windows-Systemen an die 8-bit Restriktionen gebunden und müssen daher Codepages benutzen.

```
> dev.copy(CairoPDF,file="test.pdf",paper="special",width=5,
+           height=3.5);dev.off()
> Sys.setlocale(category="LC_CTYPE",locale="german")
```

13.2.2 Fonts

Die Auswahl von Fonts ist aus mindestens vier Gründen wichtig: Text in Graphiken sollte mit den Fonts anderer Textelemente in Größe und Stil harmonieren, die Beschriftung von Graphiken in Präsentationen und Artikeln klar lesbar sein, die installierten Versionen der Fonts sollten zumindest die durch die Sprachwahl definierten Zeichen enthalten und die Fonts sollten in der erzeugten Graphikdatei eingebettet sein, um zu garantieren, dass das erzeugte Bild auf allen Rechnern zumindest ähnliche Ergebnisse liefert.

Wir beginnen mit dem letzten Problem. Es ist natürlich sehr störend, wenn eine Graphik, auf die man viel Mühe verwandt hat, auf einer Konferenz im Ausland nur unleserliche Zeichen statt der erhofften Beschriftung anzeigt. Das passiert bei Vektorgraphiken, wenn die zu Hause benutzen Fonts nicht in die Datei übernommen werden. Denn dann interpretiert der Rechner auf der Konferenz die Verweise auf Zeichen in der Datei in seiner lokalen Sprache. Und mathematische Symbole können ganz verschwinden, weil die entsprechenden Fonts auf dem lokalen Rechner gar nicht installiert sind. Gleiches gilt natürlich, wenn man Artikel oder Bücher an Verlage schickt oder Diplomarbeiten drucken lässt: Sind auf den Rechnern der Verlage und Druckereien nicht alle verwandten Fonts installiert oder verwenden sie eine andere Sprachwahl, kann es zu sehr unangenehmen Überraschungen kommen. Man sollte daher immer alle Fonts in die erzeugten Dateien einbetten, eine Möglichkeit, die in allen Vektorgraphikformaten vorgesehen ist. [20] Nun betten weder die Devices pdf noch postscript die Fonts aus Graphiken ein. Man kann aber den Befehl embedFonts() benutzen. Dazu muss ghostscript installiert sein. Sind die benutzten Fonts nicht in ghostscripts Suchpfad für Fonts, dann muss auch noch der Pfad zu den Fonts mit angegeben werden. Tut man das nicht, dann wird ghostscript einen mehr oder weniger passenden Ersatzfont wählen. In dem Fall mag das Ergebnis ästhetisch unbefriedigend sein, aber zumindest werden alle Zeichen abgebildet. Eine Alternative sind die Devices cairo_pdf und cairo_ps, die immer versuchen, ihre Fonts einzubetten, manchmal aber auf Bitmapversionen zurückgreifen, wenn sie die Fontinformationen nicht finden oder benutzen können. Eine weitere Alternative bietet das Paket Cairo, dessen Devices auch immer alle Fonts einbetten.

Die Auswahl der Graphikbeschriftungen sollte sich zumindest in Artikeln und Büchern an der Brotschrift des Textes orientieren. Dazu muss man eine

---

[20] Benutzt man eine neuere Version von acroread, dann kann man sich unter Datei -> Eigenschaften -> Fonts anzeigen lassen, welche Fonts eingebettet sind. Auf vielen Linux-Systemen gibt es auch das Konsolenprogramm pdffonts.

Übersetzung der Fontnamen in R in die entsprechenden pdf oder postscript
Namen angeben. Für die Standardschriften, die in allen pdf Installationen und
Druckern vorhanden sein sollten, gibt es fertige Übersetzungen. Das sind die
Adobe-Fonts „AvantGarde", „Bookman", „Courier", „Helvetica", „Helvetica-
Narrow", „NewCenturySchoolbook", „Palatino" und „Times" bzw. deren URW
Versionen „URWGothic", „URWBookman", „NimbusMon", „NimbusSan" (für
„URWHelvetica"), „NimbusSanCond", „CenturySch", „URWPalladio" und
„NimbusRom" (für „URWTimes"). Eine weitere Möglichkeit ist für LATEX
die Benutzung von „ComputerModern", allerdings nur mit der klassischen
Encoding, sowie die Verwendung der Hershey-Fonts, einer Sammlung von fast
2000 Zeichen (die europäischen Formate, Varianten der ostasiatischen Zeichen,
mathematische, musikalische und weitere spezielle Zeichen) im Vektorformat
mit spezieller Encoding.

Die Voreinstellung wählt in den meisten Fällen als Serifen-Font „Times",
als serifenlose Schrift „Helvetica" und als Font konstanter Breite „Courier". Welche Schriften für eine Installation definiert sind, kann man durch
names(pdfFonts()) bzw. names(postscriptFonts()) abfragen.

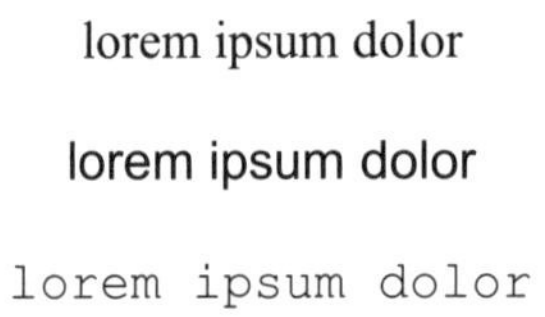

lorem ipsum dolor

lorem ipsum dolor

`lorem ipsum dolor`

Abbildung 13.4: Die Standardschriften Times, Helvetica und
Courier.

Alle vordefinierten Schriften kann man direkt in einem Befehl für ein passendes Device oder in plot-Befehlen mit den Optionen
family bzw. fonts wählen. Die Grundschrift
kann man für Devices allerdings nur für die
pdf und postscript Devices wählen. Die Devices svg, cairo_ps oder cairo_pdf haben keine Optionen family oder fonts. Hier ist ein
Beispiel mit mehreren Schriftarten in einer
Graphik (was außerhalb typographischer Versuche sicher vermieden werden
sollte):

```
> par(mar=c(0,0,0,0),oma=c(0,0,0,0))
> plot.new();plot.window(c(0,10),c(3.5,1))
> text(5,1.3,"lorem ipsum dolor",family="Times")
> text(5,2.3,"lorem ipsum dolor",family="Helvetica")
> text(5,3.3,"lorem ipsum dolor",family="Courier")
> dev.copy(pdf,file="test.pdf",pointsize=11,
+          paper="special",width=1.7,height=0.85)
> dev.off()
```

Will man andere Fonts benutzen, dann muss man R die entsprechenden
Fontinformationen mitteilen. Für die pdf- und postscript-Devices braucht man
neben einer Abbildung der Fontnamen in R zu denen in postscript oder pdf auch
Informationen über die Metriken der Schriften, also den Größenangaben für
die einzelnen Buchstaben des Fonts. R (genauer: das Standardpaket grDevice)
erlaubt die Definition einer Familie von Fonts (also der normalen, kursiven,
fetten, fett kursiven und Symbol-Fonts), wenn sie als Type1 Fonts mit ihren

metrischen Informationen abgelegt sind. Diese Informationen sind i.d.R. in Dateien mit der Endung afm abgelegt. [21]

Die heutigen LaTeX Distributionen enthalten eine große Auswahl an freien Fonts (oder auch an entsprechenden Unterstützungsdateien für anderweitig verfügbare Fonts), für die in den meisten Fällen auch entsprechende Type1 Versionen und die zugehörigen afm Dateien bereitgestellt werden. [22] Selbst wenn man nicht mit LaTeX arbeitet, kann man sich aus den entsprechenden LaTeX Distributionen passende oder zumindest sehr ähnliche Fonts besorgen.

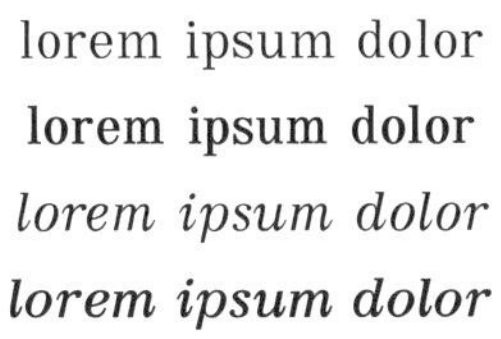

Wir beschreiben ein Beispiel an Hand der GFS-Bodoni-Fonts. Die zugehörigen metrischen Informationen (die afm Dateien) sind im Installationsverzeichnis der MikTeX Distribution (und in fast allen anderen Distributionen) im Unterverzeichnis /fonts/afm/public/gfsbodoni abgelegt.

lorem ipsum dolor

lorem ipsum dolor

lorem ipsum dolor

lorem ipsum dolor

Abbildung 13.5: Die vier Varianten der GFS-Bodoni-Schrift.

Den Pfad zu diesen Dateien und die Namen der .afm Dateien für die Standardversionen normal, fett, kursiv und fett-kursiv (und optional für einen Symbolfont) muss man mit dem Befehl Type1Font() zu einem entsprechenden R Objekt zusammenfassen. Dann fügt der Befehl pdfFonts() die entsprechende Information in die Liste der verfügbaren Fonts ein. Der Name des neuen Fonts darf noch nicht in der Liste vorhanden sein. Die Liste der jeweils definierten Fonts erhält man durch einen Aufruf von pdfFonts() ohne weitere Argumente. Der Aufruf liefert alle R bekannten Eigenschaften der definierten Fonts. Es sollte also reichen, names(pdfFonts()) aufzurufen. Für unser Beispiel kann man schreiben:

```
> Bodoni <- Type1Font("Bodoni",
+       paste("/usr/share/texmf-dist/fonts/afm/public/gfsbodoni/",
+       c("GFSBodoni-Regular.afm","GFSBodoni-Bold.afm",
+          "GFSBodoni-Italic.afm","GFSBodoni-BoldItalic.afm"),
+       sep=""))
> pdfFonts(Bodoni=Bodoni)
```

Die vier Standardvarianten der Schrift können wir nun ansprechen, Abbildung 13.5 zeigt das Ergebnis:

```
> plot.new();plot.window(c(0,10),c(4.5,1))
> text(5,1.3,"lorem ipsum dolor",family="Bodoni",font=1)
> text(5,2.3,"lorem ipsum dolor",family="Bodoni",font=2)
> text(5,3.3,"lorem ipsum dolor",family="Bodoni",font=3)
> text(5,4.3,"lorem ipsum dolor",family="Bodoni",font=4)
```

---

[21] Auch das ist mittlerweile eine Einschränkung, weil die meisten Fontformate heute entweder als TrueType oder als OpenType Versionen abgelegt werden.

[22] Manche Type1-Fonts in LaTeX-Distributionen enthalten nur die binären .pfb Dateien. Aus ihnen kann man die erforderlichem afm Dateien aber z.B. durch pf2afm (ein Teil von ghostscript) extrahieren.

```
> dev.copy(pdf,file="test2.pdf",pointsize=11,
+              paper="special",width=1.7,height=0.85);dev.off()
```

Natürlich muss man die Fonts für ein Dokument wie dieses Buch einbetten. Dazu muss ghostscript installiert sein, dann kann man embedFonts() aufrufen. Die Syntax ist:

```
> embedFonts("test2.pdf",outfile="test2a.pdf",
+  fontpaths="/usr/share/texmf−dist/fonts/type1/public/gfsbodoni")
```

14

TIPPS UND WEITERE MÖGLICHKEITEN

In diesem Kapitel besprechen wir zunächst Aspekte der täglichen Arbeit mit R, insbesondere weitergehende graphische Möglichkeiten und die Arbeit mit sehr großen Datensätzen.

14.1 Alternative Graphikmodelle, 3D-Graphiken

In diesem Abschnitt stellen wir einige sehr nützliche Erweiterungen der Standardgraphik in R vor. Dazu gehören sowohl andere als die Standarddevices, erweiterte allgemeine Modelle statistischer Graphik und deren Umsetzung in R und interaktive 3D-Graphiken.

14.1.1 Weitere nützliche Devices

pictex, xfig und tikzDevice

Sieht man von den Möglichkeiten ab, Bitmap-Dateien als Teil einer postscript-oder pdf-Datei zu speichern oder (Teile einer) Graphik zu komprimieren bzw. zu verschlüsseln, dann sind beide Formate im Prinzip für Menschen lesbare Seitenbeschreibungsprogramme, die man mit einem Editor beliebig verändern kann. Allerdings sind viele in diesen Formaten benutzte Befehle zu grundlegend, um eine einfache Übersicht über die Auswirkungen einzelner Änderungen auf das Aussehen einer Graphik zu behalten. Es gibt aber einige Anstrengungen, Graphikbeschreibungen auf einer höheren Ebene und mit Sprachelementen zu organisieren, die sich an der Geometrie einer Graphik orientieren. Ein Beispiel ist die Standardgraphik von R selbst. In der Unix-Welt war es lange das Programm xfig, das sowohl eine entsprechende Sprache als auch einen graphischen Editor bereitgestellt hat. Ähnliche Anstrengungen gibt es seit langer Zeit für eine Beschreibungssprache im Rahmen von LaTeX. Das Standardpaket grDevices stellt Devices für beide Ansätze bereit (pictex() und xfig()). Beide Varianten übersetzen die Beschreibung von Graphiken in R in entsprechende Beschreibungen in xfig bzw. pictex. Der Vorteil dieser Devices ist natürlich, dass einige Aspekte einer Graphik, die sich nur unzulänglich in R darstellen lassen, nachträglich verbessert werden können. Die Nachteile sind aber ebenfalls beträchtlich: Beide Beschreibungssprachen sind sehr alt, berücksichtigen also kaum die Möglichkeiten heutiger Ausgabegeräte. Und die Unterstützung durch die Devices xfig() bzw. pictex() ist nur rudimentär. [1]

Nutzer von LaTeX können aber auf das sehr hilfreiche Paket tikzDevice zurückgreifen. Es erzeugt Code in der flexiblen und expressiven Beschreibungssprache tikz. Der wichtigste Vorteil neben der sehr kompakten, lesbaren und expressiven Graphikbeschreibung ist wohl, dass LaTeX Befehle für alle Texte benutzt werden und entsprechend LaTeX für die Bestimmung von Abständen und Fonts zuständig ist.

Cairo und cairoDevice

Die Cairo-Bibliothek ist ein Versuch, einen einheitlichen Rahmen für die Erstellung von Raster- und Vektorgraphiken zu schaffen. Neben weitgehender Unterstützung von Anti-Aliasing und Transparenz bietet die Cairo-Bibliothek eine relativ ähnliche Ausgabe in allen unterstützten Formaten, jedenfalls wenn die Ausgabegrößen einheitlich gewählt werden. Die beiden Pakete Cairo und cairoDevice sind zwei Pakete, die diese Bibliothek (teilweise) benutzen und entsprechende Devices für Rs Standardgraphik bereitstellen. Das Paket Cairo ist etwas flexibler, wir beschränken uns daher auf eine kurze Beschreibung der Devices und Möglichkeiten, die Cairo bereitstellt. Zwei wichtige Aspekte sind, dass in den Vektorgraphikformaten immer alle Fonts eingebettet werden und dass auch Fonts in den Formaten TrueType und OpenType benutzt werden können. Allerdings werden gerade Fonts auf verschiedenen Betriebssystemen unterschiedlich behandelt. Cairo benutzt auf Windows-Systemen das Fontmanagement von Windows, auf Linux-Systemen die installierte Cairo-Bibliothek (also i.d.R. fontconfig).

Auf Linux-Maschinen hängt es von der installierten Version der Cairo-Bibliothek ab, welche Formate mit diesem Device erzeugt werden können. Einen Überblick liefert der Befehl Cairo.capabilities():

```
> library(Cairo)
> Cairo.capabilities()
   png  jpeg  tiff   pdf   svg    ps   x11   win
  TRUE FALSE FALSE  TRUE  TRUE  TRUE FALSE  TRUE
```

---

[1] Das Device pictex() unterstützt weder Farben, noch Linienbreite, noch Fontinformationen. xfig() ist flexibler, aber die Zahl der Farben ist begrenzt und es gibt nur 5 Linienformen.

Auf Windows-Betriebssystemen enthält das binäre Cairo Paket eine kompilierte Version der Cairo-Bibliothek, ist also unabhängig von möglicherweise installierten Cairo-Versionen. Die Verwaltung von Fonts erfolgt über den Windows-Mechanismus für die Verwaltung und Installation von Fonts.

Auf Linux-Betriebssystemen kann die Wahl der Fonts durch den Befehl CairoFonts() erreicht werden. Die Cairo-Bibliothek greift bei der Verwaltung von Fonts auf die Bibliothek fontconfig zurück. Die Namen der Fonts müssen daher in den fontconfig Namen angegeben werden. Einen Überblick über die direkt ansprechbaren Fonts gibt der Befehl CairoFontMatch(). Die Variante CairoFontMatch(":") zeigt eine Liste aller zur Zeit verfügbaren Fonts. Ist fontconfig installiert, dann liefert der Betriebssystembefehl fc−list eine Liste der installierten (und fontconfig bekannten) Fonts.

14.1.2 Andere Graphiksysteme in R

Das Standardsystem der Graphik in R ist an einzelnen Elementen einer Graphik und an Eigenschaften der Devices orientiert. Eine Graphik wird aus entsprechenden Einzelteilen zusammengesetzt, das Gesamtbild kann nur geändert werden, indem alle Teile neu erzeugt werden. Zudem orientiert sich diese Form der Erstellung von Graphiken an den graphischen Grundelementen, nicht aber an statistischen Anforderungen.

Trellis Graphiken

Eine Alternative, Trellis Graphiken, sind im Paket lattice implementiert. Das Trellis-Graphiksystem wurde im Anschluss an Bill Clevelands *Visualizing Data* von 1993 entwickelt. Das lattice Paket von Deepayan Sarkar implementiert das System auf der Basis des grid Pakets, das von Paul Murrell entwickelt wurde. Das lattice Paket stellt ein alternatives Graphiksystem zu Rs Standardgraphik bereit, das in vieler Hinsicht angemessener für statistische Anwendungen ist.

Ein erster Unterschied zur Standardgraphik in R ist, dass die Graphikprozeduren des lattice Pakets zunächst ein R Objekt produzieren, das dann weiterverarbeitet und verändert werden kann. Die Graphik zu dem Simulationsbeispiel (Abbildung 13.1) könnte man mit dem lattice Paket auch schreiben:

```
> set.seed(12)
> x1 <− rnorm(5)
> x2 <− rnorm(5)
> library(lattice)
> gr <− xyplot(x1+x2~1:5,xlab="",ylab="",col="black",pch=c(1,3),
+               aspect="fill")
> gr <− update(gr,key=list(points=list(pch=c(1,3)),x=0.6,y=0.95,
+               padding.text=3,
+               text=list(lab=c("1.Simulation","2.Simulation")))))
> print(gr)
```

Der update() Befehl hat als erstes Argument das Graphikobjekt der Klasse trellis, das mit dem Aufruf von xyplot() erzeugt wurde. Das aspect Argument mit dem Wert fill füllt möglichst viel des jeweiligen Devicebereichs aus. Andere Möglichkeiten beziehen sich auf die relative Größe der x und y Achsen.

In unserem Beispiel wird mit dem key Argument eine Legende hinzugefügt. [2] Im Unterschied zur Standardgraphik könnte man die Legende (oder andere Aspekte der Graphik) durch erneute Aufrufe von update() ändern, ohne die Graphik vollständig neu erzeugen zu müssen.

Der für den Nutzer wichtigere Unterschied aber dürfte sein, dass xyplot besonders gut geeignet ist, bedingte Verteilungen zu visualisieren. Dafür kann sowohl im xyplot() Befehl als auch in allen anderen Graphikbefehlen, etwa für Boxplots (bwplot()), Histogramme (histogram()), Dichten (densityplot()), Dotplots (dotplot()), 3d-Punktwolken (cloud()) oder 3d-Oberflächen (wireframe()), eine sehr flexible Beschreibung durch Formeln benutzt werden. Einen Aspekt haben wir schon kennengelernt: Man kann auf der linken Seite einer Formel mehrere Variablen (durch + getrennt) angeben. Dann werden alle Variablen der linken Seite in den Graphiken abgetragen. Auf der rechten Seite muss mindestens eine Variable erscheinen. [3] Bedingende Variable werden durch y~x|g (oder y~x|g1*g2 bei mehreren bedingenden Variablen) angegeben. Dabei muss g entweder ein Faktor sein, oder aber ein shingle, ein Konzept, das die Werte geordneter Variabler mit vielen Ausprägungen in mehrere (möglicherweise überlappende) Intervalle aufteilt. Befehle zur Erzeugung von shingle Strukturen sind u.a. shingle(), equal.count() bzw. as.shingle(). Das Konzept ist wohl am einfachsten durch ein Beispiel illustriert:

```
> Depth <- equal.count(quakes$depth,number=8,overlap=.1)
> xyplot(lat~long|Depth,data=quakes)
> update(trellis.last.object(),
+         strip=strip.custom(strip.names=T,strip.levels=T),
+                         par.strip.text=list(cex=0.65))
```

Das Ergebnis ist Abbildung 14.1.

Das durch das shingle Depth ausgewählte Intervall ist oberhalb der einzelnen Teilgraphiken in einem strip angedeutet. Auf die Form dieser Art der zusätzlichen Annotation bezieht sich auch der update() Befehl im obigen Beispiel. Die einzelnen Teilgraphiken in solchen Graphiken heißen panel. Ihre Gestalt kann mit einer Reihe einzelner Befehle oder Optionen beeinflusst

---

[2]Der Wert des key Arguments ist eine benannte Liste. Das wohl einzige Element der Liste, das erklärungsbedürftig ist, ist das padding.text Element. Es legt den Abstand zwischen den Zeilen der Legende fest. Die Maßeinheit sind Textzeilen. Da die Höhe von Textzeilen nicht nur von der Fontgröße abhängt, sondern auch vom verwandten Font sowie vom Device, muss man mit dieser Größe etwas experimentieren. Die Lage der Legende wird durch die x und y Elemente festgelegt, die in der Voreinstellung in Anteilen der x bzw. y Achse gemessen werden. Das lattice Paket bietet aber weit mehr Möglichkeiten an, Koordinaten anzugeben bzw. Koordinatensysteme ineinander umzuwandeln.

[3]Bei den 3d-Befehlen cloud und wireframe hat die Formel die Form z~x*y.

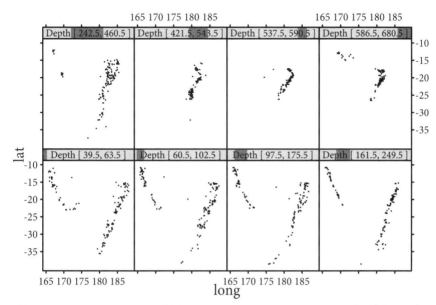

Abbildung 14.1: Orte von Erdbeben (Länge und Breite) konditional auf die Tiefe des Epizentrums.

werden. Sie sind z.Zt. in der Hilfe zum Befehl xyplot() dokumentiert, nicht aber in den Hilfeseiten zu update() und nur teilweise in den Hilfeseiten zu den verschiedenen panel.*() Funktionen.

Das Analog zum par() Befehl der Standardgraphik ist in lattice der Befehl lattice.options(). Diese Einstellungen sind unabhängig von Einstellungen, die zuvor durch den par() Befehl der Standardgraphik geändert worden sind, denn lattice benutzt das Paket grid für die grundlegenden Graphikbefehle, nicht die Standardgraphik. Allerdings sind einige der Namen identisch und haben auch die gleichen Werte. Einen Überblick über die Vielzahl der Möglichkeiten liefert names(trellis.par.get()). Eine vollständige Liste aller Voreinstellungen und Funktionen erhält man durch lattice.options().

In der Abbildung 14.1 sind natürlich nicht die Voreinstellungen benutzt worden. Die Voreinstellungen sind sorgfältig für Bildschirmdarstellungen oder Präsentationen gewählt, eignen sich aber nicht besonders für Bücher oder andere Publikationen. Denn zum einen soll unsere Graphik als Schwarz-Weiß-Graphik gedruckt werden, zum anderen werden andere Fonts benutzt, so dass Abstände in den Beschriftungen nicht mehr gut gewählt sind. Zudem Sind die Symbole für die Punkte in den Panels zu groß. Und letztlich sind die Abstände für die äußeren Beschriftungen für eine Publikation viel zu groß und Ticks bzw. Tickmarks erscheinen ebenfalls zu groß. Um diese Aspekte zu ändern, muss man die entsprechenden Elemente der lattice.options ändern. Im Unterschied zu dem Befehl par() der Standardgraphik, der Änderungen bis zum nächsten Aufruf von par() für alle folgenden Graphiken ändert, kann man in lattice diese Parameter getrennt für einzelne Graphiken ändern. Dazu kann man das Argument par.settings etwa des xyplot Befehls (oder aller anderen graphikerzeugenden Befehle von lattice) benutzen, der die entsprechenden Optionen zusammen mit dem Graphik-Objekt speichert, so dass sie in weiteren print() Aufrufen wieder benutzt werden oder durch weitere update() Aufrufe geändert werden können. In unserem Beispiel haben wir eine ganze Reihe von Optionen geändert, die als Vorlage für eigene Änderungen dienen können:

```
> update(trellis.last.object(),scales=list(tck=0.3,cex=0.7),
+        strip=strip.custom(bg="grey85",fg="grey60",sep="",
+                           strip.levels=c(T,T)),
+        par.settings=list(plot.symbol=list(col="black",cex=1,pch=".")),
+        fontsize=list(text=11),
+        layout.heights=list(top.padding=0,main.key.padding=0,
+             key.axis.padding=0.7,axis.xlab.padding=0,
+             xlab.key.padding=0,key.sub.padding=0,
+             bottom.padding=0.7),
+        layout.widths=list(left.padding=0.7,key.ylab.padding=0,
+             ylab.axis.padding=0,axis.key.padding=0,
+             right.padding=0),
+        axis.components=list(top=list(pad1=0.6,pad2=0),
+                             right=list(pad1=0.2,pad2=0),
+                             bottom=list(pad1=0.6,pad2=0),
+                             left=list(pad1=0.4,pad2=0))))
```

Das scales Argument ist eine Liste von Optionen, die die Achsen und deren Beschriftungen betreffen. Wir wählen kleinere Längen für die Ticks und eine kleinere Beschriftung, um Abstände zwischen den Tickmarks zu erhalten. [4]

Dann folgt das strip Argument. Für die Beschriftung der Strips und ihre Gestaltung kann man an Stelle einer Liste von Listen den Befehl strip.custom() benutzen, der seine Argumente in eine passende Liste umwandelt. Wir ändern die Hintergrundfarbe der strips und die Farbe der shingles in passende Grauwerte, ändern die voreingestellte Trennung zwischen dem Namen des shingles und dessen Wert von " : " zu " " (das sep Argument), um etwas Platz zu sparen und verlangen für die Beschriftung durch das Argument von strip.levels, dass sowohl der Name der bedingenden Variablen als auch deren Wertebereich angegeben wird.

Der nächste Block von Angaben behandelt alle anderen Größen, insbesondere die Abstände zwischen Elementen der Marginalien. Dazu muss man die Struktur der lattice.options() kennen. Dazu benutzen wir das par.list Argument, das als Wert eine benannte Liste von benannten Listen wie in lattice.options erwartet. Im Einzelnen wird zunächst das Element plot.symbol geändert, indem eine benannte Liste mit den Werten für cex, pch und col, also für die

---

[4]Das liefert zwar unterschiedlich große Schriften, ist aber wesentlich einfacher, als die Achsenbeschriftung selbst vorzugeben.

Größe, Form und Farbe der Punkte in den Panels angegeben wird. [5] Wir wählen das spezielle Symbol ".", das auf einem pdf Device gerade einem Punkt (1/72 inch) entspricht. Die Farbe soll schwarz sein. Als nächstes ändern wir die Höhen und Breiten, die für Achsen, Achsenbeschriftungen, Label, Überschriften etc. vorgesehen sind, indem wir die meisten Werte der Elemente von layout.heights und layout.widths auf 0 setzen, um den Plotbereich möglichst vollständig auszunutzen. Da die Ticks nun kürzer sind, kann man auch die Tickmarks näher an die Achsen schieben. Als letztes wird auch der Abstand der Achsenbezeichnung zu den Achsen durch entsprechende Setzungen der Elemente von axis.components kleiner gewählt. Die Graphik für dieses Buch wurde dann durch einen Aufruf von dev.copy(CairoPDF,...) erzeugt, um passende Fonts auch einzubetten.

Die vielen Optionen sowie die bisher unvollständige Dokumentation der Optionen in den Hilfeseiten wird durch das Paket latticist gemildert, das eine recht intuitive graphische Oberfläche für die Veränderung vieler Optionen bereitstellt. Die Oberfläche wird durch den Befehl latticeStyleGUI bereitgestellt. Eine weitere Erleichterung der Arbeit ist die Funktion showViewport() des grid Pakets. Sie zeichnet auf das gegenwärtig geöffnete Device das Layout der verschiedenen Panels und deren Beschriftungsregionen. Das Paket latticeExtra stellt zudem etliche weitere Funktionen bereit, um Elemente von einzelnen Panels zu generieren. Schließlich sei Deepayan Sarkars Buch *Lattice: Multivariate Data Visualization with R* erwähnt, das nicht nur die Konstruktionsprinzipien statistischer Graphiken diskutiert und mit vielen Beispielen illustriert, sondern auch weitere Einzelheiten des lattice Pakets dokumentiert. [6]

Grammar of Graphics

Das Paket ggplot2 implementiert eine Version eines Graphiksystems, das sich an den Ideen in Wilkinsons Buch *The Grammar of Graphics* orientiert. [7] Im Prinzip sind in dieser Sicht statistische Graphiken Transformationen von statistischen Daten in Attribute (Farbe, Größe oder Form) bestimmter geometrischer Formen wie Punkte, Linien oder Rechtecke. Dazu können zusätzlich statistische Zusammenfassungen (Dichteschätzer, Glätter, Histogramme, Regressionen etc.) kommen und es muss die Möglichkeit bestehen, bedingte Verteilungen (Verteilungen in Teilmengen der Daten) zu spezifizieren. Zudem braucht man Achsen und eine Angabe der Koordinaten in einer Graphik. Die letzten beiden Elemente werden von vornherein etwas allgemeiner und prinzipieller konzipiert als in der Standardgraphik: Unter scales werden Achsen, Achsenbeschriftungen und Legenden zusammengefasst als Hilfsmittel, um die inverse Abbildung von Graphiken zu den zugrundeliegenden Daten aus

---

[5] Nicht explizit angegebene Elemente von lattice.options behalten ihre voreingestellten Werte.
[6] Deepayan Sarkar: Lattice: Multivariate Data Visualization with R, Springer 2008.
[7] Leland Wilkinson: The Grammar of Graphics, Springer 2005[2].

den Graphiken abzulesen. Und Koordinaten (coords) geben die Abbildung von Daten auf die Fläche der Graphik an. Dazu gehört dann nicht nur die Angabe der Projektion auf die Ebene sondern auch die Spezifikation von Hilfslinien wie Gittern in kartesischen (oder Polar-) Koordinaten und die Größenbeschriftung von Achsen. Die anderen Elemente der Grammatik haben ebenfalls einheitliche Namen, die auch durchgehend im Paket ggplot2 und seiner Dokumentation verwandt werden: Die geometrischen Formen werden geom genannt, statistische Zusammenfassungen heißen stat und die Angabe von Bedingungen (Systeme von Teilmengen der Daten) heißen facet. Neben diesen Basiselementen einer graphischen Grammatik braucht man noch Angaben für Fonts, Fontgrößen, Farben etc. Sie werden in ggplot2 als theme zusammengefasst.

Eine Basisfunktion von ggplot2 ist qplot() (für „quick plot") in der die graphischen Elemente ähnlich wie im plot Befehl einfach kombiniert werden können. Dieser Befehl wird ausführlich im Eingangskapitel von Hadley Wickhams Buch dokumentiert, das auch von seiner Homepage http://had.co.nz/ggplot2 heruntergeladen werden kann.[8] Der zweite Befehl ist ggplot(), der hier etwas detaillierter beschrieben werden soll.

Wir nehmen als Beispiel die Miethöhen aus dem Mikrozensus 2002 und bauen stückweise eine Darstellung der gemeinsamen Verteilung von Miethöhe und Wohnungsgröße auf, die eine Alternative zu der in Abschnitt 6.3 beschriebenen Darstellungsform liefert. Wir wiederholen zunächst die Datenbereinigung und die Schätzung einer bivariaten Dichte:

```
> library(foreign)
> dat <- read.spss("mz02_cf.sav",
+           to.data.frame=T,use.value.labels=F)
> hh <- dat$ef3*100+dat$ef4
> oo <- !duplicated(hh)
> Wohn <- cbind(dat[oo,"ef462"],dat[oo,"ef453"])
> o <- complete.cases(Wohn)
> Wohn <- Wohn[o,]
> set.seed(1432)
> Wohn <- subset(Wohn,Wohn[,1]>0&Wohn[,1]<=1800&
+           Wohn[,2]>=10&Wohn[,2]<300)
> Wohn2 <- Wohn[sample(nrow(Wohn),1000),]
> library(ks)
> band <- Hpi(Wohn2,Hstart=diag(c(1100,30)))
> bild1 <- kde(Wohn2,H=band,gridsize=c(20,20))
```

---

[8] Hadley Wickham: *ggplot2: Elegant Graphics for Data Analysis*, Springer 2009². Hadley Wickham ist der Entwickler von ggplot2. Insgesamt ist die in R direkt verfügbare Hilfe noch recht unvollständig. Allerdings ist die Dokumentation auf der schon genannten Homepage http://had.co.nz/ggplot2 sehr hilfreich, deutlich vollständiger und z.Zt. weitgehend auf dem neuesten Stand.

Wir wollen die Kontourlinien der geschätzten Dichte nun aber zusammen mit allen 5782 Angaben darstellen. Versucht man zunächst, nur die Angaben als Scatterplot darzustellen, dann erhält man nur einen großen schwarzen Fleck und sicher keine Information über die Verteilung von Miethöhe und Wohnungsgröße. Wir können trotzdem genau so beginnen, denn wir können, wie in lattice, anschließend das erzeugte Graphikobjekt verändern und bessere graphische Möglichkeiten ausnutzen. [9]

```
> bild2  <- ggplot(as.data.frame(Wohn),aes(V2,V1))
> bild2  <- bild2+layer(geom="point",colour=alpha("black",0.3),
+                       size=0.4)
```

Der erste Befehl erzeugt noch keine Graphik. Er legt nur fest, welche Daten zu benutzen sind (es muss immer ein Dataframe sein). Und er legt die aesthetic fest, also welche Variable dargestellt werden sollen. Im aes Teil des ggplot Befehls kann man noch weitere Variablen angeben, die durch andere Aspekte der Graphik repräsentiert werden sollen, etwa durch Farben, die Größe oder das Aussehen. Entsprechende Angaben kann man in der Form ggplot(dat,aes(V1,V2,colour=V3) machen.

Im zweiten Befehl wird dieser Basisinformation ein weiterer layer() hinzugefügt, in dem die geometry festgelegt wird, also welches geometrische Objekt dargestellt werden soll. Wir nehmen Punkte, wählen aber eine transparente schwarze Farbe, um auch Mehrfachbelegungen kenntlich zu machen und wählen für den Druck eine kleinere Größe der Punkte. Der layer wird mit dem (umdefinierten) + dem ursprünglichen Objekt bild2 (der Klasse ggplot) hinzugefügt. Das Ergebnis kann man sich ansehen, entweder interaktiv, in dem man bild2 aufruft, oder aus einem Programm heraus mit print(bild2).

Es fehlen aber noch Achsenbeschriftungen, die äußeren Ränder sind für den Druck überflüssig und der betrachtete Wertebereich ist wohl zu groß.

```
> bild3 <- bild2+ylim(50,1100)+xlim(10,150)
> bild3 <- bild3+labs(y="Miete",x="Wohnungsgröße (qm)")
> bild3 <- bild3+opts(plot.margin=unit(rep(0,4),"lines"))
> bild3 <- bild3+opts(axis.title.x=theme_text(size=10),
+                     axis.title.y=theme_text(size=10,angle=90))
> print(bild3)
```

Der erste Befehl legt den Bereich der dargestellten Punkte fest. Wir speichern das Ergebnis auf einem neuen Objekt, um gegebenenfalls die Ausgangsgraphik weiter zur Verfügung zu haben. Dann werden die Achsen beschriftet, der äußere Rand auf 0 gesetzt und die Fontgröße und Ausrichtung der Achsen-

---

[9]Dieses Vorgehen hat Nachteile, weil (zumindest in der Voreinstellung) alle Informationen zur Reproduktion des Graphikobjektes in dem Objekt gespeichert werden. Da die Graphik unabhängig von möglichen späteren Veränderungen des Datensatzes sein soll, wird eine Kopie aller relevanten Daten erzeugt. Das von ggplot erzeugte Graphikobjekt wird also sehr schnell sehr groß, insbesondere dann, wenn man weitere Elemente hinzufügt. Wir werden das gleich versuchen, bitten also Nutzer mit eher geringen Speicherkapazitäten, an Stelle des Dataframes Wohn in den folgenden Beispielen den Dataframe Wohn2 zu verwenden.

beschriftungen angepasst. Die meisten Stilparameter sind dabei in themes angeordnet. Das erlaubt es, relativ schnell und einheitlich das Aussehen von Graphiken zu verändern, etwa wenn man gleichzeitig eine Präsentationsgraphik und eine Version für ein Handout produzieren möchte. Die Voreinstellung, theme_gray, kann z.B. durch eine schwarz-weiße Version einfach durch

```
> th <− theme_set(theme_bw())
> bild3+theme_update(th)
```

ersetzt werden. [10]

Es fehlen noch die Höhenlinien des Dichteschätzers. Wir berechnen zunächst die Höhenlinien aus dem Objekt bild1 (mit den entsprechenden Befehlen des Pakets ks bzw. grDevices), anschließend benutzen wir ggplot2 für die graphische Darstellung der resultierenden Polygone:

```
> kont <− contourLevels(bild1,prob=c(.25,.5,.75))
> linien   <− contourLines(bild1$eval.points[[1]],bild1$eval.points[[2]],
+                          bild1$estimate,levels=kont)
```

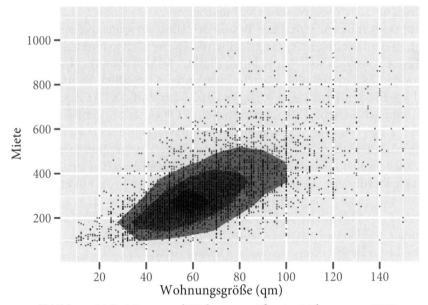

Abbildung 14.2: Mieten und Wohnungsgrößen im Mikrozensus 2002.

Das Objekt linien ist eine Liste von Listen. Jede Liste enthält die x- und y-Koordinaten eines Polygons sowie die entsprechende Höhe der Dichte, so dass etwa 75%, 50% bzw. 25% der Datenpunkte in den Polygonen enthalten sind. Die Polygonzüge übergeben wir an ggplot2 und fügen zu bild3 jeweils ein Polygon der Liste hinzu.

---

[10] Bei der Festlegung der äußeren Ränder ist der oft hilfreiche unit() Befehl des Pakets grid benutzt worden, der die Berechnung von Koordinatenangaben in der Graphik und die Umrechnung in verschiedene Maßeinheiten sehr erleichtert.

```
> lapply(linien,function(x){
>        bild3   <<- bild3+
+             geom_polygon(data=data.frame(x=x$x,y=x$y),
+                  mapping=aes(y,x),fill=alpha("grey10",0.3))})
```

Dabei haben wir einen unschönen Trick gebraucht: der Befehl $<<-$ weisst das Ergebnis seiner rechten Seite dem Objekt auf der linken Seite zu, wobei das Objekt auf der linken Seite in der nächst höheren Umgebung gesucht und geändert wird. So kann man umgehen, dass die Definition eines Objektes durch eine einfache Zuweisung $<-$ nur innerhalb der Funktion definiert wäre. Aber mit diesem Trick muss man vorsichtig umgehen, denn nun hängt das Verhalten der Funktion nicht nur von ihrer Definition ab, sondern auch vom Zustand der Umgebung. [11] Das Ergebnis ist Abbildung 14.2.

Anschließend wurde eine pdf Datei mit dev.copy(CairoPDF,...) erstellt, um die passenden Fonts auch einzubetten. In ggplot2 gibt es auch einen eigenen Befehl ggsave(), der direkt die entsprechenden Devices aus dem Paket grDevice benutzt. Da ggplot2 ebenso wie lattice auf dem Paket grid beruht, kann man alle Devices auch zusammen mit den Ergebnissen von ggplot2 Graphikbefehlen benutzen.

14.1.3 3D-Graphiken

Oft ist es sehr hilfreich, Graphiken dreidimensionaler Zusammenhänge in der „richtigen" Perspektive darstellen zu können. Zudem sind interaktive oder animierte Graphiken dreidimensionaler Zusammenhänge in Vorträgen und Präsentationen informativer als einzelne zweidimensionalen Projektionen, die notwendig in Artikeln oder anderen Veröffentlichungen benutzt werden müssen. Das Paket rgl erlaubt sowohl die perspektivische Darstellung dreidimensionaler Zusammenhänge als auch die Interaktion mit dieser Graphik, die Betrachtung aus verschiedenen Perspektiven und die Speicherung in diversen Graphikformaten. Viele Konzepte von freien Raytraycing-Programmen wie povray oder tachyon sind ebenfalls implementiert.

Ein einfaches Beispiel ist ein dreidimensionaler Scatterplot:

```
> library(rgl)
> open3d()
> x <- rnorm(1000)
> y <- rnorm(1000)
> z <- (x*y)/(x^2+y^2)+0.1*rnorm(1000)
> plot3d(x,y,z)
```

Da der wesentliche Aspekt der rgl-Graphiken die Interaktion mit der Graphik ist, wird hier auf eine Abbildung verzichtet.

---

[11]Der assign() Befehl erlaubt eine genauere Steuerung von Zuweisungen in verschiedenen Umgebungen.

14.2 Große Datensätze und Datenbanken

Da R alle Daten im Hauptspeicher des Rechners ablegen muss, kann es bei sehr großen Datenmengen zu Engpässen und Schwierigkeiten bei der Datenmanipulation kommen. Eine Möglichkeit, mit dem Problem umzugehen, ist die Verwendung einer Datenbank, der man die Speicherung und Manipulation der Daten überlässt. Es gibt für praktisch alle gängigen Datenbankprogramme die Möglichkeit, direkt aus R heraus auf Daten aus der Datenbank zuzugreifen. Ein besonders für statistische Daten geeignetes Programm ist sqlite, ein freies Programm, das keinerlei Konfiguration benötigt und die Daten in einfachen Dateien speichert. Es ist unter http://www.sqlite.org erhältlich. Das entsprechende R-Paket ist RSQlite, das seinerseits das Paket DBI benutzt. Sie können installiert werden durch:

```
> install.packages(c("DBI","RSQLite"))
```

Als Beispiel benutzen wir den Datensatz daten aus dem Anfang des Abschnitts 3.1. Er war durch die Befehle

```
> name <− c(rep("Hans",2),rep("Susi",2))
> t <− rep(c(1,2),2)
> x <− c(2,3,4,5)
> y <− c(5,4,3,2)
> daten <− data.frame(name,t,x,y)
```

definiert. Machen wir aus diesen Daten eine Datenbank. Die Daten müssen dazu in einer Form vorliegen, die vom Datenbankprogramm eingelesen werden kann. Um die Daten aus R heraus in eine Datei zu schreiben, benutzen wir:

```
> write.table(daten,file="test2.dat",
+              sep=";",na="NULL",col.names=F,row.names=F)
```

Es werden also nur die Daten (ohne Variablen- oder Zeilennamen) geschrieben. Trennzeichen zwischen Werten ist „;". Zudem ist der Wert für fehlende Angaben NULL. [12]

Wenn es sich um sehr große Datensätze handelt, kann man diese Form der Datenaufbereitung für die Datenbank nicht mehr mit R vornehmen. Ein sehr mächtiges Hilfsmittel ist dann ein Streameditor, etwa http://gnuwin32.sourceforge.net/packages/sed.htm, der in Dateien beliebiger Größe Muster finden und ersetzen kann. Damit können Trennzeichen, Zeichen für fehlende Werte oder Dezimal- oder Tausendertrennzeichen ohne Größenbeschränkungen der Ausgangsdatei geändert werden.

Als nächstes muss die Struktur der Datenbank festgelegt werden. Zusätzlich benötigt sqlite den Namen der Datei, in dem die Datenbank abgelegt werden soll. Beides kann in einem Terminal (der „Eingabeaufforderung" in Microsoft-Betriebssystemen) erstellt werden, in dem sqlite aufgerufen wurde. Wenn etwa die Datei mit den Daten test.db heißen soll, dann kann man schreiben:

---

[12] sqlite erlaubt keine fehlenden Werte beim Datenimport, NULL ist aber der gängige Wert für „not available" in fast allen Datenbanken.

```
$ sqlite3 test.db
sqlite>   .separator    ";"
sqlite>   create  table  test   (name,t,x,y);
sqlite>   .import  "test2.dat"    test
sqlite>   .quit
```

Die erste Zeile ruft sqlite auf (der gegenwärtige Name des Datenbankprogramms ist sqlite3). Das Argument "test.db" des Aufrufs von sqlite3 ist der Name der Datei, die die Datenbank enthalten soll. [13] Die zweite Zeile ist nun schon ein Befehl innerhalb von sqlite. Es ist zudem (kenntlich wegen des "." vor dem Befehl) ein spezifischer Befehl des sqlite Programms. [14] Der Befehl legt das Trennzeichen fest, das beim Einlesen der Daten verwandt werden soll. Dann folgt ein Befehl in sql. sql (structured query language) ist in praktisch allen Datenbanken als Abfragesprache implementiert. sql Befehle werden immer mit einem ";" abgeschlossen. Der create table Befehl weist sqlite an, eine Datenbanktabelle mit dem Namen test anzulegen, die die Spalten mit den Namen name, t, x und y enthält. Und schließlich werden die Daten aus der Datei test2.dat in die Datenbanktabelle test importiert und sqlite mit .quit verlassen. Die Datenbank ist erstellt und man kann aus R heraus darauf zugreifen:

```
> library(RSQLite)
> m <- dbDriver("SQLite")
> con <- dbConnect(m,dbname = "test.db")
> dbGetQuery(con,"select count(*) from test")
  count(*)
1        4
> t <- dbGetQuery(con,"select t from test");t
  t
1 1
2 2
3 1
4 2
> is.data.frame(t)
[1]  TRUE
> dbDisconnect(con)
> dbUnloadDriver(m)
```

Die ersten drei Zeilen laden das Paket RSQLite und stellen die Verbindung zur Datenbank her. Mit dbGetQuery() schickt man Anfragen (ein sql Befehl als String) an die Verbindung con. Die erste Anfrage fragt die Fallzahl ab, die zweite den Inhalt der Variablen t, der auf die R Variable t zugewiesen wird.

---

[13]Beachten Sie die Pfade zu Ihren Daten! Wenn Sie einen anderen Ort für die Datenbankdatei wünschen, müssen Sie ihn auch angeben.

[14]In anderen Datenbankprogrammen mag der Befehl anders heißen oder etwas andere Syntax haben. In allen aber gibt es ähnliche Befehle.

Die Ergebnisse von dbGetQuery() Anfragen sind immer vom Typ data.frame.
Die letzten beiden Zeilen beenden die Datenbankverbindung.

In den letzten Jahren sind zudem diverse Pakete entwickelt worden, die
die Arbeit mit großen Datensätzen erleichtern und die Daten entweder in
Datenbanken ablegen (und deren Fähigkeiten für schnelle Auswahl von Teil-
datensätzen etc. ausnutzen) oder Dateien nutzen, um auch mit sehr großen
Dataframes arbeiten zu können. In die erste Kategorie gehört etwa das Paket
SQLiteDF, das es erlaubt, Dataframes in sqlite abzulegen, sie aber wie normale
Dataframes zu behandeln. In die zweite Kategorie fällt etwa das Paket ff, das
Dataframes in Dateien speichert, für die Verarbeitung aber jeweils nur die
benötigten Teildaten in den Speicher lädt. Das Paket enthält einige Optimie-
rungsprozeduren, die den typischen Operatoren von Datenbanken ähneln
und sie für R bereitstellen. Das Paket data.table implementiert eine Variante
von Dataframes, die optimierte Zugriffe ebenso wie optimierte merge und
Auswahloperatoren zur Verfügung stellen. data.table kann auch zusammen
mit ff benutzt werden und erlaubt dann Zugriffe auf (fast) beliebig große
Datensätze. Schließlich ermöglicht das Paket memisc ein ähnliches Vorgehen
für SPSS- und Stata-Dateien.

VERZEICHNIS DER BEFEHLE UND FUNKTIONEN

Verzeichnis der Pakete

SACHVERZEICHNIS